中国沿海赤潮监测、预警、防治技术研究

陈洁 等 编著

海洋出版社

2022 年·北京

图书在版编目（CIP）数据

中国沿海赤潮监测、预警、防治技术研究/陈洁等
编著 . —北京：海洋出版社，2022.10
ISBN 978-7-5210-1034-3

Ⅰ.①中…　Ⅱ.①陈…　Ⅲ.①沿海–赤潮–海洋监测
–研究–中国②沿海–赤潮–预警系统–研究–中国③沿
海–赤潮–污染防治–研究–中国　Ⅳ.①Q959.223
②X55

中国版本图书馆 CIP 数据核字（2022）第 205675 号

中国沿海赤潮监测、预警、防治技术研究
ZHONGGUO YANHAI CHICHAO JIANCE YUJING FANGZHI JISHU YANJIU

责任编辑：赵　娟　向思源
责任印制：安　淼

海洋出版社　出版发行

http://www.oceanpress.com.cn

北京市海淀区大慧寺路 8 号　邮编：100081
鸿博昊天科技有限公司印刷　新华书店北京发行所经销
2022 年 10 月第 1 版　2022 年 10 月第 1 次印刷
开本：787mm×1092mm　1/16　印张：12.5
字数：240 千字　定价：108.00 元
发行部：010-62100090　邮购部：010-62100072　总编室：010-62100034

海洋版图书印、装错误可随时退换

《中国沿海赤潮监测、预警、防治技术研究》
编著者名单

陈　洁	佟蒙蒙	王　丹	王国善
郭康丽	徐年军	周　进	叶观琼
王鹏斌	李冬梅	刘志国	刘　昕
钱宏林	张秋丰	张文广	董佳艺

序

赤潮，是海洋中某一种或几种浮游生物在一定环境条件下暴发性繁殖或高度聚集，引起海水变色，影响和危害其他海洋生物正常生存，造成局部环境质量问题引发次生环境危害的灾害性海洋生态异常现象。赤潮暴发时，因赤潮生物种类和数量的不同，海水可呈现红色、黄色、绿色等不同颜色。国内外大量研究表明，赤潮的危害性极大。赤潮不仅给水体生态环境造成危害，也给渔业资源和生产造成重大经济损失，而且还给旅游业和人类带来了危害，已成为全球性的海域灾害之一，因而被喻为"红色幽灵"。

20多年来，随着我国经济的迅猛发展和城市化进程的加快，沿海地区工农业废水和生活污水排海量不断增加，近岸水体富营养化加剧。进入21世纪，我国赤潮已呈现出发生频率增加、暴发规模扩大、原因种类增多、危害程度加重的发展趋势，经济损失也不断增加。

为了防范赤潮的危害，长期以来国家投入了很多力量，围绕赤潮的发生机理、监测和预警技术手段、防治方法等方面开展深入研究工作。先后把赤潮监测技术列入国家863计划，在"十五"期间也把赤潮灾害预报技术列入国家科技攻关计划重点项目，并根据我国目前的国情和国力，采取了以赤潮灾害监测、预警为基础，以减灾防灾为突破口等切实可行的做法。面对与日俱增的赤潮灾害，我们必须通过建设先进的赤潮监测预警体系，准确监测预警赤潮灾害，使用科学有效的防治方法，才能减少赤潮造成的损失。

本书由陈洁、佟蒙蒙、王丹、王国善、郭康丽、徐年军、周进、王鹏斌、李冬梅、刘志国、刘昕、钱宏林、张秋丰、张文广、董佳艺研究员共同编著。各位编著者在赤潮监测、预警和防治领域的研究成绩卓著，书中的内容包括了以上各位专家多年的研究成果以及对同行研究进展的综述。

全书共分为9章：第1章主要介绍了赤潮的概念和赤潮的分类；第2章主要介绍中国赤潮生物种的生态特质，包括我国主要赤潮生物、我国赤潮生态分布特点、赤潮生物学特征及赤潮环境因子特征；第3章阐述了赤潮过程中藻际微生物的组成、功能与网络；第4章介绍了中国有毒赤潮生物的产毒特性及其有毒赤潮影响和危害；第5章重点介绍了赤潮的检测和监测技术；第6章概述了赤潮灾害及风险评估方法和技术手段；第 7 章介绍了我国赤潮灾害预警预报技术，提供了常用赤潮预警报技术案例作为业务化应用的参考；第 8 章论述了赤潮灾害应急管理方法和我国赤潮灾害管理体系；第 9 章介绍了赤潮防治技术和防治措施。

　　绿水青山就是金山银山，坚持山水林田湖草沙一体化保护和系统治理，全方位、全地域、全过程加强生态环境保护，是全面建设社会主义现代化国家的内在要求。只有站在人与自然和谐共生的高度谋划发展，才能使祖国的天更蓝、海更碧、山更绿、水更清。《中国沿海赤潮监测、预警、防治技术研究》一书以赤潮监测、预警、防治研究和应用工作为目标，系统梳理了近 10 年的赤潮研究成果。本书综合性强、信息量大，其出版不仅对推动我国赤潮研究，提升海洋生态保护与管理发挥积极作用，也必将对绿水青山就是金山银山这一理念的贯彻，推动经济、社会的健康发展发挥积极作用。

2022 年 10 月 28 日 武汉

目　录

第1章 赤潮的基本概念

1.1 赤潮和藻华

1.1.1 赤潮

赤潮（red tide）是指在一定的环境条件下，海水中某些浮游植物、原生动物或细菌在短时间内突发性增殖或高度聚集而导致水体变色的生态异常现象。赤潮生物不仅涉及甲藻类浮游生物，在特定的环境条件下，某些硅藻、蓝藻、隐藻、绿色鞭毛藻等浮游植物和原生动物的中缢虫以及某些细菌都可形成赤潮。

赤潮并不一定都是红色的，而是各种颜色的生物突发性增殖现象的统称。因生物种类和数量的不同，水体呈现不同的颜色。通常燕角藻、红色中缢虫、夜光藻、三角围丝藻、无纹多沟藻和巴哈马梨甲藻形成的赤潮呈红色或砖红色；真甲藻、绿色鞭毛藻、平藻形成的赤潮呈绿色；短裸甲藻、小三毛金藻形成的赤潮呈黄色；金球藻、膝沟藻、多纹膝沟藻、塔玛膝沟藻、金色环沟藻、锥状斯克里普藻形成的赤潮呈红棕色；古老长盾藻、叉状角藻和某些硅藻形成的赤潮呈棕色。

1.1.2 藻华

藻华（algal bloom），又称为水华（water bloom），是在一定条件下水体中的浮游生物细胞数量的增加导致水体出现一定程度变色的生态现象。主要发生在水温适宜、阳光充足的春季。随季节的变换，自然形成的水华现象很快消失，并不会给环境带来影响。

1.2 有害藻华

有害藻华（harmful algae bloom，HAB）是指赤潮发生产生的毒素毒害海洋生物，或引起海洋生态系统异常变化影响了海洋生物的生存和繁殖。有害赤潮和有毒赤潮统称为有害藻华。

1.2.1　有毒赤潮

有毒赤潮是指赤潮生物体内含有某种毒素或能分泌出毒素，而且赤潮毒素达到或超过一定浓度的赤潮。发生有毒赤潮时，水体中含有有毒藻类，有时水体未变色，叶绿素浓度也不高，但毒素超标。赤潮毒素是由有毒赤潮生物生产产生的天然有机化合物，对人体的危害大多是通过人们使用含有这些毒素的贝类海产品表现出来，因此称这些毒素为贝毒。贝类或鱼类的滤食及互相影响和作用的过程中，这些毒素可以在它们体内消化、吸收和积累，如其他脊椎动物或人类食用了有毒的贝类或鱼类就会发生中毒，甚至死亡。有些有毒赤潮生物存活时不释放赤潮生物毒素，但在繁殖代谢过程和赤潮消亡阶段，死亡的赤潮生物分解后，其体内的毒素可以释放到水体中，毒害海洋生物。

1.2.2　有害赤潮

有害赤潮是指赤潮过程引起海洋生态系统异常变化，造成海洋食物链局部中断，破坏了海洋中的正常生产过程。沿海水域发生严重赤潮大多造成了局部区域海洋食物链中断，使海洋中正常生产过程受到破坏；有些赤潮生物能向体外分泌黏液，在海洋生物的滤食或互相作用过程中，这些带黏液的赤潮生物可以附着在鱼类和贝类的鳃上，使它们窒息死亡。此外，大量赤潮生物死亡后，赤潮生物残骸被需氧微生物分解，不断消耗水体中的溶解氧，造成缺氧环境，引起鱼、虾、贝类等大量死亡；在缺氧条件下，赤潮生物易被厌氧危生物分解，释放大量的硫化氢和甲烷等。另外，在赤潮分布区域内，赤潮生物的大量繁殖，在表层聚集，遮蔽海面，使水下其他生物得不到充足的阳光，影响了海洋生物的生存和繁殖。

1.3　赤潮的海洋学分型

海区的自然地理特性、水动力条件和营养物质的来源及输送方式，奠定了赤潮灾害发生的基础。营养盐是赤潮发生的重要物质基础，其主要来源于陆地、大气、海底的底质沉积物和海洋养殖投放的饵料；生活在水中的媒介浮游生物，其生命所需的物质需要水体来完成陆源、底质和大气来源的营养物质的输送工作，并通过水动力条件来完成大幅度的移动。因此，它扮演着双重角色，不仅是生源物质输送的载体，同时也是其运动的交通工具。但由于赤潮灾害现象多发生于近海，近海水动力的复杂性直接导致了赤潮成因机理的复杂性。

对在我国近岸海域记录的赤潮分布特征分析的基础上，依据赤潮发生的空间位置、营养物质来源以及水动力等海洋学条件，将赤潮分为以下类型。

1.3.1　河口型赤潮

淡水径流在此类赤潮的发生过程中起着重要的作用，为赤潮生物细胞的增殖提供了环境条件和物质基础，尤其在夏季降雨之后，由于河流注入的淡水盐度低、温度高、营养盐和腐殖质、微量元素等的含量大大增加，提供了赤潮发生的物质基础。淡水径流导致河口区水体分层程度增加，使水体更具有潜在的稳定性，利于赤潮的持续发展；河口区水体盐度的大小使河流淡水和海洋盐水相互混合的结果。盐度向河口外逐渐增加，表底层盐度的分布存在着极其明显的差异，垂直分布明显。长江口的研究结果表明，浮游生物按种类的生态习性可大体分为 3 种类型，即河口和近岸低盐性类群、江湖淡水类群和外海暖水性类群，其中河口和近岸低盐性类群的种类最多，约占总数的 80%，并细分为代表性种为缘状中鼓藻和具槽直链藻的半咸水类群，其代表性种为布氏双尾藻、尖刺菱形藻等和以骨条藻、圆筛藻为代表的光耐性的近岸种。

1.3.2　海湾型赤潮

发生此类赤潮的类型使其营养物质不是通过大的江河运输而来，而是多来源于沿岸的工业、生活污水，水交换能力差，封闭或半封闭型的海湾。这些海区水流缓慢，有利于赤潮生物的生长。由于潮汐的作用大，沿岸有机物随潮汐的反复回荡，使底部营养物质扰动起来，又被推动沿岸，加剧了氮（N）、磷（P）等营养元素在沿岸的积聚，同时沿岸的微量元素也易于进入海域，为赤潮生长提供了所需的营养物质。

1.3.3　养殖区型赤潮

由于养殖区都位于经济发达的近岸、河口和内湾水域，这种类型的赤潮主要是水体富营养化引起的，但又有其独特的成因。其机制主要是受流、浪、潮等海洋物理因素的影响，相对于其他类型要小。这种类型的赤潮主要是养殖区饵料残余在沉积物中的积累和养殖区内的高浓度氮和磷，导致养殖环境二次污染（自身污染）引发的。化学因素、生物因素（细菌）的作用显得重要。

1.3.4　外海型赤潮

外海型赤潮指外海或洋区上出现的赤潮。其发生机制与河口、近岸、内湾型有所区别，它们大多数出现在上升流区或水团交汇处，那里的营养物质比较丰富。有些种类自身还有固氮能力，在水体缺乏无机氮营养盐时，还可直接利用大气中的分子氮。外海型最常见和最具代表性的种类是蓝藻门的束毛藻（*Trichodesmium*），它在我国主要分布于东海以南水域。

1.3.5 外来型赤潮

所谓的外来型赤潮是属外源性的，指的是非原地形成的，由于外力（如风、浪、流、潮汐或养殖生物引入或船舶压舱水带来的等）的作用而被带到该地，这类赤潮持续时间短暂，或者具有"路过性"的特点。外来型赤潮最常见的是束毛藻赤潮，我国东南沿海的福建平潭附近据说年年可见，当地群众俗称其为"东洋水"，其含义即指该赤潮是从东面的大洋而来。

1.3.6 上升流型赤潮

典型上升流型赤潮区为浙江近海，约在每年 5 月中、下旬，随台湾暖流向北伸展的势力的逐步加强，在向岸剩余压强梯度和西南季风的作用下，台湾暖流下层水向西北逆坡爬升产生上升流，7—8 月达到最强，9—10 月台湾暖流向北伸展态势逐渐消衰而使上升流逐渐消失。上升流携带底层营养盐至表层，为浮游生物提供了丰富的营养盐，导致了海水的富营养化，上升流区及其边缘海水比较肥沃，往往导致浮游生物大量繁殖。

1.3.7 沿岸流型赤潮

近岸水体的流动速度慢，水体的交换程度差，岸线为平直海岸，赤潮藻种和营养物质来源于近岸污水的排放或外部的输入，水体的运动方向与岸线平行。

第2章 中国赤潮生物种的生态特征

赤潮是一种复杂的生态异常现象，发生的原因也较复杂，其发生的首要条件是赤潮生物增殖达到一定的密度。在正常的理化环境条件下，赤潮生物在浮游生物中所占的比重并不大，但是由于特殊的条件，如海水富营养化等，使某些赤潮生物过量繁殖，便形成了赤潮。海域中存在赤潮生物"种源"是赤潮发生的重要前提，赤潮生物营养细胞能以休眠孢囊的形式应对并度过不良环境，在环境条件不适宜生长的情况下，浮游细胞形成孢囊并沉降到海底，成为翌年赤潮发生的种源。

2.1 我国主要赤潮生物

赤潮，也被叫做有害藻华，是海洋中某些浮游生物在一定环境条件下暴发性增殖聚集引起水色的变化，或者对其他海洋生物产生危害的一种异常生态现象。据统计，能够形成赤潮的微藻约有 267 种，其中有毒的有 78 种，约占海洋中浮游植物的 1.8%~1.9%。

赤潮生物主要包括三大类，浮游生物、原生动物和细菌，而引发赤潮的生物多为甲藻，其次是硅藻。有毒有害的赤潮生物也是甲藻类居多。全球范围内赤潮生物有 80 多个属，330 余种，其中 80 余种有毒。我国沿海海域的有害赤潮生物约有 50 多个属，150 余种，其中浮游植物占了绝大多数：甲藻 70 余种，硅藻近 70 种，绿色鞭毛藻 2 种，蓝藻 3 种，裸藻 4 种，金藻 5 种，针胞藻 1 种，黄藻 1 种，隐藻 2 种；有毒种类 30 余种。根据目前记录，在我国沿海曾经引发赤潮的"种源"有 40 余种，其中有毒种类约 10 种。

2.1.1 赤潮生物分类

2.1.1.1 原核细胞型（prokaryotic cell）

（1）蓝藻门（Cyanophyta）

我国沿海的原核型赤潮生物主要是蓝藻（Cyanobacteria），又叫蓝绿藻（blue-green algae）或蓝细菌。蓝藻具有 DNA 但不与组氨酸结合，无核膜核仁和真正的细胞核及色素体，细胞的色素大多分散在原生质外缘，是典型的原核生物。蓝藻是单细胞、群体或丝状体的浮游藻类，不具有鞭毛或纤毛。蓝藻的细胞壁与革兰氏阴性菌的细胞壁基本相同，肽聚糖层（peptidoglycan layer）位于细胞膜外，肽聚糖层外依次是周质空间（periplasmic space）和外膜（outer membrane）。有些蓝藻能产生蓝藻毒素、肝毒素（hepatotoxins）和神经毒素（neurotoxins），可以用来防御捕食者，并充当抑制其他藻类生长的化感作用（allelopathic interaction）。

蓝藻的生殖方式以形成段殖体（hormogonia）或厚壁孢子（akinete）进行繁殖，异型孢子也可萌发产生新的藻丝，颤藻目种类不产生内生或外生孢子。蓝藻门仅有一个纲，即蓝藻纲，其中营海洋浮游生活的蓝藻主要有颤藻目（Oscillatoriales）和色球藻目（Chroococcales）两个目。分布于我国沿海的可引发赤潮的蓝藻均属颤藻目、颤藻科、束毛藻属，在温暖水域中数量较多。在我国近海，蓝海赤潮生物主要有红海束毛藻（*Trichodesmium erythraeum*）、汉氏束毛藻（*Trichodesmium hilde-brandtii*）和铁氏束毛藻（*Trichodesmium thiebauti*），当蓝藻门赤潮种类在沿海大量繁殖时，会使海水呈现红色，因而得名赤潮（red tide）。

2.1.1.2　真核细胞型（eukaryotic cell）

（1）硅藻门（Bacillariophyta）

硅藻是一类具备色素体的单细胞真核植物。细胞内含物与普通植物细胞类似，细胞核位于细胞中央；色素体形状多样，一般分布在细胞内，也有的分布于角毛中，色素体的排列和数量因种类而异。硅藻的典型特征是它们能分泌一层由硅质构成的细胞外壁，即硅藻壳（frustule）。硅藻壳由硅岩（quartzite）或水合的无定型二氧化硅组成，也可能含有少量的铝、镁、铁、钛等金属元素。硅藻的细胞壁由硅质和果胶质构成，具有正规排列的花纹；中心硅藻（Centricae）的花纹（孔纹）呈辐射对称，羽纹硅藻（Pennatae）的花纹（点纹）都是左右对称，在显微镜下具有各种各样独具特色的形态，极其美观。硅藻细胞有的单独生活，有的链接成群体，常见的有链状、螺旋状和放射状等，也有包埋于胶质管或套中形成管状或团状群体的类型。

硅藻种类繁多，分布极广，在营养盐浓度（氮、磷、硅）较高的海域往往占绝对优势，并且能够适应不稳定的水体环境，如河口海域等。因为硅藻种类多、数量大，因而被称为海洋的"草原"。硅藻正常的无性繁殖方法是通过分裂，由一个母细胞产生两个子细胞。遭受来自环境胁迫的压力后，有些硅藻细胞会形成具有纹饰的、厚的细胞壁的休眠孢子（resting spore）或休眠细胞（resting cell）。此外，硅藻还可以通过形成复大孢子（auxospore）的方式进行有性生殖。在我国海域已经引发过赤潮的硅藻种类约有20种，主要包括中肋骨条藻、丹麦细柱藻、旋链角毛藻、聚生角毛藻、圆海链藻、佛氏海毛藻、柔弱菱形藻、尖刺拟菱形藻、异根管藻纤细变形、浮动弯角藻、几内亚藻等。

（2）甲藻门（Pyrrophyta）

甲藻大多为游动单细胞生物，又常被称为"双鞭毛虫"，除少数细胞裸露外，都具有一定形状和数量的纤维小板合成的细胞壁。一个典型的游动甲藻具有一个上锥体（epicone）和一个下锥体（hypocone），它们被横向腰带（girdle）或横沟（cingulum）分隔。上锥体和下锥体通常由若干甲板（theca）构成，其数目和排列是区分甲藻的重要特征。甲藻细胞内具有一个大而明显的细胞核，一般具有核膜，有一个至数个核仁，细胞核内染色质呈环状，有 DNA 而无组蛋白。甲藻门细胞形态各异，呈球形、针形或分枝状，有的种类细胞连接成为群体。运动的种类具有两条鞭毛，不运动的种类具有纵横沟，一般热带种类多、个体小，寒带种类少，个体大。

甲藻根据其生活习性和鞭毛位置可分为 3 个纲，纵裂甲藻纲（Desmokontae）具有两条顶生鞭毛，横裂甲藻纲（Dinophyceae）具有两条腹生鞭毛，囊甲藻纲（Blastodinophycidae）营寄生生活且形态上变化颇大。甲藻的繁殖方式以细胞分裂为主，极少数不运动的种类通过产生孢子或者似亲孢子进行繁殖。

甲藻分布广泛，且甲藻赤潮往往会产生毒素，对海洋生态环境、海洋渔业、水产养殖业以及人类健康安全造成严重影响。甲藻产生的毒素主要包括腹泻性贝毒（diarrhetic shellfish poisoning）、西加鱼毒（ciguatera fish poisoning）和麻痹性贝毒（paralytic shellfish poisoning）等。我国沿海海域已经引发过赤潮的甲藻类约有18种，主要包括夜光藻（*Noctiluca scintillans*，有毒）、链状亚历山大藻（*Alexandrium catenella*，有毒）、长崎裸甲藻（又称米氏凯伦藻 *Karenia mikimotoi*，有毒）、链状裸甲藻（*Gymnodinium catenatum*）、米金裸甲藻（*Gymnodinium mikimotoi*）、具齿原甲藻（*Prorocentrum dentatum*）、旋沟藻（*Gyrodinium spirale*）、膝沟藻（*Gyrodinium flavum*）、鳍藻（*Histioneis* sp.）、叉状角藻（*Ceratium furca*）、锥状斯氏藻（*Scippsiella trochoidea*）等。

（3）金藻门（Chrysophyta）

大多数金藻没有真正的细胞壁，只有固定形状的周质膜，少数具有鳞片、囊壳或鞘壳的细胞壁；主要由果胶质组成，并含有许多硅质或钙质，有的种的硅质特化为类似骨骼的构造。储藏物质为金藻昆布多糖（chrysolaminarin）。金藻细胞只有 1 个细胞核，有 1~2 个液泡或更多，位于鞭毛基部。细胞内色素含量的 75% 为含氧类胡萝卜素，因此藻体多呈现金黄色或金褐色；当水体中含有丰富的有机物时，藻体因含氧类胡萝卜素减少而呈现绿色。金藻大多生活在淡水中，尤其是较冷的水域中较多。金藻门分为两个纲，即定鞭藻纲（Haptophyceae）和金藻纲（Chrysophyceae），前者的海生种类较多。其中棕囊藻（*Phaeocystis* spp.，有毒）为我国沿海多发种类。

金藻大多为单细胞或细胞群体，少数为丝状体，包括可动和不动的细胞。金藻具有两条异动向的鞭毛，一条较长的侧生小毛的鞭毛常指向前方，另一条鞭毛为不具小毛的短鞭毛，常指向后方。有的种类两条鞭毛等长，属于一种类型；另有一些种类除这两条鞭毛之外，还具有一条能卷曲的附着鞭毛，具有附着作用。金藻的繁殖方式包括有性生殖和无性生殖两种，其中无性生殖有 3 种方式：细胞分裂、游孢子和静孢子。有性生殖仅在少数具囊壳种类中出现，细胞在开口处互相附着，原生质从一个囊壳进入另一个囊壳细胞内而形成合子。

（4）黄藻门（Xanthophyta）

绝大多数黄藻生活于淡水，仅少数分布于海洋及半咸水水域。多数黄藻的细胞壁由两个重叠的半片（half）组成，其主要成分为果胶质化合物；有些种类含有少量的硅质和纤维质；仅少数种类的细胞壁含有大量纤维素。叶绿体中有丰富的类胡萝卜素，细胞多呈现黄绿色，因而得名黄藻。细胞一般是单核且细胞核通常很小，但也有多核的种类。

黄藻主要进行无性生殖，方式为细胞分裂和产生孢子，包括游孢子、静孢子和囊孢，也有少数种类进行同配或卵配的生殖方式。黄藻门有两个纲，黄藻纲（Xanthophyceae）和针胞藻纲（Raphidophyceae），在我国沿海多发的黄藻类赤潮种主要是赤潮异弯藻（*Heterosigma akashiwo*）和海洋卡盾藻（*Chattonella marina*）。

（5）绿藻门（Chlorophyta）

绿藻藻体为绿色，种类繁多，但只有约 10% 为海生，其中海洋浮游种类只占了很小的比例。绿藻细胞壁主要由纤维质的微丝构成，绿藻的细胞壁由原生质体分泌而成，内层为纤维质的微丝，外层为果胶质，水溶性，浮游藻体的细胞壁外层可形成胶质套。有些种类具有鳞片，位于细胞外面增加藻体的浮游性。所含色素与高等植物类似，以叶绿素 *a* 和叶绿素 *b* 占优势，主要的类胡萝卜素是叶黄素。大多数绿藻的细胞只有一个细胞核，多数种类多核；静止细胞的细胞核有明显的固定核膜和一个或几个核仁，有些种类在游动细胞前端具有伸缩泡。

绿藻的运动细胞顶端一般具有两条等长的鞭毛，少数有 4 条；鞭毛一般生在细胞前端中央，少数生于细胞中部或侧面。浮游种类中藻体一般是具鞭毛或不具鞭毛的单细胞或者群体。单细胞绿藻的游动细胞和群体的游动细胞都有眼点（eyespot 或 stigma）。多细胞种类的游孢子和配子也有眼点，因含有类胡萝卜素而呈现橘红色，位于细胞的前端，靠近鞭毛的基部，也有的位于细胞中央。绿藻的无性生殖方式为形成游动孢子（zoosporogenesis）或静孢子（aplanospore），有性生殖方式包括同配、异配和卵配生殖。海洋浮游绿藻主要包括绿藻纲（Chlorophyceae）和青绿藻纲（Cyanidiophyceae）。

（6）隐藻门（Cryptophyta）

隐藻，藻体单细胞且个体很小（一般 3~6 μm），无细胞壁，细胞呈不对称结构，可分为背腹侧和左右侧，具有两条鞭毛，从细胞近顶端的凹陷内或沟内生出。鞭毛等长或不等长，摆动的方向一致或不一致，侧生有一排或两排微管绒毛（microtubular hair），根据种类不同其结构各有差异。隐藻细胞虽无细胞壁但有周质体（periplast），周质体的外层是由具有颗粒的原生质膜或原纤维物质组成，内层则为细胞的内含物。隐藻细胞有多种颜色，茶青色、黄色、褐色、红色或者蓝色均有，而藻龄不同呈现的颜色也不同。某些种类具有眼点，大多数种类都具有躯器。

隐藻的生殖大多为纵分裂，有些种类先包在胶质套内然后进行细胞分裂，有的种类则能产生厚壁的休止孢子。一般情况下，运动种类为纵分裂，不定群体和不具鞭毛种类产生游孢子。隐藻门只有一个纲，即隐藻纲（Cryptophyceae），又分为两个目，隐鞭藻目（Cryptomonadales）和隐球藻目（Cryptococcoles），前者包括所有具备鞭毛能运动的种类，后者包括不具鞭毛的种类。

（7）裸藻门（Euglenophyta）

裸藻是一类具鞭毛的单细胞藻类，体型各有差异，一般都是前段较为钝圆而后端尖细，切面为圆形或扁圆形，但细胞形状可以改变。主要生活在淡水中，许多种类也可以生活在半咸水或海水中，少数种类见于半咸水或海水。细胞核大而明显，位于细胞的后半部，一般只有 1 个核。细胞核具有核膜，内有明显的核仁和核网。裸藻大多没有纤维素的细胞壁，原生质体表面分化成一层膜，即表质膜，表面光滑或具条纹，也有的有纵裂突起。表质膜或很硬使细胞具有固定外形，或具有弹性使细胞可以改变形状。细胞前端有泡口（cytosome），表质膜由此凹陷成一个烧瓶形的沟。有储蓄泡（reservoir），海产种类有简单的液泡。鞭毛 1 条或 2 条，个别种类多至 3~7 条。裸藻色素体草绿色，也有许多无色的种类。有色的裸藻色素体常为多个盘形，裂片状或盘状，侧生或放射排列如星状，也有的色素体只有两片，排列在细胞两侧。

裸藻没有有性生殖，繁殖方式以细胞分裂为主，有些种类在不适宜的环境条件下形成孢囊（cyst），孢囊呈球形、烧瓶形或五角形，分 3 种类型：厚壁孢囊、生殖孢囊和休止孢囊。裸藻门仅有裸藻纲（Euglenophyceae）一纲，其中双鞭藻目（Eutreptiales）和裸藻目（Euglenales）的许多种类可大量繁殖而形成赤潮。

（8）原生动物门（Protozoa）

红色中缢虫（Mesodinium rubrum）是我国沿海赤潮生物中唯一属于原生动物的

种类，该种四季常见并具有毒性，在沿岸低盐度水域可见本种形成的赤潮。

红色中缢虫属缢虫属，是一种海洋原生浮游纤毛虫，细胞由前后两个不同的球体接合而成，长度一般为 30～50 μm，冬天可见更小个体。以细胞运动的方向作为前端，具有长纤毛，从两个球体的侧面倾斜而出。前球体具有密生赤道纤毛带，纤毛呈多行正规排列，覆盖前球体。后球体尾端具不发达的口器，有时具触手。细胞运动活泼，静止时悬浮于海水表面。本种细胞内具有多种细胞色素，能将其生活的水域染成红色。作为一种部分自养型的浮游动物，红色中缢虫可与共生藻类共存，引发赤潮时会大量消耗水体中的营养盐和溶解氧，造成有机物积累、近岸甲壳类和软体类动物死亡，并影响其他浮游植物的光合作用。

2.1.2　我国海域的区域赤潮生物种类

我国海域南北跨度较大，4 个海区水文等条件差异明显，诱发赤潮的生物种类也各有差异。但总体来说，我国赤潮生物种类的数量分布从南到北递减，且南海的有毒赤潮生物也多于东海、黄海和渤海。东海赤潮的面积往往较大，而黄、渤海赤潮的持续时间相对较长。

据不完全统计，黄、渤海的赤潮藻达 70 多种，已引发赤潮的主要生物有：夜光藻、骨条藻、红色中缢虫、棕囊藻、裸甲藻（链状裸甲藻、螺旋裸甲藻、长崎裸甲藻）、叉角藻、浮动弯角藻、聚生角毛藻、丹麦细柱藻、舟形藻、海洋卡盾藻、赤潮异弯藻、柔弱菱形藻、链状亚历山大藻。东海的主要赤潮生物包括：链状亚历山大藻、股状亚历山大藻、米氏凯伦藻、棕囊藻等。进入 21 世纪后，黄海、渤海、东海这三大海区赤潮的发生次数明显增加。

南海引发赤潮的主要生物有：夜光藻、几内亚藻、异根管藻纤细变形、棕囊藻、裸甲藻、锥状斯氏藻、五角多甲藻、角毛藻、菱形藻、拟菱形藻、角甲藻、中肋骨条藻、中肋海链藻、红海束毛藻、红色中缢虫。尤以有毒的棕囊藻、多环旋沟藻和无毒的中肋骨条藻等为重，引发赤潮海域集中在珠江口外侧香港岛、大鹏湾、大亚湾、红海湾、拓林湾以及海南岛附近海域的湾内。虽然发生的赤潮规模较小，多小于 100 km²，但因为有毒赤潮较多，造成的经济损失往往十分巨大。

2.2　我国赤潮的生态分布

2.2.1　赤潮发生的时空分布特征（渤海、黄海、东海、南海）

2000—2020 年，我国管辖海域共发现赤潮 1 367 次（图 2-1），平均 65 次/a，

2000 年最低，为 28 次；2003 年最高，为 119 次。渤海赤潮 188 次，平均 9 次/a；2008 年最少，为 1 次；2001 年最多，为 20 次。黄海赤潮 122 次，平均 6 次/a；2015 年最少，为 1 次；2004 年、2005 年和 2009 年最多，均为 13 次。东海赤潮 797 次，平均 38 次/a；2000 年最少，为 11 次；2003 年最多，为 86 次。南海赤潮 241 次，平均 11 次/a；2019 年最少，为 3 次；2004 年最多，为 18 次（图 2-2）。

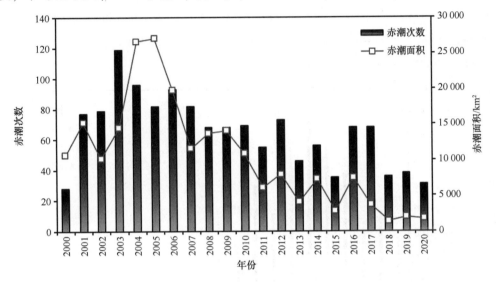

图 2-1　2000—2020 年全国沿岸海域赤潮频次与面积

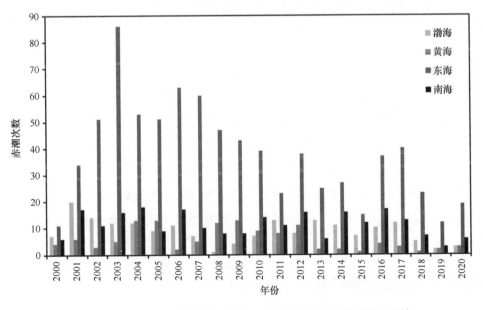

图 2-2　2000—2020 年渤海、黄海、东海和南海沿岸海域赤潮频次

2000—2020 年，我国管辖海域共发现赤潮面积约 218 959 km²，平均 10 427 km²/a，2018 年赤潮累计面积最小，为 1 406 km²；2005 年最大，为 27 070 km²（图 2-3）。渤海赤潮累计面积 42 181 km²，平均 2 009 km²/a；2019 年最小，为 0.28 km²；2004 年最大，为 6 520 km²。黄海累计赤潮面积 18 370 km²，平均 919 km²/a；2020 年最小，小于 1 km²；2011 年最大，为 4 242 km²。东海累计赤潮面积 147 958 km²，平均 7 046 km²/a；2015 年最小，为 1 098 km²；2005 年最大，为 19 270 km²。南海累计赤潮面积 10 450 km²，平均为 498 km²/a；2019 年最小，为 12 km²；2004 年最大，为 1 410 km²。

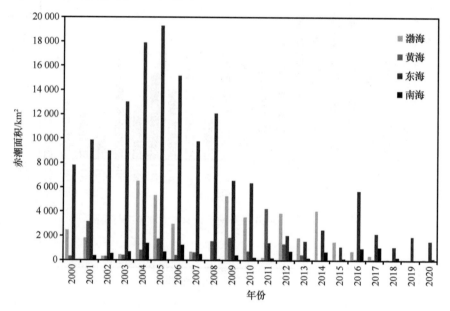

图 2-3　2000—2020 年渤海、黄海、东海和南海沿岸海域赤潮面积

2000—2020 年期间，我国沿岸海域赤潮主要集中于长江口、渤海湾、辽东湾沿岸海域。黄海赤潮次数最少，南海赤潮面积最小；东海赤潮次数最多，累计面积也最大，是我国沿岸海域赤潮灾害最为严重的海域。

2000—2020 年，我国沿岸海域每月均有赤潮发生。5 月是赤潮高发期，赤潮次数和面积最大；其次是 6 月。近几年来，12 月至翌年 3 月，为海南沿岸海域赤潮高发期（图 2-4）。

2.2.2　4 个海区赤潮发生的时空分布特征

（1）渤海　2000—2020 年，我国渤海海域共发现赤潮 188 次，累计面积约 4.22 万 km²（图 2-5）。引发赤潮优势种 40 余种，甲藻及伴甲藻赤潮次数占渤海总

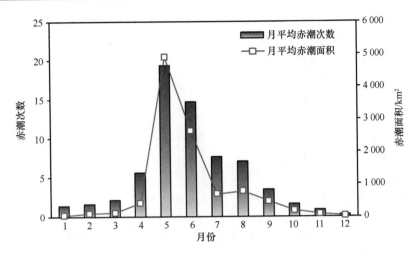

图 2-4　2000—2020 年我国沿岸海域赤潮月平均发生面积和次数

次数的 57%。抑食金球藻褐潮灾害面积大、持续时间长、经济损失严重。

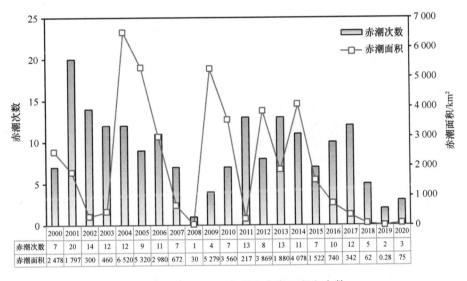

	2000	2001	2002	2003	2004	2005	2006	2007	2008	2009	2010	2011	2012	2013	2014	2015	2016	2017	2018	2019	2020
赤潮次数	7	20	14	12	12	9	11	7	1	4	7	13	8	13	11	7	10	12	5	2	3
赤潮面积	2 478	1 797	300	460	6 520	5 320	2 980	672	30	5 279	3 560	217	3 869	1 880	4 078	1 522	740	342	62	0.28	75

图 2-5　2000—2020 年渤海赤潮面积和次数

（2）黄海　2000—2020 年，我国黄海海域共发现赤潮 122 次，累计面积约 1.84 万 km²（图 2-6）。引发赤潮优势种 30 余种，甲藻及伴甲藻赤潮次数占黄海总次数的 54.1%。

（3）东海　2000—2020 年，我国东海海域共发现赤潮 797 次，累计面积约 14.80 万 km²（图 2-7）。引发赤潮优势种 50 余种，甲藻及伴甲藻赤潮次数占东海总次数的 60.5%。东海原甲藻、米氏凯伦藻赤潮灾害面积大、持续时间长，经济损失严重。

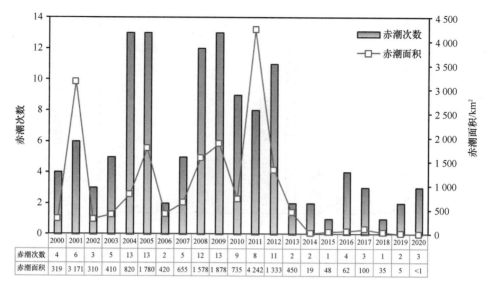

图 2-6　2000—2020 年黄海赤潮面积和次数

	2000	2001	2002	2003	2004	2005	2006	2007	2008	2009	2010	2011	2012	2013	2014	2015	2016	2017	2018	2019	2020
赤潮次数	4	6	3	5	13	13	2	5	12	13	9	8	11	2	2	1	4	3	1	2	3
赤潮面积	319	3 171	310	410	820	1 780	420	655	1 578	1 878	735	4 242	1 333	450	19	48	62	100	35	5	<1

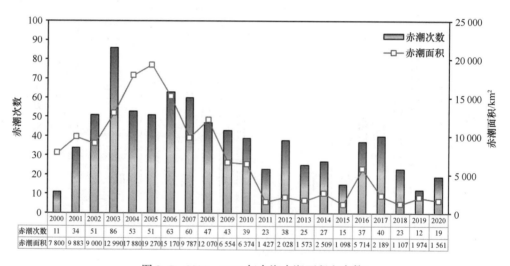

图 2-7　2000—2020 年东海赤潮面积和次数

	2000	2001	2002	2003	2004	2005	2006	2007	2008	2009	2010	2011	2012	2013	2014	2015	2016	2017	2018	2019	2020
赤潮次数	11	34	51	86	53	51	63	60	47	43	39	23	38	25	27	15	37	40	23	12	19
赤潮面积	7 800	9 883	9 000	12 990	17 880	19 270	15 170	9 787	12 070	6 554	6 374	1 427	2 028	1 573	2 509	1 098	5 714	2 189	1 107	1 974	1 561

（4）南海　2000—2020 年，我国南海海域共发现赤潮 241 次，累计面积约 1.07 万 km²（图 2-8）。引发赤潮优势种 40 余种，甲藻及伴甲藻赤潮次数占南海总次数的 49.2%。

2.2.3　各沿海省（自治区、直辖市）赤潮发生的时空分布特征

（1）辽宁　2000—2020 年，辽宁省沿岸海域共发现赤潮 69 次，累计面积 15 389.2 km²（图 2-9）。平均每年发现赤潮 3.3 次，累计面积约 733 km²。引发赤

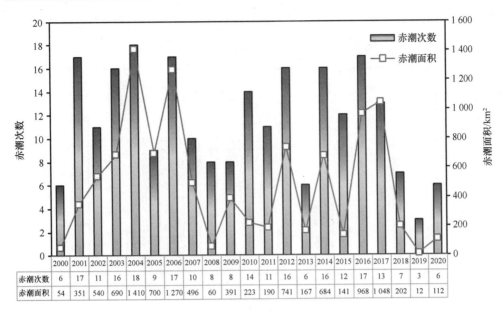

图 2-8　2000—2020 年南海赤潮面积和次数

潮的优势种主要为夜光藻。

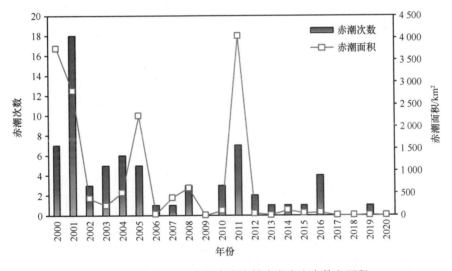

图 2-9　2000—2020 年辽宁省海域赤潮发生次数和面积

（2）河北　2000—2020 年，河北省沿岸海域发现赤潮 80 次，累计面积约 14 854.7 km²（图 2-10）。平均每年发现赤潮 4 次，年均累计面积约 707 km²。引发赤潮的优势种共计 27 种，分别为夜光藻、抑食金球藻、赤潮异弯藻、中肋骨条藻、叉状角藻、红色中缢虫、微小原甲藻、丹麦细柱藻、古老卡盾藻、米氏凯伦藻、螺旋环沟藻、多纹膝沟藻、海洋原甲藻、尖叶原甲藻、具刺膝沟藻、诺氏海链藻、塔马亚历山大藻、暹罗角毛藻、旋链角毛藻、血红哈卡藻、针胞藻、锥状斯氏藻、环节环沟藻、裸甲藻、盘绕旋沟藻、球形棕囊藻、柔弱根管藻。

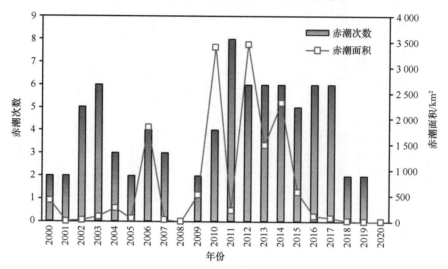

图 2-10   2000—2020 年河北省海域赤潮发生次数和面积

（3）天津   2000—2020 年，天津市沿岸海域发现赤潮 49 次，累计面积 17 020.35 km²（图 2-11）。平均每年发现赤潮 2.3 次，累计面积约 810 km²。引发赤潮的优势种主要为夜光藻、中肋骨条藻、赤潮异弯藻。

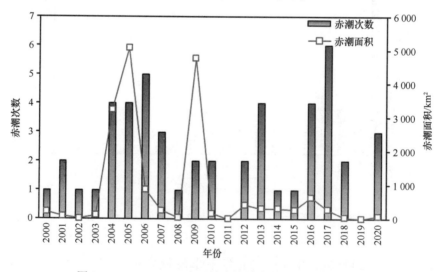

图 2-11   2000—2020 年天津市海域赤潮发生次数和面积

（4）山东   2000—2020 年，山东省沿岸海域发现赤潮 76 次，累计面积 7 853 km²（图 2-12）。平均每年发现赤潮 3.6 次，累计面积约 374 km²。引发赤潮的优势种主要为夜光藻、海洋卡盾藻。

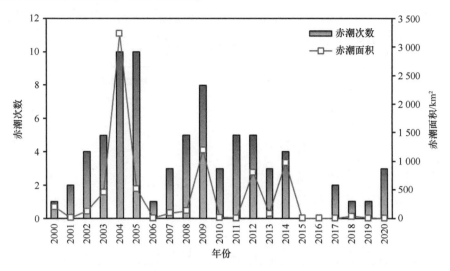

图 2-12　2000—2020 年山东省海域赤潮发生次数和面积

（5）江苏　2000—2020 年，江苏省沿岸海域（12 n mile 以内）赤潮频率平均为 1.6 次/a，面积平均为 447 km²/a；2001 年赤潮面积最大，为 3 560 km²（图 2-13）。赤潮在 4—9 月均有发生，其中 7 月为高发期。赤潮主要集中在连云港附近海域。主要赤潮优势种为中肋骨条藻、赤潮异弯藻。

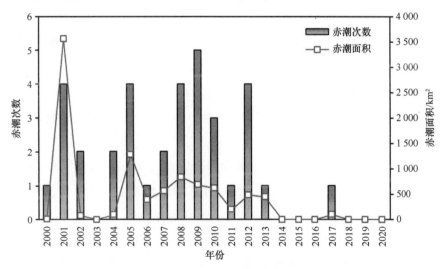

图 2-13　2000—2020 年江苏省海域赤潮发生次数和面积

（6）浙江　2000—2020 年，浙江省沿岸海域（12 n mile 以内）年平均发现赤潮次数约为 25 次，年平均赤潮累计面积约为 5 560 km²；2003 年赤潮发现次数最高，为 49 次；2005 年赤潮累计面积最大，为 16 436.2 km² （图 2-14）。赤潮在 1—9 月均有发生，其中 5 月为高发期。赤潮主要集中在舟山、温州、台州、象山等附近海域。主要赤潮优势种为东海原甲藻、米氏凯伦藻、中肋骨条藻。

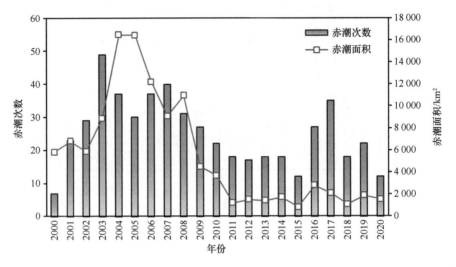

图 2-14　2000—2020 年浙江省海域赤潮发生次数和面积

（7）上海　2000—2020 年，上海市沿岸海域（12 n mile 以内）共发现赤潮 8 次，累计面积为 3 309 km²，2016 年累计面积最大，为 2 820 km²。主要赤潮优势种为夜光藻、中肋骨条藻等。

（8）福建　2000—2020 年，福建省沿岸海域（12 n mile 以内）赤潮频率平均为 12.1 次/a，面积平均为 599 km²/a；2003 年赤潮频次最高，为 29 次，2010 年累计面积最大，为 2 692 km²（图 2-15）。赤潮在 1—9 月均发生，其中 5 月为高发期。赤潮主要集中在连江、霞浦、平潭等附近海域。主要赤潮优势种为东海原甲藻、中肋骨条藻、米氏凯伦藻和夜光藻。

（9）广东　2000—2020 年，广东省沿岸海域（12 n mile 以内）赤潮频率平均为 10.6 次/a，面积平均为 477 km²/a；2004 年赤潮次数最高，为 17 次；赤潮面积也最大，为 1 381 km²（图 2-16）。赤潮在 1—11 月均有发生，其中 4 月、8 月和 10 月为高发期。赤潮主要集中在深圳等珠江口附近海域。主要赤潮优势种为夜光藻、球形棕囊藻、米氏凯伦藻、双胞旋沟藻等。

（10）广西　2000—2020 年，广西壮族自治区沿岸海域有 9 起赤潮事件记录，其中，2005 年和 2010 年赤潮面积最大，均发生于北部湾海域，分别为 250 km² 和 150 km²。

近年来，广西沿岸海域发生了多起球形棕囊藻引起的水质异常现象，虽然其含

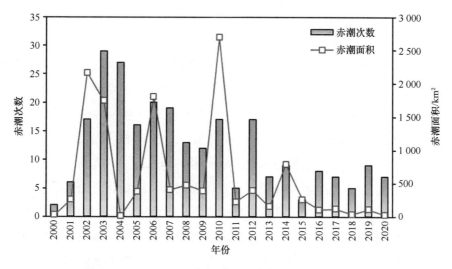

图 2-15　2000—2020 年福建省海域赤潮发生次数和面积

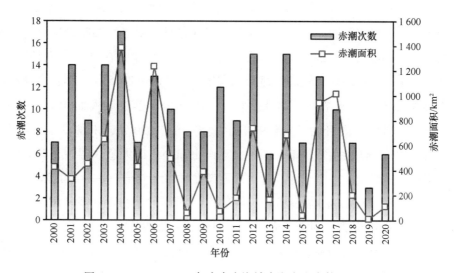

图 2-16　2000—2020 年广东省海域赤潮发生次数和面积

量未达到赤潮预警浓度，但引起海水变色，并影响到防城港核电站的生产安全。

（11）海南　2000—2020 年，海南省沿岸海域共有 21 起赤潮事件记录，其中，2015 年赤潮面积最大，为 102 km²，赤潮频次也最高，达到 5 次。

2.2.4　赤潮的优势生物特征

2000—2020 年期间，我国沿岸海域赤潮鉴定出来的第一优势种有甲藻、硅藻、金藻、蓝细菌、纤毛虫、黄藻、定鞭藻等 77 种（属），其中以东海原甲藻频次和累计面积最高，夜光藻、中肋骨条藻和米氏凯伦藻次之。甲藻和着色鞭毛藻作为第一优势种赤潮比例呈上升趋势，甲藻已成为多发种和优势种，赤潮生物小型化和有毒化趋势明显。

东海原甲藻（*Prorocentrum donghaiense*）是我国沿岸海域发生频次与规模最大的赤潮藻种。2000—2020 年期间，每年都有东海原甲藻（含并发种）赤潮发生，共计 303 次，累计面积约 86 382 km²，均发生在长江口至浙江省—福建省沿岸海域，集中于 4—6 月；2003—2006 年，为其赤潮高发期；2005 年 5 月在长江口外海域，与米氏凯伦藻并发，为其最大规模的赤潮，面积达 7 000 km²。与东海原甲藻并发赤潮的有米氏凯伦藻、三叶原甲藻、裸甲藻、亚历山大藻、链状亚历山大藻、塔玛亚历山大藻、夜光藻、中肋骨条藻、锥状斯克里普藻、赤潮异弯藻、翼根管藻纤细变型、原甲藻、红色中缢虫、灰白下沟藻、叉角藻、圆海链藻、聚生角毛藻、尖刺伪菱形藻和短凯伦藻等。在东海原甲藻细胞内尚未发现毒素，但高浓度的东海原甲藻对褶皱臂尾轮虫种群数量有影响[1]。

抑食金球藻（*Aureococcus anophagefferens*）是一种海金藻。从 20 世纪 80 年代开始在美国东海岸形成藻华，由于藻华期间海水颜色呈棕褐色、细胞密度极高，这类藻华被称作"褐潮"。我国近海首次记录到"褐潮"现象，在世界上也是继美国、南非之后，第三个记录到"褐潮"现象的国家[2]。2009—2015 年，抑食金球藻褐潮暴发于秦皇岛沿岸海域 7 次，累计面积 11 221 km²，单次最大面积为 3 400 km²（2012 年），一般从 5 月开始暴发至 9 月消失。2016—2020 年，未发现抑食金球藻褐潮。抑食金球藻褐潮发生常是单一藻种，对卤虫和小白鼠无急性毒性，对兔的皮肤和眼睛无明显的刺激作用[3]，对当地滨海旅游业和海水养殖带来一定的影响。

米氏凯伦藻（*Karenia mikimotoi*）是我国沿岸海域发生频次和规模最大的有毒赤潮藻，产生溶血性毒素，对鱼、虾、蟹、贝等海洋动物具有极大的杀伤力，2012 年，造成浙江和福建沿岸海域鲍鱼和海参大规模死亡，直接经济损失 21.15 亿元。2000—2020 年期间，2000—2002 年和 2011 年均未发现米氏凯伦藻赤潮，其他年份均有发生，共计 147 次（含并发种），累计面积 39 586 km²。米氏凯伦藻赤潮在我国沿岸海域均有发生，长江口沿岸海域为频发区；每年 3—8 月为易发期，6 月为高发期。2005 年 5 月在长江口外海域，与东海原甲藻并发，为其最大规模的赤潮，面积达 7 000 km²。与米氏凯伦藻并发赤潮藻有东海原甲藻、锥状斯克里普藻、原甲藻、赤潮异弯藻、红色中缢虫、灰白下沟藻、叉角藻、裸甲藻、聚生角毛藻、中肋骨条藻、链状亚历山大藻、旋链角毛藻和诺氏海链藻等。

亚历山大藻属（*Alexandrium*）中的一些种类产生麻痹性毒素。2000—2020 年，在我国沿岸海域发生亚历山大藻属（含并发）赤潮共计 23 次，累计赤潮面积 2 604.92 km²。4—5 月为高发期，在东海海域、黄海北部及渤海均有暴发。大多为双相或复合型赤潮,并发藻有夜光藻、东海原甲藻、原甲藻、绿藻、赤潮异弯藻、翼根管藻纤细变型、米氏凯伦藻、中肋骨条藻、三叶原甲藻和底刺膝沟藻等。

球形棕囊藻(*Phaeocystis globosa*)是 1997 年 10 月至 1998 年 2 月在中国东南沿海首次暴发[4]。球形棕囊藻藻体及藻细胞死亡腐烂后可产生溶血性毒素,可导致鱼类大面积死亡,尤其对网箱养殖和对虾育苗危害更大;球形棕囊藻产生大量的黏性物质,可堵塞核电站冷却系统的海水过滤系统,使核电安全生产受到严重威胁。2000—2020 年,我国沿岸海域发现球形棕囊藻(含并发)赤潮共 54 次,累计面积 7 647.9 km^2。球形棕囊藻在我国沿岸海域均有发生,主要集中在渤海湾和莱州湾,高发期为 5—8 月;广西和海南沿岸海域高发期为 12 月至翌年 3 月。球形棕囊藻大多为单相型赤潮,也有中肋骨条藻、圆海链藻和微小原甲藻等并发优势藻。

2.3 赤潮生物的生物学特征

2.3.1 形态学特征

根据联合国教科文组织政府间海洋学委员会(IOC – UNESCO)(http://www.marinespecies.org/hab)统计结果表明,目前有害藻类物种就多达 200 种左右。主要类群为,甲藻、针胞藻、浮生藻纲微藻与蓝藻等。

2.3.1.1 蓝藻门(Cyanophyta)

蓝藻是单细胞、群体或丝状体的原核浮游藻类,具 DNA 但不与组氨酸结合,无核膜、核仁及"真正"的细胞核及色素体,细胞的色素大多分散于原生质外缘。蓝藻除含有叶绿素 *a* 外,还含有辅助色素——蓝藻蓝素(c-phycoeryanin)和蓝藻红素(c-phycoerythrin)。蓝藻细胞壁很薄,具纤维质、果胶质和黏质层。当蓝藻大量繁殖时,会使海水呈现红色。

2.3.1.2 硅藻门(Bacillariophyta)

硅藻(diatom)是一类具有色素体的单细胞植物,种类繁多,无多细胞种类,少数种类借助壳面细胞壁上的胶质孔所分泌的胶质或突出物形成群体,常见的有链状、螺旋状或放射状等,也有包埋于胶质管或套中形成管状或团状群体。细胞壁富含硅质,形成坚硬的外壳(frustule),由上、下两个壳组成,类似于盒子状。套在上面(外面)的称上壳(epitheca),上壳稍大;下面(里面)的稍小,称下壳

(hypotheca)，上壳的壳顶和下壳的壳底称壳面（valve），或称壳瓣。壳边称相连带（connecting band），上、下相连带总称壳环或壳环带（girdle band），该环面称壳环面。壳面向相连带弯曲的部分（肩）称壳套（valve mantle）。

连接上、下两壳面的中心点轴称壳环轴（pervalvar axis），为细胞的高度。连接细胞壳面两端的轴称壳面轴，壳面轴有长轴（apical axis）和短轴（transapical axis）之分。壳面圆形的种类，壳环面宽狭一致，壳面长形的种类有宽壳环面和狭壳环面之分，狭壳环面在一般情况下是看不到的。从宽壳环面观时，细胞的宽度等于长轴（纵轴）的长度，厚度等于短轴（横轴）的长度。

硅藻细胞的形状，主要有两种类型。一般来说，辐射硅藻目的壳面辐射对称多为圆形或椭圆形，也有三角形或形状不规则的。羽纹硅藻壳面一般均较细长，两侧对称，如舟形、梭形、"S"形、弓形、棒形或一面凸出而另一面凹入，环面观一般为方形、长方形、弓形、楔形等。

2.3.1.3　甲藻门（Pyrrophyta）

甲藻（dinoflagellate）大多为游动的单细胞生物，是海洋浮游生物的一个重要类群，在海洋生态系中占极为重要的地位。大多数甲藻个体微小，部分类群可以以单细胞通过细胞外的各种突起，联结成不同形状的群体。

大多数甲藻为单细胞，且具两条鞭毛，可以运动。外形多种，细胞常呈球形或针形、梭形、卵圆形等，背腹扁平或左右侧扁，常有背腹之分。细胞裸露或具纤维质细胞壁（壳）。纵裂甲藻类，细胞由左右两片组成，无纵沟（longitudinal furrow）和横沟（tranverse furrow）。横裂甲藻类的细胞壁则由许多小板组成，板片有时有角、刺或乳头状突起，板片表面常具孔纹。大多数种类具一条横沟和一条纵沟，横沟位于细胞中部，故又称腰带，并将细胞分成上、下两部分。纵沟位于腹区，纵、横沟内各有1条鞭毛，一条环绕于横沟中，另一条沿纵沟后伸，拖于细胞后端（图2-17）。

2.3.1.4　绿藻门（Chlorophyta）

绿藻属于真核生物，种类很多，但海生绿藻仅10%左右，其中海洋浮游种类只占绿藻很小的比例。绿藻的主要特征：藻体成绿色，具有叶绿体且叶绿体中色素与高等植物相似，有叶绿素 a、叶绿素 b、胡萝卜素及叶黄素4种；光合作用的产物是淀粉，细胞体内常具有淀粉核；细胞壁多数含有纤维素及果胶；运动的营养细胞、游孢子和动配子，一般有两条或四条鞭毛，通常生于藻体的前端。鞭毛长短相等，少数的属种，鞭毛上还生鞭丝或鳞片。

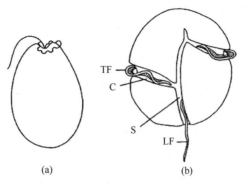

图 2-17　甲藻的形态模式图

（a）纵裂甲藻细胞类型的侧视图，显示了两个不同鞭毛的前部位置；（b）横裂甲藻细胞类型的腹侧视图，显示了两个不同鞭毛的位置，均位于沟中。LF, longitudinal flagellum（纵鞭毛）；TF, transverse flagellum（横鞭毛）；C, cingulum（横沟）；S, sulcus（纵沟）

2.3.1.5　金藻门（Chrysophyta）

金藻属于真核生物，多数分布在淡水中，少数产于海洋。金藻单细胞、单细胞群体及分枝丝状体 3 种基本类型，大多数为单细胞，群体和丝状体占少数。金藻类没有细胞壁，个体微小。具运动能力的单细胞个体不具细胞壁，呈裸露状，外层包有周质膜，有 2 条、3 条（少数是 1 条）等长或不等长鞭毛，有些类群具不能运动的定鞭（haptonema），顶生或侧生。运动细胞由于没有细胞壁，在保存液中常会失去所有细胞的特征，因此很难鉴定，观察时应尽量为活体。不能运动的种类无鞭毛，而具细胞壁，其细胞壁由胶质、硅质或钙质片所组成，以果胶为主。

有些单细胞细胞壁的表面还具硅质化鳞片、小刺或囊壳等，有些底栖种类可以像变形虫一样伸出伪足。光合作用色素除了叶绿素 a、叶绿素 c、β-胡萝卜素和叶黄素外，还含有一种金藻素（有的称副色素、墨角藻黄素）。由于金藻素的存在，使植物体呈现金黄色或棕色，故名金藻。但当生活环境中含有机物特别丰富时，这些金藻素也会减少，而使植物呈现绿色。金藻的色素体一般很少，仅 1 个或 2 个，侧生片状。

2.3.2　遗传学特征

赤潮藻并不是一个从分类学上的一个分类群，也甚至不是一个自然分类群。依据目前微藻分类学的方法，保守的形态特征仍然是传统物种分类的金标准，如果遗传差异不能支持形态差异，我们不能定义其为不同的物种。当然也有人认为，遗传方面的差异足以区分物种以及定义新物种。并且现在越来越多地用于重新定义现有形态物种时，也参考核或质体 DNA 序列与脂质、色素和生物毒素等特征。赤潮藻类的种群之间关系的通常基于一个或几个基因的序列分析系统发育分析，这些常用的基因通常包括核糖体 DNA（rDNA）、核糖转录间隔区（ITS）或细胞色素 C 氧化酶亚基 I（Cox1）基因。分子序列分析可用于解决几乎没有明显形态特征的物种的进化关系和分类位置。核糖体小亚基基因（ssu rDNA）是分子分类学中最常用的序列，赤潮藻的核糖体大亚基的基因比核糖体小亚基基因具有更高的信息含量，因此是许多分类学研究的首选。5.8S rDNA 位于核糖体小亚基基因和核糖体大亚基基因之间的区域。在核糖体小亚基基因与 5.8S rDNA 及 5.8S rDNA 与核糖体大亚基的基因的中间有两个明显的非编码区，它们被称为核糖体内转录间隔区（ITS）。ITS 区域通常不太保守，因此与核糖体小亚基基因或核糖体大亚基的基因相比，可以更好地分辨密切相关的物种或一个物种中的不同藻株，并且通常用于种群水平。核糖分型和应用保守的单基因标记（如 rDNA）在解决赤潮物种间的分类学和系统发育问题方面很有价值，但在种内和种群水平上揭示隐形种的多样性时则需要更精细的区分。

2.4　赤潮的环境因子特征

在正常的理化环境条件下，赤潮生物在浮游生物中所占比例并不大，但是由于特殊的环境条件能使得赤潮生物过量繁殖并导致赤潮发生[5]。赤潮的发生原因比较复杂，赤潮生物的存在和水体富营养化是其形成的主要原因；除此之外，赤潮的发生还与气象、水文、地质、海况、海流等因素有关[6,7]，其中海域的温度、光照、营养盐水平、酸碱度、微量金属和污染物等的含量对赤潮发生有着不可忽视的作用，这些因素将在下文一一讨论。

2.4.1　温度

海水温度是诱发赤潮的重要环境因素。温度对赤潮生物的影响一般体现在以下几个方面：一方面可通过控制水体中的酶促反应或呼吸作用强度直接影响藻类生长；另一方面可通过控制水体中各种营养盐、二氧化碳、有机物等的溶解度、离解度或分解率间接影响藻的生长繁殖；还可以通过海流、中尺度涡流、大尺度波动等的影响对赤潮藻的物理化学环境发生作用[5]。一般情况下，许多藻类在冬季会形成孢囊，进入休眠期，直到第二年春季温度回升、盐度适合时，水体中大量的营养物质使得赤潮藻类大量繁殖，迅速生长，引起赤潮。当海水的温度为 20~30℃时，适宜赤潮藻类孢囊萌发，并大量繁殖[8]。然而，不同海区不同类型赤潮暴发要求的温度和盐度由于其赤潮藻种不同也各不相同。如在南海大鹏湾海域夜光藻赤潮发生的适宜温度为 15~20℃，而在日本濑户内海等海域暴发褐胞藻赤潮时，最适温度为 25℃[6]。

海水温度变化也可作为监测赤潮发生的警示指标。20~30℃是赤潮发生的适宜温度范围。科学家发现一周内水温突然升高大于 2℃是赤潮发生的先兆[8]。赤潮藻类对温度的适应还与对光照强度的适应相互配合。于萍等发现中肋骨条藻在低温（15℃、20℃）、低光照强度（1 500 lx）下的最大藻数量反而较高光照强度（7 000 lx）下稍大，与低温条件下相反，25℃条件下，低光照强度的最大藻数量远小于高光照强度的最大藻数量。说明该藻在高温度条件下适应较高的光照强度，而低温度条件下适应较低的光照强度[9]。此现象恰与冬季气温较低光照强度较低，夏季气温较高光照强度较高相吻合，说明该藻对不同季节有很强的适应能力。而 30℃条件下，中肋骨条藻和尖刺拟菱形藻细胞在培养几天后均出现了大量死亡。

2.4.2　光照

光照对浮游植物而言是不可或缺的能量来源，直接决定了其光合作用的强度。对于水生生态系统来说，光照是水体生物生长的重要限制因子，水体光学性质直接影响水生生物群落的结构和功能，光合有效辐射量在某种程度上决定了水体初级生产力水平，而真光层厚度则基本上决定了生产者和分解者的分布格局[10]。研究表明，光照是影响赤潮藻类生长和赤潮发生的关键环境因子之一[11]。铵盐和硝酸盐是浮游植物吸收利用的主要无机氮源，在光亮和黑暗中都能被藻体吸收，但是在光亮中吸收速度要高得多[12]。孙百晔等发现光照和营养盐的权衡使东海原甲藻在赤潮高发区这一特定海域形成赤潮；而东海赤潮高发区次表层光照最适的特性，是导致东海原甲藻赤潮往往在次表层孕育的重要因素之一[13]。光照强度还可能影响赤潮藻类的生长和种类。根据王爱军等的研究，当光照小于 6 MJ/（$m^2 \cdot d^{-1}$）时，光照增强促进浮游植物生长，当光照高于此数值时，中肋骨条藻和角毛藻的生长受到光照增强的不同程度的抑制[11]。当光照低于 6.7 MJ/（$m^2 \cdot d^{-1}$）时，优势种由角毛藻演替为中肋骨条藻，高光照下，由角毛藻演替为角毛藻和浮动弯角藻共同占优。

2.4.3　营养

富营养化并不一定是有害赤潮暴发的充分条件，但大量的营养盐及其他一些微量元素从根本上说是赤潮频频暴发的必要物质基础[8]。根据我国颁布的渔业和海水水质标准，通常将无机氮含量达到 0.2~0.3 mg/L，无机磷含量达到 0.45 mg/L，叶绿素 a 含量达到 1~10 mg/L，初级生产力 1~10 mg/（L·h）作为水体富营养的阈值[5]。由于含有大量有机质、重金属离子的城市工业废水和生活污水大量入海，使营养物质在水体中富集，导致海域富营养化，水域中氮、磷等营养盐类、铁、锰等微量元素以及有机化合物的含量大大增加，在海域中本来就存在的赤潮藻类基础上，促进赤潮藻类的大量繁殖[6]。一些海域的营养盐含量本身虽然不高，但在暴雨后却也会发生赤潮，其原因可能是由于降雨或地表径流带来了大量营养物质，导致水体突然富营养化[5]。研究表明，可溶性氮含量大于 0.1 mg/L，可溶性磷含量大于 0.02 mg/L时，发生赤潮的可能性将大为增加。某些污染严重的海域，营养盐的比率是制约赤潮生物生长的决定性因素，氮（N）、磷（P）、硅（Si）相对供应量的改变对浮游植物群落演替具有显著影响。随着 N：P 比率的下降，浮游植物群落中的甲藻等赤潮生物逐渐代替硅藻成为优势种，且在低 N：P 比率（6~15）时生长良好[7]。除了营养盐和微量元素外，水体中的维生素类有机营养物质也能作为营养物质被藻类利用，在藻类增殖过程起到重要作用。有研究发现，60%的藻类需要维生素，并且维生素在决定藻类种群结构中起重要作用[5]。

2.4.4　酸碱度

海水的酸碱度作为表征水体主要特征的重要参数，在浮游植物繁盛时期具有相似的变化规律。赤潮藻在生长繁殖过程中，大量吸收二氧化碳释放氧气，引起水体 pH 值升高和溶氧变化，pH 值水平分布一般与溶解氧较为相似。一般而言，海水的 pH 值一般在 8.0~8.2 之间，而赤潮发生时可达 8.5 以上，有时甚至可达 9.3[5]。一项对广西廉州湾赤潮期间的研究发现，廉州湾赤潮形成期间 pH 值、溶解氧与环境因素的关系随着赤潮形成及发生过程的不同而存在明显差异。廉州湾海域具有赤潮前 pH 值较低，赤潮时 pH 值较高的特征。赤潮前影响 pH 值的主要因素是浮游植物的光合作用，沿岸水的物理混合作用只占次要地位[14]。赤潮发生时并不完全是由浮游植物群落中平时的优势种群增殖而成为赤潮生物，而是赤潮生物的聚集或增殖。一种观点认为，藻类之间的相互作用即化感作用引起了藻种的更替。化感作用是生物在进化过程中产生的一种对环境的适应性机制，是生态系统中自然的化学调控现象[15]。Schmidt 等发现 *Chrysochromulina polylepis* 对双鞭藻 *Heterocapsa triquetra* 有一种强烈的化感作用[16]，但是这种作用是在一定的 pH 值下发生，说明水体酸碱度有可能通过影响化感物质来改变藻种的更替和相互作用。

2.4.5　微量金属

海水中的某些微量金属往往是诱发和促进赤潮发生的因素，有时甚至起决定作用。比较重要的微量金属有铁、锰、铜、镁、钼、钴等，它们作为辅助因子参与生物生化反应以促进生物增殖。当赤潮发生时，常伴随着可溶性铁、锰量异常升高，并与赤潮生物量在数值上存在某种程度相关的情况。这些微量金属还可以通过与海水中溶解的有机质如维生素 B_1、B_{12}、DNA、嘌呤、嘧啶、植物激素及其他有机物分解产物螯合的方式，提高赤潮生物利用微量金属的利用率或者降低其毒性，从而与赤潮发生密切关系[5,7]。某些重金属可能对赤潮藻类的生长存在促进作用。较低浓度重金属含量，如 Pb（Ⅱ）对旋链角毛藻和中肋骨条藻生长都有一定的促进作用，而高浓度 Pb（Ⅱ）对它们的生长则表现为抑制作用，并且随着营养盐（NO_3-N，PO_4-P）浓度的增加，Pb（Ⅱ）对两种赤潮藻生长的抑制作用是逐渐降低的，营养盐（NO_3-N，PO_4-P）与 Pb（Ⅱ）之间可能存在着拮抗作用[17]。重金属重污染情况下能杀死部分浮游动物，减轻植物群落的捕食压力并较快生长，在一定程度上促进赤潮的滋生[5]。

2.4.6　污染物等

我国进入海洋环境污染物中陆源入海污染物约占 90%，其余来自近岸养殖、海上航运、海上石油、天然气开发、海上倾废以及大气沉降等[7]。来自海水养殖的海水污染，比如网箱养殖过程中人工投喂大量配合饲料和鲜活饵料也能为赤潮生物的暴发提供物质基础。由于养殖设备陈旧，养殖技术落后，往往造成投喂的饲料过剩，严重污染了养殖海域。在鱼病的多发季节，养殖者使用大量的化学药物进行预防。另外，我国沿海有许多育苗场，每天都有大量的污水排入海中，这些带有大量残饵、粪便的水中含有氨氮、尿素、尿酸及其他形式的含氮化合物，加快了海水的富营养化[7]，这样为赤潮藻类提供了适宜的生物环境，使其增殖加快，特别是在高温、闷热、无风的条件下最易发生赤潮[6]。此外，工矿企业、农业、城镇生活、港口、船舶和油田等的污染物有些直接排入海中，有些随河流入海。由于城市工农业废水和生活污水大量排入海中，使营养物质在水体中富集，也能造成海域富营养化[8]。

参考文献

［1］　王丽平，颜天，谭志军，等.塔玛亚历山大藻和东海原甲藻对褶皱臂尾轮虫种群数量的影响.应用生态学报，2003，14（7）：1 151-1 155.

［2］　Zhang Y，Zhang Y F，Zhang W L，et al. Size fraction of chlorophyll a during and after brown tide in Qinhuangdao coastal waters. Ecological Science，2012，31（4）：357-363.

［3］　吴霓，徐晓娇，江天久，等.抑食金球藻对卤虫和鼠的急性毒性及对兔皮肤和眼的刺激作用.水产学报，2014，38（3）：6.

[4]　陈菊芳，徐宁. 中国赤潮新记录种——球形棕囊藻（*Phaeocystis globosa*）. 暨南大学学报（自然科学与医学版），1999，20（3）：124-129.

[5]　赵冬至，等. 中国典型海域赤潮灾害发生规律. 北京：海洋出版社，2010.

[6]　胡国成. 我国沿海赤潮发生的原因及其危害. 中国水产，2006（2）：73-80.

[7]　徐姗楠，何培民. 我国赤潮频发现象分析与海藻栽培生物修复作用. 水产学报，2006，30（4）：554-561.

[8]　张蕾. 我国赤潮的成因和防治. 江苏教育学院学报（自然科学版），2008，25（4）：57-59.

[9]　于萍，张前前，王修林，等. 温度和光照对两株赤潮硅藻生长的影响. 海洋环境科学，2006，25（1）：38-40.

[10]　孙霞. 光照对东海赤潮高发区赤潮藻类生长的影响. 青岛：中国海洋大学，2005.

[11]　王爱军，王修林，王江涛，等. 光照对东海赤潮高发区春季硅藻生长的影响. 中国海洋大学学报，2006，36（sup）：173-178.

[12]　赵冬至，等. 中国典型海域赤潮灾害发生规律. 北京：海洋出版社，2010.

[13]　孙百晔，王修林，李雁宾，等. 光照在东海近海东海原甲藻赤潮发生中的作用. 环境科学，2008，29（2）：362-367.

[14]　韦蔓新，何本茂，赖廷和. 廉州湾赤潮形成期间 pH 值和溶解氧的时空分布及其与环境因素的关系. 广西科学，2004，11（3）：221-224.

[15]　彭喜春，杨维东，刘洁生. 赤潮期间藻类的化感效应. 海洋科学，2007，31（2）：84-88.

[16]　Schmidt L E，Hansen P J. Allelopathy in the prymnesiophyte Chyrsochromulina polylepis：effect of cell concentration，growth phase and pH. Mar Ecol Prog Ser，2001，216：67281.

[17]　王修林，张莹莹，杨茹君，等. 不同浓度的营养盐（NO_3-N，PO_4-P）条件下 Pb（Ⅱ）对 2 种海洋赤潮藻生长影响的研究. 中国海洋大学学报，2005，35（1）：133-136.

第3章 赤潮过程中藻际微生物的组成、功能与网络

作为一种季节性的海洋生态事件，赤潮对维持水体共生微生物的种群多样性和功能多样性具有一定的作用。尽管赤潮的形成有不同的物种组成（甲藻、硅藻或蓝藻）和多样的共生生物，但在各类赤潮事件中，某些异养细菌却始终占据优势地位，这些主导性微生物在纲的水平上主要包括黄杆菌纲（Flavobacteria）、α-变形杆菌纲（Alphaproteobacteria）、γ-变形杆菌纲（Gammaproteobacteria）和放线菌纲（Actinobacteria）等。基于微生物在调节微食物网、促进海洋物质循环以及维持生态平衡中的重要作用，本章尝试梳理藻菌关系的研究进展，主导物种在藻际物质转化中的作用，进而讨论其在生物地球化学循环中的贡献。同时，针对藻际环境中的物质代谢和生态网络进行了归纳，例述了它们在赤潮过程中的生态策略，以帮助更好地理解主导微生物在赤潮过程中的生态行为。

3.1 赤潮过程中"藻-菌"关系

海洋中微藻与细菌密不可分，具有错综复杂的互作关系（如互利共生、敌对拮抗或竞争抑制等）。在藻类细胞周围往往存在着特殊的藻际微环境，其中存在着独特的微生物群落。藻际细菌是赤潮过程中重要的生物因子，赤潮暴发初期和中前期，藻类释放的溶解有机物（dissolved organic matter，DOM）和颗粒有机物（particulate organic matter，POM）都可为细菌利用；细菌可释放无机盐，为藻类生长提供无机营养。此阶段细菌的生长代谢受到藻类的促进作用，丰度也随着藻类丰度的升高而升高。Riquelme 和 Ishida 发现当海水发生硅藻 *Asterionella glacialis* 赤潮期间，细菌优势种群为 Pseudomonas，且细菌量与叶绿素浓度之间存在正相关关系[1]。赤潮衰退阶段，藻类开始衰退死亡，细菌可以利用衰亡的藻类细胞释放的有机物质继续维持高的丰度，藻际细菌群落组成收到藻源物质变化的影响而发生变化。赤潮末期，溶藻菌通过直接接触吸附目标藻细胞、与藻类竞争营养物质、分泌溶藻物质（毒素或溶藻酶类等）加速了赤潮的衰退。如长崎裸甲藻赤潮的开始阶段，菌群对其生长有促进作用，而赤潮消亡阶段，则表现为抑制作用。本章以化学生态学为切入点，尝

试总结目前存在的藻菌行为和相互关系，并梳理"藻-菌"之间的互作过程及相应机制，以期更好地理解细菌与藻类的种群多样性、生理多样性和生态功能多样性，为后续研究赤潮的形成机制和防控方法提供借鉴。

3.1.1　菌对藻的促进作用

海洋细菌作为重要的分解者，以多样化的代谢活动参与海洋中物质转化和分解过程，是生物地球化学循环的一个重要参与者。细菌对藻类提供的有利面主要集中在营养改善（生源要素的提供、生长因子的转化）、信息素调节和协同保护[2,3]。在对生源要素的改善中，最为典型的是固氮作用[4,5]。除氮源外，细菌也充当了其他生源要素的加工者。例如，细菌可以将三价铁还原为溶解度较高的二价铁，为藻类提供生长所需的铁元素[6]；有些细菌具有高水平的 5′-核苷酶，它们可以迅速地水解 ATP 类 5′-核苷酸，还原产生无机磷供海洋藻类使用[7]；某些细菌能产生特定的有机物质，如胞内磷脂或胞外糖肽，以促进浮游藻类的生长[8]；海洋中存在着大量的维生素（如 VB_{12}）产生菌，它们通过接受 cAMP 途径上的 X1 信号而行使产 VB_{12} 的功能，对海洋藻类的生长是必不可少的[9]。另外，过量的溶解氧会抑制藻细胞的光合作用，使其转向光呼吸从而阻碍藻的生长，细菌对藻细胞周围环境中高浓度溶解氧的利用，也为藻的生长提供了一个还原性较强的生长环境[10]。

在为藻类提供生长因子方面，细菌的表现也十分活跃。例如，转化和加工各种激素和生长促进剂。交替单胞菌（*Pseudoalteromonas porphyrae*）在大型藻海带（*Laminaria japonica*）生长中扮演生长促进剂的作用[11]。一些海洋细菌被证实能产生植物激素，Maruyama 等证实在藻菌共生系统中，与纯培养的藻类相比，细菌能产生更多的植物细胞分裂素（cytokinin-type）和茁长素（*auxin-type hormones*）[12]。细菌除了作为营养物质的提供者与加工者，对维持藻细胞个体形态也有调节作用。海洋绿藻，如石莼科（Ulvaceae）在无菌的纯培养体系下，将会逐渐失去其原有的典型形态，相似的现象也在红藻中发现[13-15]。

3.1.2　菌对藻的抑制作用

菌类在藻际环境中的作用是多种多样的，除了表现出对藻类的互利关系外，也会表现出对藻类的抑制或拮抗，主要体现在营养竞争、毒素释放以及溶藻酶类的产生。

（1）营养竞争

在藻-菌共生系统中，当没有外源营养物质补充下，细菌与藻竞争营养物质。这种竞争关系一方面对维持藻类生物量的平衡有着非常重要的作用，另一方面也对藻细胞产生克生效应（allelopathic effects）。周名江等证明了营养竞争的普遍性、广泛性和多样性[16]；郑天凌采用流式细胞术（flow cytometry，FCM）和镜检法测定了营养竞争条件下的海洋细菌对赤潮藻的生长和增殖的影响；表明在不同菌种、不同菌浓以及不同处理方式的抑藻效果等存在着种属特异性和差异性[17]。Haaber 和 Middelboe 也证实当共生环境中变形杆菌数量增加 1 倍的情况下，甲藻对营养物质的捕获能力降低 1/3，这主要是由于变形杆菌对营养物质的竞争所致[18]。国内也有学者利用这种竞争关系来改善水体环境，如在养殖区内投入光合细菌，通过竞争掉藻类营养，以达到控制富营养化和水华发生的目的[19]。

（2）释放化学毒素

细菌可分泌毒素或类似物，通过阻断呼吸链、抑制细胞壁合成、抑制孢囊的形成，从而有效抑制藻细胞的生长甚至杀灭藻细胞。变形杆菌门和厚壁菌门的细菌能向水环境中分泌一种分子量大于 10 kDa 的热不稳定物质，该物质能抑制米氏凯轮藻（Karenia mikimotoi）和链状裸甲藻（Gymnodinium catenatum）的生长[20]。斯氏假单胞菌（Pseudomonas stutzeri）可分泌高活性的抑藻物质环二萜，该物质可杀灭顽固的古老卡盾藻（Chattonella marina）[21]。Kato 等在日本 Hiroshima 海湾也发现 4 株交替单胞菌（Alteromonas sp.）可以杀灭古老卡盾藻，其中一株菌所产的甲藻生长抑制剂（dinoflagellate growth inhibitor，DGI）不仅活性高，且毒性稳定，是一种比较理想的杀藻物质[22]。雪卡毒素藻类——刚比亚藻（Gamibierdiscus），在培养后期会出现自亡现象，这种现象的出现可能与共生菌释放的吩嗪类毒素有关[23]。其他的研究也发现，假单胞菌（Pseudomonas sp.）、芽孢杆菌（Bacillus sp.）、蛭弧菌（Bdellovibrio sp.）、黄杆菌（Flavobacterium sp.）和腐螺旋菌（Saprospira sp.）均可分泌有毒物质释放于水环境中，抑制某些藻类如甲藻和硅藻的生长[24]。

（3）溶藻（杀藻）酶类

除了直接产生毒素，细菌也能诱导一些胞外酶来抑制有害水华。Daft 等发现 9 种从环境中分离出的黏细菌可溶解鱼腥藻（Anabaena sp.）、束丝藻（Aphanizomenon sp.）、微囊藻（Microcystis sp.）及颤藻（Oscillatoria sp.）。其溶藻机理是粘细菌直接与宿主细胞接触，或通过分泌可溶解纤维素的酶消化掉宿主的细胞壁，进而逐渐溶解整个藻细胞[25]。Mitsutani 等也发现静止培养的假单胞菌（Pseudoalteromonas sp.）可以产生抑藻的高活性酶[26]。Skerratt 等进一步证实了两种细菌（Ateromonas sp. 和 Cytophaga sp.）能分泌一种溶藻酶，用以抑制和杀灭藻细胞；且该菌具有趋群现象，趋群现象作为溶藻作用的一种信号，能加快溶藻过程的速度响应[27]。

3.1.3　藻际环境中的化学防御

"菌-菌"之间的克生关系，即抗菌能力在藻际细菌中广泛存在。Wiese 等证实从白令海峡褐藻（*Saccharina latissima*）中分离的 210 株共生菌中，有半数具有抑制革兰氏阳性菌或阴性菌的能力[28]。Burgess 等报道源自大型藻表面的可培养细菌中有 35%的个体能产生抗菌物质[29]。Boyd 等也发现从 7 种海藻中分离的 280 株细菌克隆，有 21%的比例显示具有抗菌活力[30]。日本海褐藻和红藻的可培养细菌中，具有抗菌活力的菌株分别占 20%和 33%[31]。Penesyan 等从澳大利亚近海岸红藻（*Delisea pulchra*）与绿藻（*Ulva australis*）中分离的 325 株细菌中，应用筛选法证实其中能产生抗菌素的比例占到 12%，部分细菌还具有溶藻作用[32]。上述提到的具有抗菌活力的菌株大部分属于假单胞菌（*Pseudomonas* sp.）、交替假单胞菌（*Pseudoalteromonas* sp.）、嗜麦芽寡养单胞菌（*Stenotrophomonas* sp.）、气单胞菌（*Aeromonas* sp.）、弧菌（*Vibrio* sp.）、希万氏菌（*Shewanella* sp.）、链霉菌（*Streptomyces* sp.）和芽孢杆菌（*Bacillus* sp.）[28]。许多芽孢杆菌是高能抗菌素的生产者，因而它能在共生系统中占据优势，成为藻体表面的优势菌[33]。

3.1.4　群体感应及其在藻菌关系中的作用

群体感应（quorum sensing，QS）是细菌之间的密度调节信号，被视为细菌的通信语言，它在菌株特性、生物膜的形成、生态系统的发生以及环境适应性上具有十分重要的作用[34]。QS 系统由自诱导分子、感应分子及下游调控蛋白组成。根据细菌合成的信号分子和感应机制的不同，QS 系统主要包括革兰氏阴性菌的 LuxR/AI-I 系统、革兰氏阳性菌中寡肽介导的 QS 系统，以及 LuxS/AI-2 系统[35,36]。至今，已经确认了包括 AI-1 和 AI-2 在内的多种信号分子，如酰基高丝氨酸内酯类化合物（N-acyl homoserine lactones，AHLs），寡肽类化合物、芳香醇类化合物、二酮哌嗪类化合物（di-keto-piperazines，DKP），2-庚基-3-羟基-4-喹啉（2-heptyl-3-hydroxy-4-quinolone PQS）以及呋喃硼酸二酯（Furanosyl borate diester）等[37,38]。这些信号的存在可调节细菌自身的群体行为，以实现某种生态行为[39,40]。

在藻-菌共生系统中，人们发现了藻类生理行为与细菌 QS 的相关性。Krysciak 等在海绵共栖细菌中发现了一系列五肽类化合物 DKPs，他们认为海绵细胞和共栖细菌可以利用这种信号分子进行相互感应，使得细菌在海绵体表形成生物膜，促进共栖关系的建立[41]。Natrah 等推测海洋微生物次级代谢产物（其中包括 QS）对浮游植物的增殖有促进作用[42]。此外，Geng 和 Robert 也从微食物环的角度证实了 QS 的存在有利于细菌在藻类表面形成生物膜，生物膜的构建能提供给藻细胞所需的生命元素（如 VB$_{12}$、硫化物 DMSP、嗜铁素等），而这些微量元素是藻类本身所不能合成的[43]。绿藻的游动孢子与鳗弧菌（*Vibrio anguillarum*）的相互关系证实绿藻对细菌的 QS 信号非常敏感[44]。进一步的研究发现细菌中的 AHL 分子影响了藻类孢子体对钙离子的吸收，进而影响其附着能力[45]。此外，有研究表明红藻 （*Acrochaetium* sp.）生活史的完成和幼体的释放严格受 AHL 分子的调控，而这种 AHL 分子由藻类的共生菌所产生[46]。

细菌在藻类生态学中的重要作用有可能受 QS 信号的调节，而针对 QS 信号开发的 QS 抑制剂是阻断藻菌关系、抑制藻类生长的可能方法。因此，聚焦于 QS 信号的研究，将对认识藻华和赤潮防控提供新的视角。

3.1.5　化感作用及其在藻菌关系中的作用

1937 年，Molisch 首次提出"化感作用"（allelopatlly）一词，将其定义为：所有植物（包括微生物）之间的促进或抑制的生物化学作用。1996 年，国际化感学会 （International Allelopathy Society）给化感作用做了新的定义：由植物、细菌、病毒和真菌所产生的二次代谢产物（其中酚类和类萜化合物较为常见），这些产物影响农业和自然生态系统中生物的生长和发育。在赤潮过程中，涉及发生、发展、演替、衰退、消亡等过程，每一阶段的驱动力都来自系统中生物的多样性和功能的多样性，生物间的相生相克导演了上述过程的出现。就化感作用而言，涉及的作用主要包括两个方面：菌对藻的抑制以及藻细胞间的相互拮抗。

3.1.5.1　化感作用介导的菌对藻的抑制

与前面所述的细菌抑藻的方式不同，微生物存在另外一种特殊的机制，以直接或间接抑制藻类的生长而表现出杀藻效应，即化感机制。最近有研究者从藻际细菌中提取了几种特异性杀藻的化感物质，如 1-羟基吩嗪，它能强烈抑制蓝藻和绿藻的生长；杀藻机理的探索中发现它是通过阻断呼吸链和光合作用来实现的[47]。袁峻峰等从绿裸藻（*Euglena viridis*）水华中分离的优势菌种-中性柠檬酸菌（*Citrobacter intermedius*），它的分泌物对斜生栅藻（*Scenedesmus obliquus*）、粉核小球藻（*Chlorella pyrenoidosa*）、羊角月牙藻（*Selenastrum capricormutum*）、水华鱼腥藻（*Anabaena flosaquae*）和易变鱼腥藻（*Anabaena vqriabilis*）的生长有促进作用；而对银灰平裂藻 （*Merismopedia glauca*）、莱茵衣藻（*Chlamydononasreinhardii*）和铜绿微囊藻（*Microcystis aerugiuosa*）的生长具有抑制作用[48]。中性柠檬酸菌的胞外分泌物能促进粉核小球藻细胞个体的生长，对其他藻类主要是影响细胞的大小。其他研究者也发现，从厦门西部海域分离到的几株海洋细菌，在一定条件下具有显著的抑制塔玛亚历山大藻（*Alexandrium tamarense*）生长和产毒的能力，化感物质发挥了很大的作用[49]。在实际应用中，郑天凌指出如果能从分子水平揭示化感物质作用的机制，探明化感物质基因，利用基因工程手段定向构建高效抑藻菌或活性物质高产菌并应用到赤潮的实际防治中，那将是微生物防治赤潮的一种全新思路[50]。

3.1.5.2　化感作用引发的藻间拮抗

微藻间的拮抗作用，通常认为在同一水体中生活着较丰富的浮游植物种群。在藻华形成过程中，其中某种藻类逐渐占据生态位（ecological niche）成为优势种群，从而形成较为单一藻种的水华。这一现象涉及多个复杂的过程，其中种间竞争是重要原因之一。陈德辉等研究表明，微囊藻和栅藻共培养条件下，微囊藻对栅藻的抑制能力相对而言是栅藻对微囊藻抑制能力的 7 倍[51]。高亚辉研究发现，海洋微藻在生长过程中会不断向周围环境中释放多种化感产物，如酸、酚、酯、萜、毒素、挥发性物质以及抑制和促进因子等。这些产物是海水中化学物质的一个重要来源，它们在海洋生态系统碳循环、微食物环、藻–菌、藻–藻的相互作用中起着重要作用[52]。而正是这些化感产物的存在，在浮游植物与微生物之间的动力学变化中起到了重要作用。

3.1.6　小结

成熟的"藻–菌"共生系统应该是菌群保护藻类免受生物污损等现象的干扰，藻类则为细菌提供生存场所和必要的营养物质，这种共生关系是得益于化学过程的介导[53]。然而，考虑到藻菌间化学交互和化学生态过程的复杂性，一些科学问题依旧需要在后续的工作中得以揭示，未来的工作重点或许可集中在以下几个方面。

（1）微生物及其代谢产物如何通过化学信号调整自身的生态分工和社会学属性

赤潮的发生、发展和消亡过程，藻际微生物的组成与结构是相异的，这种差异的存在在一定程度上具有时空的必然性；而必然性背后的机理，以及藻类生物与周从微生物是否具有相互选择性以形成不同赤潮阶段的藻菌共生体，或许是未来科学问题的一个聚焦点。

（2）共生系统中藻和菌代谢产物的原位分析（溯源、产物鉴定）

精准判断化合物的来源与归属，是理解化学交互作用的前提。解吸电喷雾电离质谱（desorption electrospray ionization mass spectrometry，DESI–MS）或许能带给我们新的曙光，它可以灵敏、高效的定位和探测化合物产生的源头[54]。

（3）化学方法与分子生物学的耦合应用

除了化学方法，还需要使用分子生物学方法和生物信息学的方法来理解藻菌共生系统。

3.2　主导微生物在赤潮生态事件中的作用

"藻–菌"互作是赤潮过程中的一对复杂关系，它在整个生消周期中不断变化。细菌可通过分解者的身份转化营养物质促进浮游植物的生长，同时也与浮游植物争夺必需的养分。健康或垂死的浮游植物均会释放有机质，而异养细菌可以摄取和加工这些化合物。不同种类的浮游植物有着不同的生化组成，这种成分差异会影响 C/N/P 的化学计量比，以及源于浮游植物的颗粒有机质（POM）和可溶性有机质（DOM）的生物活性，进而影响异养细菌的代谢和生长效率，以及有机物的转化去向[55]。

尽管赤潮中浮游植物类型和环境条件各异，藻际微生物的组成也千差万别，但一些主导性的类群始终以优势身份的形式存在。环境微生物基因组的研究结果显示，频度最高的细菌有黄杆菌纲（Flavobacteria）、α-变形杆菌纲（Alphaproteobacteria）、γ-变形杆菌纲（Gammaproteobacteria）、厚壁菌门（Firmicutes）和放线菌纲（Actinobacteria）等[56-58]。这些细菌的代谢特性使之能够有效地利用瞬时营养脉冲（transient nutrient pulse），而瞬时营养脉冲是浮游植物暴发的标志[59]。此外，针对藻菌网络关系，不少工作已发现甲藻（锥状斯氏藻 Scrippsiella trochoidea、亚历山大藻 Alexandrium tamarense）、硅藻（圆海链藻 Thalassiosira rotula、中肋骨条藻 Skeletonema costatum）、蓝藻（原绿球藻 Prochlorococcus）与玫瑰杆菌和黄杆菌之间存在密切关联[60-64]。因此，这两个细菌类群已成为微生物–浮游植物耦合研究的主要模型。

针对微生物的双重身份"分解者与制造者"，我们以藻际环境中的主导微生物为对象，以物质循环为切入，尝试梳理赤潮过程中细菌组成、种群变化和生理机能的最新研究进展，探讨藻类共生菌的结构和成因，了解物质循环在藻际微环境中的作用。

3.2.1　细菌应答赤潮事件的物质转化过程

经典的赤潮事件分为 4 个阶段：发生期、发展期、平台期和消亡期，在不同的时期内藻类为细菌的定植和生长提供了必要的生态位和所需的环境[64-66]。从整体性来看，赤潮发生过程中细菌的丰度通常与浮游植物的丰度呈正相关，但各期有一定的差异。在早期，浮游细菌丰度是先下降后增加[58,64]，细菌丰度最初下降的原因可能是原生生物捕食细菌所致[67]，也可能是与浮游植物争夺营养物质有关[68]。进入发展期和平台期，由于藻类的快速增殖和有机物的释放，细菌利用周围营养源而使得生物量呈指数级上升。至消亡期时，细菌数量朝下降趋势发展，但在短时间内仍然会维持在高位水平，这是因为濒死的浮游植物会溶解或释放有机质供细菌利用[69]。

藻际环境中的物质形态也呈现阶段性的特征。在赤潮的最早阶段，浮游植物会释放不稳定的低分子量（LMW）可溶性分子，如氨基酸、有机酸、糖类和糖醇[70,71]，这些物质可以充当细菌的化学引诱物，包括富集促浮游植物生长的细菌（这些细菌会合成藻类所需但自身不能合成的物质，如维生素 B_{12}、生物素等）[72]。在赤潮的高峰期（此时营养物质相对缺乏），藻类增加小分子的释放，进一步刺激异养细菌活性以满足物质加工的需求[73,74]。在赤潮的消退阶段，藻细胞的溶解会导致较高分子量（HMW）的大分子的释放，包括多糖类、蛋白质、核酸、脂质，以及颗粒物质等[75]，用于维持与细菌群落的共生关系[76]。

赤潮的生活史中，异养细菌对有机物的转化通常由同化和再矿化过程来实现[77,78]。对生物可利用有机物颗粒进行转化的第一步是将其转化为溶解态（即DOM），使其能够跨膜运输。这种转化受胞外和细胞表面相关酶的数量和活性的影响[60]。有文献报道了异养细菌的同化过程（即底物摄取），胞外和细胞表面相关水解酶活性会增强[58]，细菌表面亲水性和疏水性均有显著变化[79]。此外，衰老的藻细胞（如硅藻）和聚集体会迅速被细菌寄生，利用自身的水解酶以溶解这些颗粒[80]。POM 转化成 DOM 后，会被迅速同化为微生物生物质，其中一部分经矿化微生物作用，形成颗粒封存于海底，另一部分则经过呼吸作用以 CO_2 的形式释放至大气中。因此，有机质在细菌的作用下经历了同化-利用-矿化的过程，以参与海洋环境中生源要素的生物地球化学循环（图 3-1）。

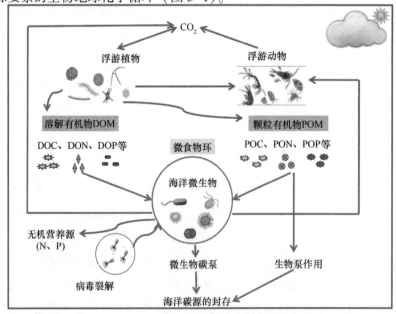

图 3-1　细菌在海洋中的物质循环中的作用

值得注意的是，并不是所有浮游植物有机物都可以为微生物所利用，浮游植物释放的相当一部分 DOM（~30%）难以被微生物降解[81]。此外，微生物转化有机物过程中会产生一系列与原来物质有显著差别的代谢产物。例如，天然异养细菌种群普遍优先利用 DOM 和 POM 中的氮成分[82]，这导致微生物代谢转化有机产物的 C/N 比升高，形成难降解物质（几百年到几千年的时间内都不被微生物降解）[83]。因此，浮游植物的一些有机代谢产物可耐受细菌的转化，从而使得碳在海洋中长期储存[84]（图 3-1）。

3.2.2　浮游细菌群落结构

赤潮过程中藻类的丰度和物种组成会导致细菌群落出现相应变化[85]。这些变化通常由调控赤潮的因素决定，如营养物的类型和浓度、温度以及 pH 值等。由于不同藻类会释放不同形式的有机物，且异养细菌摄取和再矿化各种底物的能力各异[86-88]，因此细菌群落结构可能在很大程度上受到藻类物种组成的影响，这在多次赤潮的研究中得到了证实[89,90]。

不管赤潮中的藻类优势种为哪种，变形杆菌（*Proteobacteria*）和拟杆菌（*Bacteroidetes*）的几个细菌类群在赤潮中通常以数量较多的形式出现[91,92]。最近通过对赤潮发生前、发生中和发生后的环境和生物因素的综合分析，更详细地明确了细菌对赤潮的响应[93]。我们前期的实验也发现野外暴发的夜光藻赤潮，其微生物组成也是变形杆菌和拟杆菌占优势，其中黄杆菌和玫瑰杆菌为优势种。

玫瑰杆菌、黄杆菌和 γ-变形菌成员通常是赤潮中的最大优势物种，且这些类群的丰度往往与浮游植物种群的演替规律息息相关[94,95]。使用较高分辨率的系统发育分析方法（即在种和亚种的层次上）对细菌种群进行分析显示，密切相关的玫瑰杆菌和黄杆菌种系在赤潮发展过程中经常出现不同的反应。例如，在北海硅藻赤潮演替过程中，3 类不同的黄杆菌种系（*Ulvibacter*、*Polaribacter*、*Formosa*）和两类玫瑰杆菌种系（DC5-80-3、NAC11-7）在整个赤潮过程中的丰度存在显著差异[58]。这表明这些密切相关的类群之间存在高度的生态位特化。虽然我们目前对单个细菌种系在这些动态事件过程中的作用知之甚少，但对代表性的玫瑰杆菌和黄杆菌而言，针对它们进行基因组和可培养性研究，为揭示潜在的相互作用提供了有价值的线索。

3.2.3　模式细菌的生理功能和物质加工能力

细菌和藻类已在海洋中共存了两亿多年，在长期的进化过程中，细菌及宿主之间建立起了密切的关系[96,97]，包括共生和寄生关系。有些细菌为宿主提供必需的维生素和营养，并保护寄主免于有毒副产物的伤害，而另一些则与宿主争夺营养或产生杀藻物质[98]。相比于 SAR86 和 SAR116 支系，黄杆菌和玫瑰杆菌已有可培养的代表性菌株[99-101]，且发现这些细菌的活动可促进或抑制浮游植物的生长，其过程也随赤潮阶段和局部环境条件的变化而变化[102]。因此，下面我们以模式菌株（玫瑰杆菌和黄杆菌）为例，讨论它们在赤潮事件中的生态功能。

3.2.3.1 玫瑰杆菌

玫瑰杆菌类群成员参与关键的生物地球化学过程，如碳、氮、磷、硫的转化，其中一些过程在与浮游植物的相互作用中可能发挥着更为重要的作用[103]。玫瑰杆菌与藻细胞的密切关系很可能是专性共生的结果[104-107]。玫瑰杆菌和特定浮游植物之间的共生很可能由几个共同特征所推进（图 3-2），包括环境条件，藻类释放物（如 DMSP 和氨基酸）的趋化性[72]，以及细菌对各种化合物的摄取和使用，这些化合物是碳、氮、硫、磷的主要来源（例如，DOM、DMSP、脲、胺、牛磺酸、甜菜碱、磷酸酯)[108-110]。此外，多种转运蛋白，包括 TRAP（tripartite ATP-independent periplasmic transporter）、MFS（主协同转运蛋白，major facilitator superfamily）和 ABC 蛋白（ATP-binding cassette）大量存在于在玫瑰杆菌基因组中，它们共同参与了共生关系的建立。

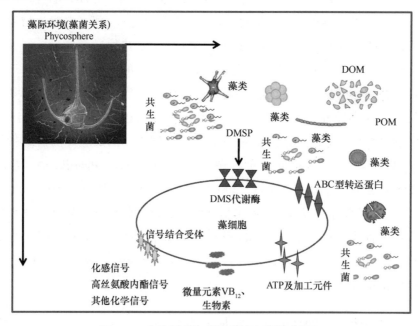

图 3-2 玫瑰杆菌在藻际环境中的驱动行为

3.2.3.2　黄杆菌

全球海洋调查显示，黄杆菌在温带到极地海洋上升流和沿海地区中数量最多，开放性海域中通常含有 10%~20% 的拟杆菌，其中大部分是黄杆菌[111,112]。在浮游植物赤潮中，黄杆菌丰度通常在衰退期最高[113]，并且有研究认为，该类群成员的一个主要作用是将 HMW 化合物转化成 LMW 化合物[58]。黄杆菌能够利用多种生物聚合物作为主要碳源和能源，尤其是多糖和蛋白质。

黄杆菌的另一个特征是：它是反映共同功能模式的典型代表。在黄杆菌分离株中发现 TonB 依赖性转运蛋白系统（TonB-dependent transporter，TBDT）在赤潮高峰期大量存在在黄杆菌基因组中编码的转运蛋白数量非常低[114]，它对物质的代谢能力不是依赖于转运蛋白，而是更多地依赖碳水化合物代谢酶类。此外，黄杆菌中存在视紫红质，视紫红质产生于浮游植物赤潮发生期间，且通过光驱动质子和钠离子的膜转位，从而支持光合异养生长[115]。

黄杆菌和浮游植物之间的关系不仅仅是转化 HMW 化合物。它能产生以寄主细胞成分（如细胞壁）为目标的聚合物降解酶[116]，以增强转化有机颗粒的能力。此外，黄杆菌的另一个共同特征是能够通过趋化运动快速跨越不同表面，此特征有助于黄杆菌寻找和锚定生长底物[117]。最后，黄杆菌几乎能利用浮游植物生长过程中产生的任何能量物质，包括固氮过程中产生的氢气[118]，作为现成的能量来源。

3.2.4　小结

浮游植物所固定的碳最终将被异养细菌所转化，通过转化，这些"主导性成员"决定了碳再矿化和碳固定的平衡。黄杆菌和玫瑰杆菌在丰度和活性上几乎普遍对赤潮环境产生积极反应，而且这两个细菌类群的功能和生命活动具有多样性，很可能正是因为这两类菌群的代谢多样性，促进了其对赤潮的特征性瞬时营养脉冲产生快速反应。黄杆菌能够有效转化浮游植物的 HMW 有机物，相比之下，玫瑰杆菌似乎只能产生有限的胞外和细胞表面相关酶。黄杆菌和玫瑰杆菌可能进行协同作用以再矿化浮游植物中较大的有机物[119]，这一点值得进一步研究。黄杆菌-浮游植物的相互作用可能并不局限于转化有机物质[120]，玫瑰杆菌和浮游植物间的相互作用可能比黄杆菌和浮游植物间的相互作用更为密切。此外，光驱动离子泵（基于细菌叶绿素 a 和视紫红质）在浮游植物有机物转化的能量学中的作用，仍然是一个开放性的话题。要解决这些问题，需要继续建立环境相关性藻-菌模型并对其进行表征，将有助于阐明海洋中数量最大的初级生产者和次级生产者之间的密切关系和互作特质。

3.3 藻菌关系的生态网络

浮游藻类是海洋生态系统中初级生产力的主要贡献者，它们通过光合作用合成有机物并在藻细胞周围形成一个相对稳定的生态位——藻际环境（phyco-sphere）[121]。以此生态位为基础，细菌与微藻产生密切的相互作用，两者继而构成"藻菌共生体（algal-bacterial symbiosis）"。该共生体是海洋环境中物质循环和能量代谢的重要场所，在微食物环乃至整个生物地球化学循环过程中具有重要的作用[122-125]。聚焦于藻际环境，藻菌关系最典型的关系包括：互利共生（mutualism）、偏利共生（commensalism）、竞争（competition）以及寄生（parasitism）[126]。互利共生是一种典型的生物间相互作用关系，它能使共生体双方彼此受益，比如盐单胞菌向宿主提供维生素 B_{12}（VB_{12}），宿主则通过光合作用合成有机碳供给盐单胞菌生长[127-131]。偏利共生又称共栖，共生体之间的受益天平会偏向一方，例如莱茵衣藻利用细菌分泌的 VB_{12}，但细菌未从莱茵衣藻获得有机碳[132]。竞争则是由于物种的生态位重叠引起的一种对限制性营养物质争夺的生态行为，如在低磷酸盐条件下，硅藻的生长受到限制，但藻际细菌对磷酸盐的同化能力却高于宿主藻[133]。寄生是指一方的增益是以牺牲另一方的利益为代价，例如一些具有杀藻活性的溶藻细菌（*algicidal bacteria*）在藻华（algal blooms）消亡过程中可抑制藻细胞的生长或裂解藻细胞，从而利用藻细胞裂解物满足自身生长[134-136]。然而，藻菌之间的相互作用模式没有严格的边界也并非恒定不变，互作模式多受环境因素和多种交互关系的影响[137-143]，主要包括营养交换（nutrient exchange）、信号传递（signal transduction）、水平基因转移（horizontal gene transfer）等形式[144-146]。营养交换是藻菌互作最常见的一种形式，藻类通过胞外分泌物选择性吸附细菌，藻菌之间可完成氮、碳、磷、硫及微量物质的交换过程以满足各自的生理需求[132, 147-149]。信号物质在群体感应、化感等方面起到重要作用，通过信号响应来影响藻或菌的生长[150-152]。基因转移是一种协同进化的过程，藻菌之间的基因转移是适应环境变化的一种策略，比如硅藻中鸟氨酸——尿素循环相关的酶基因被认为是来源于其藻际细菌的水平基因转移[153]。藻际微生物的种类、数量远远大于宿主藻类，且藻际微生物直接影响着宿主藻类生态功能的发挥，被称为浮游藻类的第二基因组。类似于根际生命共同体[154]，由"藻类、微生物、藻际环境"形成的稳定循环系统，具有"藻际生命共同体"的特征（phycobiont），在物质循环、生态位营造以及生态生理学过程中发挥着无可替代的作用。

3.3.1　生态网络的构建方法及其特征

系统生物学是研究复杂系统的一门新兴交叉学科，主要通过对多种来源的大数据进行分析，从整体水平解释系统内的各种机制[155]。实现这一目的最常见的工具是网络法，常见的网络参数及类型归纳于表 3-1。随着研究的深入，系统生物学衍生出新的理论分支——复杂生物网络理论，它在传统网络分析的基础上，再辅以各种计算机算法、软件等手段对藻菌大数据进行处理、分析和可视化，将微生物生态系统内多个物种的相互作用关系抽象成网络上的几何结构，通过网络的拓扑结构及鲁棒属性来映射现实的生物学意义[156]。对于许多数据实体间关系不明确或难以直接观测的数据集（如在原位生态环境中无法直接观测到的彼此关系），分析数据间的相关性是建立实体间关联的一种有效方式。目前针对复杂生物网络的构建方法主要有两种，简单系统中是基于物种间的同现或者相关性（相似度、相关度、互信息）来预测成对关系；而对于复杂系统，则采用回归等方法来预测多物种之间的相互作用[157]，利用可视化软件（如 Cytoscape[158]、Gephi[159]、R 包 igraph[160]等）将预测关系进行数学转化，从而揭示微生物群落对生态系统功能构建、维持以及演替的影响。近年来，针对复杂生物网络的构建工具得到了长足发展，逐渐满足各种特征数据的网络构建与分析。

网络基本特征主要包括"点、连线"，模块化和关键节点等信息。最基本的单元是"点"和"连线"，"点"可代表现实生态系统中微生物、基因、蛋白质和环境因子等；而"连线"代表它们之间的相互作用，包括促进、抑制、拮抗或致死等。

表 3-1　常见参数及网络类型

网络参数	参数意义
度 （degree）	在网络中节点的度等于连接节点的边个数。网络节点的平均度（k）等于总边数的 2 倍除以总节点数，它可以反映网络结构的稀疏程度。网络的度分布定义为 k 值节点数目占总节点数的比例，即 k 的概率 $p(k)$[161]
最短路径 （shortest path）	表示能联通网络中两个节点的最少的边数。把所有节点之间的路径长度最长的值称为网络的直径（diameter）。节点之间的最短路径长度在网络中模块结构（modular structure）的形成过程中起着重要作用

网络参数	参数意义
聚集系数 （clustering coefficient）	用来描述一个节点相邻节点之间的边的连接情况。如一个节点 i 有 n 个直接连接的相邻节点，如果这 n 个节点之间都相互连接，则应该有 n （$n-1$）/2 条边，但实际网络中只有 m 条边，则该节点 i 的聚集系数为 $2m/n$ （$n-1$），聚集系数描述了节点的相邻节点之间连接的可能性。整个网络的聚集系数（平均聚集系数，C）是网络中所有节点的聚集系数的平均值，反映了网络的模块性质，C 越大表明网络中的模块结构越多
中心度 （centrality）	中心度是衡量某个节点在整个网络中作用的重要定量指标。中心度涉及节点之间的互作能力，通过对节点中心度的计算，可以找出网络的关键节点（key-node）或者枢纽节点（hub-node）。常用于衡量节点重要性的中心度指标有介数中心度、接近中心度、点度中心度等[162]。节点的介数是衡量节点中心度的重要指标，节点的介数越大，中心度越大，枢纽性更强。接近中心度大的节点可以快速影响着网络的其他点，在网络结构中也具有重要的作用
网络的基本类型	
规则网络 （regular network）	指网络中各节点的连接关系服从一定的规则，比如全局耦合网络（任意两节点之间都有连接边），该网络具有最多的边数，最大聚集系数 C 为 1，最小平均路径长度 L 为 1
随机网络 （random network）	与全局耦合网络对应，随机网络的度的分布服从泊松分布，平均聚集系数小，平均路径长度也小。规则网络和随机网络代表了网络演化的两个极端情况，是网络演化分析的两个基本参考模型
小世界网络 （small world network）	现实世界中许多网络都具有小世界网络的特性，即网络的平均路径长度很小，但是网络的平均聚集系数远远大于相同规模的随机网络，但小世界网络的度分布也呈泊松分布
无标度网络 （scale-free network）	由于随机网络和小世界网络的度分布都是呈钟型曲线的泊松分布，则其分布曲线具有明显的峰值-特征长度，但许多实际网络如生物网络的度分布没有特征长度，则成为一种新的网络模型，无标度网络。无标度网络的度分布符合幂律分布，即 p （k）~$k-r$ （r 在 2 到 3 之间）[163]。其显著的特点在于多数节点有少点的边连接，而少数的节点具有较多的连接边数，即大多数节点的度很小，但存在少数节点的度远远大于网络的平均度。这些高连接点的节点可以被视为关键节点

3.3.2　藻菌关系的网络类型

3.3.2.1　分子生态网络（基于物种与功能水平）

在物种水平上，基于组学数据或者 16S rRNA /18S rRNA/ITS 等扩增子测序数据，以 Pearson 或 Spearman 等相关系数构建矩阵网络，借助图形的可视化可以获得基于丰度组成的藻菌关系，如正相关、负相关以及程度的强弱。矩阵网络的构建中阈值系数的设定非常关键，它影响着即时的相互关系及生态事件的后续走向。在科学阈值探索中，Luo 等提出了基于随机矩阵理论 RMT（random matrix theory）的网络构建方法[164,165]，这种方法能自动获取阈值消除数据中的噪声干扰。在此理论基础上，Zhou 等为表征土壤中微生物的相互作用而开发了一种非参数工具（Molecular ecological network analysis，MENA），对抵抗噪声具有很强的鲁棒性[166]。Zhou 等基于 MENA 方法研究了长期升温实验对草地土壤微生物群落中分子生态网络的复杂性和稳定性的影响，升温显著增加了网络的复杂性，包括覆盖面大小、连接性、平均聚类系数以及相对模块性和关键种类的数量，并且升温条件下的分子生态网络变得更加稳健，考虑到稳定性与复杂性密切相关，从而证明气候变暖显著加强了网络结构功能潜力和关键生态系统功能的关系[166,167]。

近年来，LSA 及其延伸型 eLSA 被广泛应用于生物学的研究中[168-170]。2013 年，Paver 等通过 LSA 分析了不同时间点 3 个湖中的藻及细菌的群落组成，直观地展示了赤潮生消过程中与优势藻保持正相关和负相关的菌群[171]。2014 年，Liu 等通过 eLSA 分析了蓝藻到硅藻的演替过程中细菌的相对丰度和藻的生物量变化趋势，发现 82.6% 的 OTUs 与藻的演替有很强的相关性，并且正相关大于负相关，这些菌大多属于酸杆菌门（Acidobacteria）、放线菌门（Actinobacteria）和变形菌门（Proteobacteria）[172]。2016 年，Needham 等通过对圣佩德罗海春季赤潮的每天持续追踪采样，基于 eLSA 算法构建了简单的（未涉及复杂网络拓扑结构分析）由细菌、古菌、浮游植物和环境因子组成的时滞性分子生态网络，挖掘赤潮过程中潜在的时滞性相互作用关系，发现浮游植物与环境因子之间的相关性较低（与营养物质之间的相关性为 0），浮游植物和原核生物群落之间的相互关系比与环境因子之间的相互关系更好。该研究结果超越了传统上赤潮生消过程主要由物理因子和无机营养盐控制的认知。尽管传统观点认为营养和物理因子是赤潮发生、维持和消亡过程的重要因素，但是多种微生物间的相互作用决定了赤潮过程中特定时间和位置的优势主导浮游植物类群[173]。相比于之前的二维关系，增加的时间维度有利于将网络关系的相关性提升到因果性上来。此外，在我们自己的工作中也发现，应用 eLSA 方法并通过对网络模块分析找到了影响赤潮生消过程的生物因子（细菌，如海洋单胞菌、弧菌等）和环境因子（如硝酸盐、磷酸盐等），证实了藻和菌对于环境因子的响应具有不同步性[174]。

聚焦于藻际环境，生态系统代谢网络除了反映物质代谢和功能上的特征，也可反映藻际生态系统的形成和演化机理。这主要源自代谢网络的小世界性、无尺度性和模块化拓扑特征。代谢网络的小世界性特征意味着代谢物浓度的变化能迅速传递到整个网络，使整个系统对外界环境变化做出及时响应，从而增强系统的稳定性[175]。代谢网络的无尺度特性表明演化过程中新节点的出现将倾向于与高连接度的节点连接，并且服从幂函数分布，节点度越高意味着在网络中存在的时间越久[176]。代谢网络的模块化特征一般表示功能的聚类，以及更高层次的嵌套特征[177]。基于生态系统代谢网络的拓扑结构特征分析对藻菌之间互作关系的深入研究具有重要的指导意义，如研究藻菌群落组成及生态功能的动力学过程、物种间的进化关系和对环境的共适应机制等。此外，代谢网络还可以评估生物与环境之间的复杂关系。Dittami 等提出了一个藻菌之间的生态系统代谢网络模型的构建方法，首先基于泛基因组构建一个生态系统代谢网络框架，并基于间隙填充算法校正代谢网络重建中缺失的环节，迭代进行网络的填补直到获得完整的生态系统代谢网络，由此产生的"泛网络"最大程度上表征了共生系统中所有的藻菌相互作用关系，为藻菌共生体响应外界环境变化研究提供了新的思路[178]。综上所述，未来针对藻菌生态系统代谢网络，主要方法是通过组学技术（宏基因组、宏转录组、宏代谢组等）检测藻菌共生体系统中相关生物组分，获取生物标记物，再通过参考数据库或实验的方法建立表征藻菌间各种生物过程的代谢网络，借助比较不同条件下藻菌生态系统代谢网络的差异，找出关键的节点（基因、酶等），从而全面系统地从本质上揭示藻菌之间互作与协同应对外界环境胁迫的机制

3.3.2.2　动态生物网络

分子生态网络的拓扑属性可以简化复杂的网络系统，这带给我们分析上的方便。然而，简化的信息也会带来失真的结论。例如，Connector 或者 Hubs 等节点常被解读成关键种，它们的去留需要依据不同的情况加以分析。在某些情况下中心节点的连接点数多可能是由于生态位的重叠所致，为此中心节点的去除并不会引起微生物群落发生较大改变[179]。相反，如果连接数少的节点是食物链顶端的捕食者，它的去除会对微生物群落结构产生重大影响[180]。为了规避分子生态网络的瑕疵，动态模型网络应运而生。它更适合研究系统中某些物种的存在与否对系统造成影响，从而确定该物种在系统中作用的重要性。

生物系统本质上是随时间动态演化的，但上述的分子生态网络和基于 FBA 的代谢网络建模通过一次网络建模或模拟只能捕捉到微生物群落静态特征，无法捕获物种和代谢水平的动态变化。通过对动态生物网络中模块、关键节点的识别与演化分析，可以有效地判断生物网络中的功能模块和关键物种（基因）。动态生物网络（dynamic biological network），是由一系列时间片段（或快照）组成，每个时间片段表示在特定时间内所有变量的状态，如，动态流平衡分析（dynamic flux balance analysis，DFBA）通过静态优化法（static optimization approach，SOA）等方法将 FBA 耦合到动力学模型，以采用较小的时间步长制作一系列快照准确地捕获生态系统的动态变化特征[181,182]。藻际微生物的动态差异可以体现在多样性、物种丰度和功能等方面，这些动态变量影响着赤潮的发生历程。藻菌动态网络分析框架主要分为三大层次：第一层是藻菌复杂网络建模，该层次的数据来自动态复杂网络的快照；第二层次是网络演化分析过程，该阶段主要是对网络拓扑结构和数据的分析处理；第三层次是结果，即通过第二层次的算法对网络的模块和边分析，并对结果进行归纳总结，找到其中的规律、相关性甚至因果关系，对研究藻菌生态事件的发生、维持、演替过程提供指导。在研究动态网络的方法中，最典型的是一般化的 LV 方程（generalized lokto-volterra，GLV），它可以研究一个动态生态系统的稳定性和衡量某些微生物或者环境因子的重要性[183]。此外，还有 NetShift 的方法，该方法早期用于研究健康疾病状态之间的微生物关联网络的群落演替。移植于水体环境，这些方法可用于量化赤潮不同发展阶段藻际微生物的群落演变，从中筛选潜在的"赤潮推手"，并将这些微生物描述为"驱动节点"[184]。基于已有的知识，我们推测：在藻际环境中通过动态网络分析有望解决 3 个关键问题：赤潮不同发展阶段或者藻类不同状态下微生物相互作用模式是否在整体上发生了重大改变；两个网络之间每个组成节点的关联是否有重大差异；这些节点是否代表了主要的网络组成，它们在不同发展阶段或者藻细胞不同状态下网络中的重要性是否增加。

3.3.3　小结

藻菌关系是海洋生态中的一对经典关系，目前已逐渐从表观的群落组成变化延伸到功能机制的解读。生态网络应用于藻菌关系研究中也面临诸多的挑战。首先，藻菌大数据背景下，随着模型的不断完善和研究者关注因子的逐渐增多，网络的构建和拓扑结构分析都需要较大的计算能力。如由于藻菌群落内部的多样性和异质性，以及个体之间错综复杂的关系，所产生的微生物生态网络将具有超大的规模，从而导致后续网络分析的复杂性。其次，较大规模的网络能较好地整合藻菌间各个层次的互作信息，也为藻菌之间的互作机制提供了更多的推断与假设，但在大多情况下，这种推断并不是一个坚实的结论。如果网络模型模拟的结果与实验工作之间存在差异，就需要对藻菌互作生物体的代谢信息有更深入的了解，由此将导致产生新的假设和设计更多的验证实验。尽管生态网络在藻菌关系研究中的应用还处于发展探索阶段，但生态网络能有效利用系统生物学思维从整体角度把握藻菌关系的鲁棒性，是推进藻菌研究的有效武器。藻菌之间的关系不仅仅局限于解释彼此之间的相互作用，其共生模式和互作机理，能为跨界物种间相互作用关系、共适应甚至共进化机制的研究提供思路。尽管目前网络的方法为藻际跨物种间的相互作用提供了方法基础，但藻菌关系中生态网络的研究方向仍需进一步拓展与深入。

参考文献

[1]　Riquelme C E, Ishuda Y. Chemotaxis of bacteria to extracellular products of marine bloom algae. Journal of General and Applied Microbiology, 1988, 34 (5): 417-423.

[2]　Egan S, Harder T, Burke C, et al. The seaweed holobiont: understanding seaweed-bacteria interactions. FEMS Microbiology Reviews, 2013, 37 (3): 462-476.

[3]　Michel G, Nyval-Collen P, Barbeyron T, et al. Bioconversion of red seaweed galactans: a focus on bacterial agarases and carrageenases. Applied Microbiology and Biotechnology, 2006, 71 (1): 23-33.

[4]　Wilson J T, Greene S, Alexander M. Effect of interactions among algae on nitrogen fixation by blue-green algae (cyanobacteria) in flooded soils. Appllied Environmental Microbiology, 1979, 38 (5): 916-921.

[5]　Cobb A H. The relationship of purity to photosynthetic activity in preparations of Codium fragile chloroplasts. Protoplasma, 1977, 92 (1-2): 137-146.

[6]　Amin S A, Green D H, Gärdes A, et al. Siderophore-mediated iron uptake in two clades of Marinobacter spp. associated with phytoplankton: the role of light. Biometals, 2012, 25 (1): 181-192.

[7]　Liu H L, Zhou Y Y, Xiao W J, J et al. Shifting nutrient-mediated interactions between algae and bacteria in a microcosm: evidence from alkaline phosphatase assay. Microbiological Research, 2012, 167 (5): 292-298.

[8]　Carrillo P, Villar-Argaiz M, Medina-Sánchez J M. Does microorganism stoichiometry predict microbial food web interactions after a phosphorus pulse? Microbial Ecology, 2008, 56 (2): 350-363.

[9]　Watanabe F, Katsura H, Takenaka S, et al. Pseudovitamin B12 is the predominant cobamide of an algae health food, spirulina tablets. Journal of Agricultural and Food Chemistry, 1999, 47 (11): 4 736-4 741.

[10]　Tison D L, Lingg A J. Dissolved organic matter utilization and oxygen uptake in algae-bacterial microcosms. Canadian Journal of Microbiology, 1979, 25 (11): 1 315-1 320.

[11] 　Dimitrieva G Y, Crawford R L, Yüksel G U. The nature of plant growth-promoting effects of a pseudoalteromonad associated with the marine algae Laminaria japonica and linked to catalase excretion. Journal of Applied Microbiology, 2006, 100 (5): 1 159-1 169.

[12] 　Maruyama A, Maeda M, Simidu U. Distribution and classification of marine bacteria with the ability of cytokinin and auxin production. Bulletin of Japanese Society of Microbial Ecology, 1990, 5 (1): 1-8.

[13] 　Egan S, Thomas T, Holmström C, et al. Phylogenetic relationship and antifouling activity of bacterial epiphytes from the marine alga Ulva lactuca. Environmental Microbiology, 2000, 2 (3): 343-347.

[14] 　Toncheva-Panova T G, Ivanova J G. Interactions between the unicellular red alga Rhodella reticulata (Rhodophyta) and contaminated bacteria. Journal of Appllied Microbiology, 2002, 93 (3): 497-504.

[15] 　Paradas W C, Salgado L T, Sudatti D B, et al. Induction of halogenated vesicle transport in cells of the red seaweed Laurencia obtusa. Biofouling, 2010, 26 (3): 277-286.

[16] 　Zhou M J, Zhu M Y. Progress of the Project Ecology and Oceanography of Harmful Algal Blooms in China. Advances in Earth Science, 2007, 21 (7): 673-679.

[17] 　Zheng T L. The microbiology of red tide control. The Nanqiang Series of Published Books (Xiamen University) (the 5th editor), Xiamen University Press, 2011.

[18] 　Haaber J, Middelboe M. Viral lysis of Phaeocystis pouchetii: implications for algal population dynamics and heterotrophic C, N and P cycling. The ISME Journal, 2009, 3 (4): 430-441.

[19] 　Chang Q H, Wang S H, Kou T J. Effects of immobilized photosynthetic bacteria on eutrophic water. Water Research Protection (In Chinese), 2010, 26 (3): 64-67.

[20] 　Lovejoy C, Bowman J P, Hallegraeff G M. Algicidal effects of a novel marine pseudoalteromonas isolate (class Proteobacteria, gamma subdivision) on harmful algae bloom species of the genera Chattonella, Gymnodinium, and Heterosigma. Appllied Environmental Microbiology, 1998, 64 (8): 2 806-2 813.

[21] 　Kim Y S, Lee D S, Jeong S Y, et al. Isolation and characterization of a marine algicidal bacterium against the harmful raphidophyceae Chattonella marina. The Journal of Microbiology, 2009, 47 (1): 9-18.

[22] 　Kato J, Amie J, Murata Y, et al. Development of a genetic transformation system for an alga-lysing bacterium. Appllied Environmental Microbiology, 1998, 64 (6): 2 061-2 064.

[23] 　Chen W M, Sheu F S, Sheu S Y. Novel L-amino acid oxidase with algicidal activity against toxic cyanobacterium Microcystis aeruginosa synthesized by a bacterium Aquimarina sp. Enzyme and Microbial Technology, 2011, 49 (4): 372-379.

[24] 　Wu J J, Mak Y L, Chan W H, et al. Purification and quantification of ciguatoxin in moray eels from Republic of Kiribati // The 6th International Conference on Marine Pollution and Ecotoxicol-

ogy in Hong Kong SAR, China, 2010.

[25]　Daft M J, Susan B M, Stewart W D P. Ecological studies on algae-lysing bacteria in fresh waters. Freshwater Biology, 2006, 5 (6): 577-596.

[26]　Mitsutani A, Yamasaki I, Kitaguchi H, et al. Analysis of algicidal proteins of a diatom-lytic marine bacterium Pseudoalteromonas sp. strain A25 by two-dimensional electrophoresis. Phycologia, 2001, 40 (3): 286-291.

[27]　Skerratt J H, Bowman J P, Hallegraeff G M, et al. Algicidal bacteria associated with blooms of a toxic dinoflagellate in a temperate Australian estuary. Marine Ecology Progress Series, 2002, 244: 1-15.

[28]　Wiese J, Thiel V, Nagel K, et al. Diversity of antibiotic active bacteria associated with the brown alga Laminaria saccharina from the Baltic Sea. Marine Biotechnology, 2009, 11 (2): 287-300.

[29]　Burgess J G, Jordan E M, Bregu M, et al. Microbial antagonism: a neglected avenue of natural products research. Journal of Biotechnology, 1999, 70 (1-3): 27-32.

[30]　Boyd K G, Adams D R, Burgess J G. Antibacterial and repellent activities of marine bacteria associated with algal surfaces. Biofouling, 1999, 14 (3): 227-236.

[31]　Kanagasabhapathy M, Sasaki H, Nagata S. Phyloge-netic identification of epibiotic bacteria possessing antimi-crobial activities isolated from red algal species of Japan. World Journal of Microbiology and Biotechnology, 2008, 24 (10): 2 315-2 321.

[32]　Penesyan A, Marshall-Jones Z, Holmstrom C, et al. Antimicrobial activity observed among cultured marine epiphytic bacteria reflects their potential as a source of new drugs. FEMS Microbiology Ecology, 2009, 69 (1): 113-124.

[33]　Kanagasabhapathy M, Sasaki H, Haldar S, et al. Antibacterial activities of marine epibiotic bacteria isolated from brown algae of Japan. Annals of Microbiology, 2006, 56 (2): 167-173.

[34]　Li Y H, Tian X L. Quorum sensing and bacterial social interactions in biofilms. Sensors, 2012, 12 (3): 2 519-2 538.

[35]　Duan K, Sibley C D, Davidson C J, et al. Chemical interactions betweenorganisms in microbial communities // Collin M, Schuch R, eds. Bacterial Sensing and Signaling, 2009, 16: 1-17.

[36]　Bauer W D, Mathesius U, Teplitski M. Eukaryotes deal with bacterial quorum sensing. ASM News, 2005, 71: 129-135.

[37]　Farah C, Vera M, Morin D, et al. Evidence for a functional quorum-sensing type AI-1 system in the extremophilic bacterium Acidithiobacillus ferrooxidans. Appllied and Environmental Microbiology, 2005, 71 (11): 7 033-7 040.

[38]　Pereira C S, Thompson J A, Xavier K B. AI-2-mediated signalling in bacteria. FEMS Microbiology Reviews, 2013, 7 (2): 156-181.

[39]　Lenz D H, Mok K C, Lilley B N, et al. The small RNA chaperone Hfq and multiple small RNAs control quorum sensing in Vibrio harveyi and Vibrio cholerae. Cell, 2004, 118 (1): 69-82.

[40] Dubern J F, Diggle S P. Quorum sensing by 2-alkyl-4-quinolones in Pseudomonas aeruginosa and other bacterial species. Molecular BioSystems, 2008, 4 (9): 882-888.

[41] Krysciak D, Schmeisser C, Preuss S, et al. Involvement of multiple loci in quorum quenching of autoinducer I molecules in the nitrogen-fixing symbiont Rhizobium (Sinorhizobium) sp. strain NGR234. Appllied Environmental Microbiololology, 2011, 77 (15): 5 089-5 099.

[42] Natrah F M, Defoirdt T, Sorgeloos P, et al. Disruption of bacterial cell-to-cell communication by marine organisms and its relevance to aquaculture. Marine Biotechnology, 2011, 13 (2): 109-126.

[43] Geng H F, Robert B. Expression of tropodithietic acid biosynthesis is controlled by a novel autoinducer. Journal of Bacteriology, 2010, 192 (17): 4 377-4 387.

[44] Joint I, Tait K, Wheeler G. Cross-kingdom signalling: exploitation of bacterial quorum sensing molecules by the green seaweed Ulva. Philosophical Transactions of the Royal Society B: Biological Sciences, 2007, 362 (1 483): 1 223-1 233.

[45] Wheeler G L, Tait K, Taylor A, et al. Acyl-homoserine lactones modulate the settlement rate of zoospores of the marine alga Ulva intestinalis via a novel chemokinetic mechanism. Plant Cell and Environment, 2006, 29 (4): 608-618.

[46] Weinberger F, Beltran J, Correa J A, et al. Spore release in Acrochaetium sp. (Rhodophyta) is bacte-rially controlled. Journal of Phycology, 2007, 43 (2): 235-241.

[47] Dakhamaa A, de la Noüe J, Lavoie M C. Isolation and identification of antialgal substances produced by Pseudomonas aeruginosa. Journal of Appllied Phycology, 1993, 5 (3): 297-306.

[48] Yuan J F, Meng Z F, Chen D H, et al. Allelopathy of citrobacter intermediu on growth of several common algae. Freshwater Fisheries, 1999, 29 (4): 12-15.

[49] Zheng T L, Lv J L, Zhou Y Y, et al. Advance in study on microbial control of harmful algae blooms-exploitation and research on marine algicidal bacteria. Journal of Xiamen University (natural science), 2011, 50 (2): 445-454.

[50] 郑天凌. 赤潮控制微生物学 // 厦门大学南强丛书（第五辑）. 厦门: 厦门大学出版社, 2011.

[51] 陈德辉, 袁峻峰, 章宗涉, 等. 微囊藻和栅藻共培养实验及其竞争参数的计算. 生态学报, 1999, 19 (6): 908-913.

[52] 高亚辉. 海洋微藻分类生态及生物活性物质研究. 厦门大学学报（自然科学版）, 2001, 40 (2): 566-573.

[53] Lachnit T, Wahl M, Harder T. Isolated thallus-associ-ated compounds from the macroalga Fucus vesiculosus mediate bacterial surface colonization in the field similar to that on the natural alga. Biofouling, 2010, 26 (3): 247-255.

[54] Lane A L, Nyadong L, Galhena A S, et al. Desorption electrospray ionization mass spectrometry reveals surface-mediated antifungal chemical defense of a tropical seaweed. Proceedings of the

National Academy of Sciences of the United States of America, 2009, 106 (18): 7 314-7 319.

[55] Azam F, Malfatti F. Microbial structuring of marine ecosystems. Nature, 2007, 10: 782-791.

[56] Buchan A, Gonzalez J M, Moran M A. Overview of the marine Roseobacter lineage. Applied and Environmental Microbiology, 2005, 71: 5 665-5 677.

[57] Kirchman D L. The ecology of Cytophaga -Flavobacteria in aquatic environments. FEMS Microbiology Ecology, 2002, 39: 91-100.

[58] Teeling H, Bernhard M F, Doerte B, et al. Substrate controlled succession of marine bacterioplankton populations induced by a phytoplankton bloom. Science, 2012, 36: 608-611.

[59] Carrillo P, Villar-Argaiz M, Medina-Sánchez J M. Does microorganism stoichiometry predict microbial food web interactions after a phosphorus pulse? Microbial Ecology, 2008, 56 (2): 350-363.

[60] Eberlein T, Van de Waal D B, Rost B. Differential effects of ocean acidification on carbon acquisition in two bloom-forming dinoflagellate species. Plant Physiology, 2014, 151 (4): 468-479.

[61] Li W K, Andersen R A, Gifford D J, et al. Planktonic microbes in the Gulf of Maine area. PLoS One, 2011, 6 (6): e20981.

[62] Grossart HP, Levold F, Allgaier M, et al. Environ Microbiol. Marine diatom species harbour distinct bacterial communities. Environmental Microbiology, 2005, 7 (6): 860-873.

[63] Nelson C E, Carlson C A, Ewart C S, et al. Community differentiation and population enrichment of Sargasso Sea bacterioplankton in the euphotic zone of a mesoscale mode - water eddy. Environmental Microbiology, 2014, 16 (3): 871-887.

[64] Riemann L, Steward G F, Azam F. Dynamics of bacterial community composition and activity during a mesocosm diatom bloom. Applied and Environmental Microbiology, 2000, 66: 578-587.

[65] Bird D F, Karl D M. Uncoupling of bacteria and phytoplankton during the austral spring bloom in Gerlache Strait, Antarctic Peninsula. Aquatic Microbial Ecology, 1999, 19: 13-27.

[66] Arrieta J M, Herndl G I. Changes in bacterial β glucosidase diversity during a coastal phytoplankton bloom. Limnol Oceanogr, 2002, 47, 594-599.

[67] Pernthaler J. Predation on prokaryotes in the water column and its ecological implications. Nature reviews. Microbiology, 2005, 3: 637-646.

[68] Castberg T, Larsen A, Sandaa R A, et al. Microbial population dynamics and diversity during a bloom of the marine coccolithophorid Emiliania huxleyi (Haptophyta) . Marine Ecology Progress Series, 2001, 221: 39-46.

[69] Bratbak G, Jacobsen A, Heldal M. Viral lysis of Phaeocystis pouchetii and bacterial secondary production. Applied and Environmental Microbiology, 1998, 16: 11-16.

[70] Hellebust J A. Excretion of some organic compounds by marine phytoplankton. Limnology and Oceanography, 1965, 10: 192-206.

[71] Myklestad S M. The Handbook of Environmental Chemistry Vol. 5D (ed. Wangersky, P.),

2000, 111-148 Springer Printer.

[72] Miller TR, Hnilicka K, Dziedzic A, et al. Chemotaxis of Silicibacter sp. strain TM1040 toward dinoflagellate products. Applied and Environmental Microbiology, 2004, 70: 4 692-4 701.

[73] Bratbak G, Thingstad T F. Phytoplankton-bacteria interactions: an apparent paradox? Analysis of a model system with both competition and commensalism. Marine Ecology Progress Series, 1985, 25: 23-30.

[74] Danger M, Leflaive J, Oumarou C, et al. Control of phytoplankton-bacteria interactions by stoichiometric constraints. Oikos, 2007, 116: 1 079-1 086.

[75] Proctor L, Fuhrman J A. Roles of viral infection in organic particle flux. Marine Ecology Progress Series, 1991, 69: 133-142.

[76] Passow U. Transparent exopolymer particles (TEP) in aquatic environments. Progress Oceanography, 2002, 55: 287-333.

[77] Kujawinski E B. The impact of microbial metabolism on marine dissolved organic matter. Annual Review of Marine Science, 2001, 3: 567-599.

[78] Arnosti C. Microbial extracellular enzymes and the marine carbon cycle. Annual Review of Marine Science, 2010, 3: 401-425.

[79] Stoderegger K E, Herndl G J. Dynamics in bacterial surface properties of a natural bacterial community in the coastal North Sea during a spring phytoplankton bloom. FEMS Microbiology Ecology, 2005, 53: 285-294.

[80] Smith D C, Simon M, Alldredge A L, et al. Intense hydrolytic enzyme activity on marine aggregates and implicates for rapid particle dissolution. Nature, 1992, 359: 139-142.

[81] Jiao N, Herndl G J, Hansell D A, et al. Microbial production of recalcitrant dissolved organic matter: long term carbon storage in the global ocean. Nature Reviews Microbiology, 2010, 8: 593-599.

[82] Grossart H P, Ploug H. Microbial degradation of organic carbon and nitrogen on diatom aggregates. Limnology and Oceanography, 2001, 46: 267-277.

[83] Hopkinson C S, Vallino J J. Efficient export of carbon to the deep ocean through dissolved organic matter. Nature, 2005, 433: 142-145.

[84] Ogawa H, Amagai Y, Koike I, et al. Production of refractory dissolved organic matter by bacteria. Science, 2001, 292: 917-920.

[85] Pinhassi J, Sala M M, Havskum H, et al. Changes in bacterioplankton composition under different phytoplankton regimens. Applied and Environmental Microbiology, 2004, 70: 6 753-6 766.

[86] Zubkov M V, Fuchs B M, Archer S D, et al. Linking the composition of bacterioplankton to rapid turnover of dissolved dimethylsulphoniopropionate in an algal bloom in the North Sea. Environmental Microbiology, 2001, 3: 304-311.

[87] Stepanauskas R, Moran M A, Bergamaschi B A, et al. Covariance of bacterioplankton composition

and environmental variables in a temperate delta system. Aquatic Microbiology Ecology, 2003, 31: 85-98.

[88] Alonso Saez L, Gasol J M. Seasonal variations in the contributions of different bacterial groups to the uptake of low molecular weight compounds in northwestern Mediterranean coastal waters. Applied and Environmental Microbiology, 2007, 73: 3 528-3 535.

[89] Pinhassi J, Berman T. Differential growth response of colony forming α and γ proteobacteria in dilution culture and nutrient addition experiments from Lake Kinneret (Israel), the eastern Mediterranean Sea, and the Gulf of Eilat. Applied and Environmental Microbiology, 2003, 69: 99-211.

[90] Grossart H P, Levold F, Allgaier M, et al. Marine diatom species harbour distinct bacterial communities. Environmental Microbiology, 2005, 7: 860-873.

[91] Fandino L B, Riemann L, Steward G F, et al. Variations in bacterial community structure during a dinoflagellate bloom analyzed by DGGE and 16S rDNA sequencing. Aquatic Microbiology Ecology, 2001, 23: 119-130.

[92] Rink B, Seeberger S, Martens T, et al. Effects of phytoplankton bloom in a coastal ecosystem on the composition of bacterial communities. Aquatic Microbiology Ecology, 2007, 48: 47-60.

[93] Tan S J, Zhou J, Zhu X S, et al. Association network among microeukaryotes and bacterioplankton in a Scrippsiella trochoidea bloom. Journal of Physiology, 2015, 51: 120-132.

[94] Luo H, Moran M A. How do divergent ecological strategies emerge among marine bacterioplankton lineages? Trends in Microbiology, 2015, S0966-842X (15) 00119-5.

[95] Biller S J, Berube P M, Lindell D, et al. Prochlorococcus: the structure and function of collective diversity. Nature Review Microbiology. 2015, 13 (1): 13-27.

[96] Falkowski P G, Katz M E, Knoll A H, et al. The evolution of modern eukaryotic phytoplankton. Science, 2004, 305: 354-360.

[97] Luo H, Cs ros M, Hughes A L, et al. Evolution of divergent life history strategies in marine Alphaproteobacteria. MBio 4, 2013: e0037313.

[98] Amin S A, Parker M S, Armbrust E V. Interactions between diatoms and bacteria. Microbiology and Molecular Biology Reviews, 2012, 76: 667-684.

[99] Goecke F, Thiel V, Wiese J, et al. Algae as an important environment for bacteria-phylogenetic relationships among new bacterial species isolated from algae. Phycologia, 2013, 52: 14-24.

[100] Wagner-Döbler I, Britta B, Martine B, et al. The complete genome sequence of the algal symbiont Dinoroseobacter shibae: a hitchhiker's guide to life in the sea. ISME Journal, 2010, 4: 61-77.

[101] Mayali X, Franks P J S, Burton R S. Temporal attachment dynamics by distinct bacterial taxa during a dinoflagellate bloom. Aquatic Microbiology Ecology, 2011, 63: 111-122.

[102] Seyedsayamdost M R, Case R J, Kolter R, et al. The Jekyll and Hyde chemistry of Phaeobacter gallaciensis. Nature Chemistry, 2011, 3: 331-335.

[103]　Wagner Döbler I, Bibel H. Environmental biology of the marine Roseobacter lineage. Annual Review of Marine Science, 2006, 60: 255-280.

[104]　Luo H, Löytynoja A, Moran M A. Genome content of uncultivated marine Roseobacters in the surface ocean. Environmental Microbiology, 2012, 14 (1): 41-51.

[105]　Mayali X, Franks P J S, Azam F. Cultivation and ecosystem role of a marine Roseobacter clade affiliated cluster bacterium. Applied and Environmental Microbiology, 2008, 74: 2 595-2 603.

[106]　Alavi M R. Predator/prey interaction between Pfiesteria piscicida and Rhodomonas mediated by a marine α proteobacterium. Microbial Ecology, 2004, 47: 48-58.

[107]　Sharifah E N, Eguchi M. The phytoplankton Nannochloropsis oculata enhances the ability of Roseobacter clade bacteria to inhibit the growth of fish pathogen Vibrio anguillarum. PLoS ONE, 2011, 6: e26756.

[108]　Moran M A, Belas R, Schell M A, et al. Ecological genomics of marine roseobacters. Applied and Environmental Microbiology, 2007, 73: 4 559-4 569.

[109]　González J M, Kiene R P, Moran M A. Transformation of sulfur compounds by an abundant lineage of marine bacteria in the α subclass of the class Proteobacteria. Applied and Environmental Microbiology, 1999, 65: 3 810-3 819.

[110]　Chen Y. Comparative genomics of methylated amine utilization by marine Roseobacter clade bacteria and development of functional gene markers (tmm, gmaS). Environmental Microbiology, 2012, 14: 2 308-2 322.

[111]　Cottrell M T, Kirchman D L. Community composition of marine bacterioplankton determined by 16S rRNA gene clone libraries and fluorescence in situ hybridization. Applied and Environmental Microbiology, 2000, 66: 5 116-5 122.

[112]　Alonso C, Warnecke F, Amann R, et al. High local and global diversity of Flavobacteria in marine plankton. Environmental Microbiology, 2007, 9: 1 253-1 266.

[113]　Simon M, Glockner F O, Amann R. Different community structure and temperature optima of heterotrophic picoplankton in various regions of the Southern Ocean. Aquatic Microbial Ecology, 1999, 18: 275-284.

[114]　Kimura H, Young CR, Martinez A, et al. Light-induced transcriptional responses associated with proteorhodopsin-enhanced growth in a marine flavobacterium. ISME Journal, 2011, 5 (10): 1 641-1 651.

[115]　Gómez-Consarnau L, González J M, Coll-Lladó M, et al. Light stimulates growth of proteorhodopsin containing marine Flavobacteria. Nature, 2007, 445: 210-213.

[116]　Kolton M, Sela N, Elad Y, et al. Comparative genomic analysis indicates that niche adaptation of terrestrial Flavobacteria is strongly linked to plant glycan metabolism. PLoS One, 2013, 8 (9): e76704.

[117]　Banning E C, Casciotti K L, Kujawinski E B. Novel strains isolated from a coastal aquifer sug-

gest a predatory role for flavobacteria. FEMS Microbiology Ecology, 2010, 73: 254-270.

[118] Lambert G R, Smith G D. The hydrogen metabolism of cyanobacteria (blue green algae). Biology Reviews, 1981, 56: 589-660.

[119] Taylor J D, Cottingham S D, Billinge J, et al. Seasonal microbial community dynamics correlate with phytoplankton derived polysaccharides in surface coastal waters. ISME Journal, 2014, 8: 245-248.

[120] Goecke F, Labes A, Wiese J, et al. Chemical interactions between marine macroalgae and bacteria. Marine Ecology-progress Series, 2010, 409: 267-299.

[121] Bell W, Mitchell R. Chemotactic and growth responses of marine bacteria to algal extracellular products. Biol Bull, 1972, 143: 265-277.

[122] Uribe P, Espejo R T. Effect of associated bacteria on the growth and toxicity of alexandrium catenella. Appl Environ Microbiol, 2003, 69: 659-662.

[123] Arrigo K R. Marine microorganisms and global nutrient cycles. Nature, 2005, 437: 349-355.

[124] Cottrell M T, Kirchman D L. Natural assemblages of marine proteobacteria and members of the cytophaga-flavobacter cluster consuming low-and high-molecular-weight dissolved organic matter. Appl Environ Microbiol, 2000, 66: 1 692-1 697.

[125] Blackburn N, Fenchel T, Mitchell J. Microscale nutrient patches in planktonic habitats shown by chemotactic bacteria. Science, 1998, 282: 2 254-2 256.

[126] Fuentes J L, Garbayo I, Cuaresma M, et al. Impact of microalgae-bacteria interactions on the production of algal biomass and associated compounds. Mar Drugs, 2016, 14: 1-16.

[127] Seyedsayamdost M R, Case R J, Kolter R, et al. The jekyll-and-hyde chemistry of phaeobacter gallaeciensis. Nat Chem, 2011, 3: 331-335.

[128] Cooper M B, Smith A G. Exploring mutualistic interactions between microalgae and bacteria in the omics age. Curr Opin Plant Biol, 2015, 26: 147-153.

[129] Ramanan R, Kim B H, Cho D H, et al. Algae-bacteria interactions: Evolution, ecology and e-merging applications. Biotechnol Adv, 2016, 34: 14-29.

[130] Croft M T, Lawrence A D, Raux D E, et al. Algae acquire vitamin b12 through a symbiotic relationship with bacteria. Nature, 2005, 438: 90-93.

[131] Helliwell K E, Wheeler G L, Leptos K C, et al. Insights into the evolution of vitamin b12 auxotrophy from sequenced algal genomes. Mol Biol Evol, 2011, 28: 2 921-2 933.

[132] Kazamia E, Czesnick H, Nguyen T T V, et al. Mutualistic interactions between vitamin b12-dependent algae and heterotrophic bacteria exhibit regulation. Environ Microbiol, 2012, 14: 1 466-1 476.

[133] Thingstad T F, Skjoldal E, Bohne R A. Phosphorus cycling and algal-bacterial competition in sandsfjord, western norway. Mar Ecol-Progr Ser, 1993, 99: 239-259.

[134] Kim M J, Jeong S Y, Lee S J. Isolation, identification, and algicidal activity of marine bacteria

against cochlodinium polykrikoides. J Appl Phycol, 2008, 20: 1 069–1 078.

[135] Lee Y K, Ahn C Y, Kim H S, et al. Cyanobactericidal effect of rhodococcus sp. Isolated from eutrophic lake on microcystis sp. Biotechnol Lett, 2010, 32: 1 673–1 678.

[136] Wang X, Li Z, Su J, et al. Lysis of a red-tide causing alga, alexandrium tamarense, caused by bacteria from its phycosphere. Biol Control, 2010, 52: 123–130.

[137] Bruckner C G, Bahulikar R, Rahalkar M, et al. Bacteria associated with benthic diatoms from lake constance: Phylogeny and influences on diatom growth and secretion of extracellular polymeric substances. Appl Environ Microbiol, 2008, 74: 7 740–7 749.

[138] Carrillo P, Delgado-Molina J A, Bullejos F J, et al. Complex interactions in microbial food webs: Stoichiometric and functional approaches. Limnetica, 2006, 25: 189–204.

[139] Mayali X, Doucette G J. Microbial community interactions and population dynamics of an algicidal bacterium active against karenia brevis (dinophyceae). Harmful Algae, 2002, 1: 277–293.

[140] Sher D, Thompson J W, Kashtan N, et al. Response of prochlorococcus ecotypes to co-culture with diverse marine bacteria. ISME J, 2011, 5: 1 125–1 132.

[141] Gurung T B, Urabe J, Nakanishi M. Regulation of the relationship between phytoplankton scenedesmus acutus and heterotrophic bacteria by the balance of light and nutrients. Aquat Microb Ecol, 1999, 17: 27–35.

[142] Leung T L F, Poulin R. Parasitism, commensalism, and mutualism: Exploring the many shades of symbioses. Vie Milieu, 2008, 58: 107–115.

[143] Liu H, Zhou Y, Xiao W, et al. Shifting nutrient-mediated interactions between algae and bacteria in a microcosm: Evidence from alkaline phosphatase assay. Microbiol Res, 2012, 167: 292–298.

[144] Kouzuma A, Watanabe K. Exploring the potential of algae/bacteria interactions. Curr Opin Biotechnol, 2015, 33: 125–129.

[145] Krediet C J, Ritchie K B, Paul V J, et al. Coral-associated micro-organisms and their roles in promoting coral health and thwarting diseases. P ROY SOC LOND B BIO, 2013, 280: 20122328.

[146] Amin S A, Hmelo L R, van Tol H M, et al. Interaction and signalling between a cosmopolitan phytoplankton and associated bacteria. Nature, 2015, 522: 98–101.

[147] Teplitski M, Rajamani S. Signal and nutrient exchange in the interactions between soil algae and bacteria. Biocommunication in soil microorganisms. Springer, Berlin, Heidelberg. 2011. 413–426.

[148] Bolch C J, Subramanian T A, Green D H. The toxic dinoflagellate gymnodinium catenatum (dinophyceae) requires marine bacteria for growth1. J Phycol, 2011, 47: 1 009–1 022.

[149] Takemura A E, Chien D M, Polz M E. Associations and dynamics of vibrionaceae in the environment, from the genus to the population level. Front Microbiol, 2014, 5: 38.

[150] Jha B, Kavita K, Westphal J, et al. Quorum sensing inhibition by asparagopsis taxiformis, a marine macro alga: Separation of the compound that interrupts bacterial communication. Mar

Drugs, 2013, 11: 253-265.

[151]　Paul C, Pohnert G. Production and role of volatile halogenated compounds from marine algae. Nat Prod Rep, 2011, 28: 186-195.

[152]　Twigg M S, Tait K, Williams P, et al. Interference with the germination and growth of ulva zoospores by quorum-sensing molecules from ulva-associated epiphytic bacteria. Environ Microbiol, 2014, 16: 445-453.

[153]　Allen A E, Dupont C L, Obornik M, et al. Evolution and metabolic significance of the urea cycle in photosynthetic diatoms. Nature, 2011, 473: 203-207.

[154]　Shen J B, Bai Y, Wei Z, et al. Rhizobiont: An interdisciplinary innovation and perspective for harmonizing resources, environment and food security (in Chinese). Acta Pedologica Sinica., 2021, 1-11.

[155]　Kitano H. Systems biology: A brief overview. science, 2002, 295: 1 662-1 664.

[156]　Alves R, Chaleil R A, Sternberg M J. Evolution of enzymes in metabolism: A network perspective. J Mol Biol, 2002, 320: 751-770.

[157]　Jiang X P, Hu X H. A brief introduction to marine Eco-systems biology (in Chinese). Mathematical Modeling and Its Applications. 2013, 2 (1).

[158]　Shannon P, Markiel A, Ozier O, et al. Cytoscape: A software environment for integrated models of biomolecular interaction networks. Genome Res, 2003, 13: 2 498-2 504.

[159]　Bastian M, Heymann S, Jacomy M. Gephi: An open source software for exploring and manipulating networks. In: Proceedings of the Third International AAAI Conference on Weblogs and Social Media, 2009, 3: 361-362.

[160]　Csardi G, Nepusz T. The igraph software package for complex network research. InterJournal, Complex Systems, 2006, 1695: 1-9.

[161]　Newman M E J. The structure and function of complex networks. Siam Review, 2003, 45: 167-256.

[162]　Opsahl T, Agneessens F, Skvoretz J. Node centrality in weighted networks: Generalizing degree and shortest paths. Social Networks, 2010, 32: 245-251.

[163]　Redner S. How popular is your paper? An empirical study of the citation distribution. The European Physical Journal B-Condensed Matter and Complex Systems, 1998, 4: 131-134.

[164]　Luo F, Zhong J, Yang Y, et al. Application of random matrix theory to biological networks. Phys Lett A, 2006, 357: 420-423.

[165]　Luo F, Yang Y, Zhong J, et al. Constructing gene co-expression networks and predicting functions of unknown genes by random matrix theory. BMC Bioinf, 2007, 8: 1-17.

[166]　Zhou J, Deng Y, Luo F, et al. Phylogenetic molecular ecological network of soil microbial communities in response to elevated co2. mBio, 2011, 2: e00122-e00111.

[167]　Yuan M M, Guo X, Wu L, et al. Climate warming enhances microbial network complexity and

stability. Nat Clim Change, 2021, 11: 343-348.

[168] Durno W E, Hanson N W, Konwar K M, et al. Expanding the boundaries of local similarity a-nalysis. BMC Genomics, 2013, 14: S3.

[169] Steele J A, Countway P D, Xia L, et al. Marine bacterial, archaeal and protistan association networks reveal ecological linkages. ISME J, 2011, 5: 1 414-1 425.

[170] Xia L C, Ai D, Cram J, et al. Efficient statistical significance approximation for local similarity analysis of high-throughput time series data. Bioinformatics, 2012, 29: 230-237.

[171] Paver S F, Hayek K R, Gano K A, et al. Interactions between specific phytoplankton and bacte-ria affect lake bacterial community succession. Environ Microbiol, 2013, 15: 2 489-2 504.

[172] Liu L, Yang J, Lv H, et al. Synchronous dynamics and correlations between bacteria and phyto-plankton in a subtropical drinking water reservoir. FEMS Microbiol Ecol, 2014, 90: 126-138.

[173] Needham D M, Fuhrman J A. Pronounced daily succession of phytoplankton, archaea and bacte-ria following a spring bloom. Nat Microbiol, 2016, 1: 1-7.

[174] Zhou J, Lao Y-m, Song J-t, et al. Temporal heterogeneity of microbial communities and meta-bolic activities during a natural algal bloom. Water Res, 2020, 183: 116020.

[175] Wagner A, Fell D. The small world inside large metabolic networks. Proceedings of the Royal So-ciety of London Series B: Biological Sciences, 2001, 268: 1 803-1 810.

[176] Notebaart R A, van Enckevort F H, Francke C, et al. Accelerating the reconstruction of genome-scale metabolic networks. BMC Bioinformatics, 2006, 7: 1-10.

[177] Ravasz E, Somera A L, Mongru D A, et al. Hierarchical organization of modularity in metabolic networks. Science, 2002, 297: 1 551-1 555.

[178] Dittami S M, Eveillard D, Tonon T. A metabolic approach to study algal-bacterial interactions in changing environments. Mol Ecol, 2014, 23: 1 656-1 660.

[179] Lima-Mendez G, Faust K, Henry N, et al. Determinants of community structure in the global plankton interactome. Science, 2015, 348: 1262073.

[180] Astudillo-García C, Bell J J, Webster N S, et al. Evaluating the core microbiota in complex communities: A systematic investigation. Environ Microbiol, 2017, 19: 1 450-1 462.

[181] Höffner K, Harwood S M, Barton P I. A reliable simulator for dynamic flux balance analy-sis. Biotechnol Bioeng, 2013, 110: 792-802.

[182] Gomez J A, Höffner K, Barton P I. Dfbalab: A fast and reliable matlab code for dynamic flux balance analysis. BMC Bioinformatics, 2014, 15: 1-10.

[183] Hoffmann K H, Rodriguez-Brito B, Breitbart M, et al. Power law rank-abundance models for marine phage communities. FEMS Microbiol Lett, 2007, 273: 224-228.

[184] Bhusan K, Chandrakar P, Sadhu S, et al. Netshift: A methodology for understanding driver mi-crobes from healthy and disease microbiome datasets. ISME J, 2018, 13: 442-454.

第4章　中国有毒赤潮生物的产毒特性

4.1　赤潮生物毒素的结构、性状和危害

海洋藻毒素最早在贝类体内发现，多被称为贝类毒素。根据中毒症状，可分为麻痹性贝类毒素（paralytic shellfish poisoning, PSP）、腹泻性贝类毒素（diarrhetic shellfish poisoning, DSP）、神经性贝类毒素（neurotoxic shellfish poisoning, NSP）、失忆性贝类毒素（amnesic shellfish poisoning, ASP）等。按照化学结构分为 8 大类：氮杂螺环酸（azaspiracids, AZAs）组、短裸甲藻毒素（brevetoxins, BTXs）组、环亚胺毒素（cyclic imines, CIs）组、大田软海绵酸毒素（okadaic acid, OA）组、蛤毒素（pectenotoxins, PTXs）组、石房蛤毒素（saxitoxin, STX）组、虾夷扇贝毒素（yessotoxins, YTXs）组、软骨藻酸毒素（domoic acid, DA）组，其中 STX 和 DA 为水溶性毒素，AZAs、BTXs、CIs、OA、PTXs 和 YTXs 为脂溶性毒素。另外，还有西加鱼毒素（ciguatoxin, CTX）、海葵毒素（palytoxin, PLTX）、河豚鱼毒素（Tetrodotoxin, TTX）和溶血性毒素等。在全球范围内，石房蛤毒素、西加鱼毒素对人类危害最大，溶血性毒素对生态危害最严重。通常情况下，产毒藻所产生的生物毒素对大部分贝类无明显毒性效应，但易于累积在贝类体内。这些毒素通过贝类传递到人类后，会引起人类中毒，严重时可引起死亡。

4.1.1　西加鱼毒素组

西加鱼毒素（ciguatoxin, CTX）最早由 Scheuer 等从太平洋海鳗（*Gymnothorax javanicus*）提取物中分离和命名[1]，其化学结构稳定，受热不易分解，由 13 个或 14 个连接成阶梯状的醚环组成（图 4-1），醚环的大小从五元环到九元环不等，在各环中不同位置存在可交替变化的氧原子，醚-氧原子组成了相邻两环之间的原子桥，具有顺/反式的立体化学结构特征[2]。

	R1	R2
P-CTX-1	$CH_2OHCHOH$	OH
P-CTX-3（P-CTX-2）	$CH_2OHCHOH$	H
P-CTX-4B（P-CTX-4）	CH_2CH	H

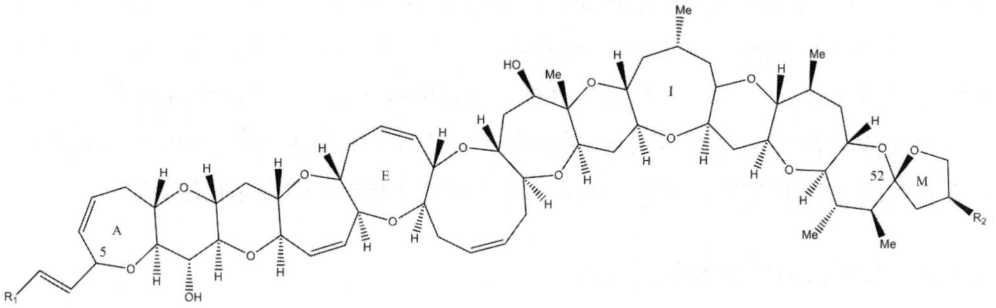

P-CTX-3C

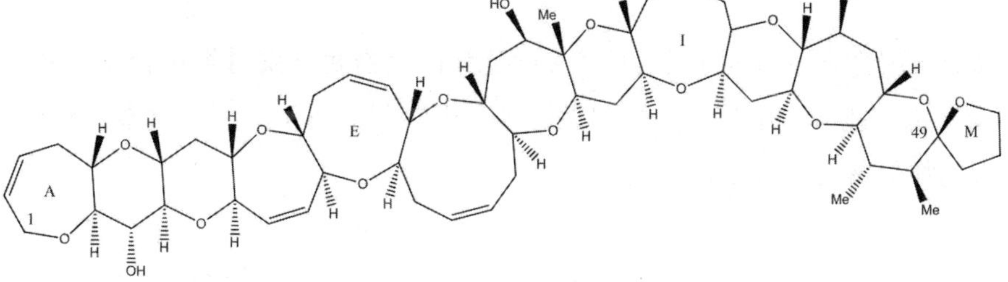

C-CTX-1 (C-CTX-2)

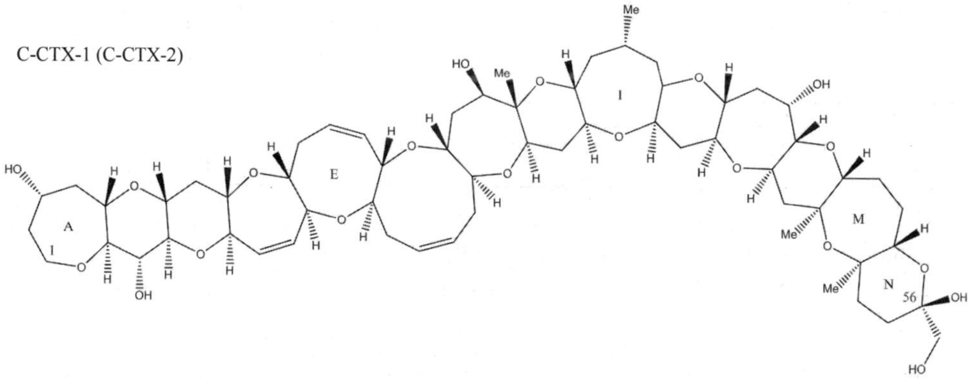

图 4-1　已鉴定的部分西加鱼毒素的化学结构[2]

　　西加鱼毒素在浓度为 pmol/L 到 nmol/L 时即可激活电压门控钠通道（VGSCs），是已知最有效的口服活性的哺乳动物钠通道毒素[1]。它们在通道激活的电压依赖性中引起超极化位移，导致在静息膜电位处通道打开。西加鱼毒素的病理生理效应被认为是由其导致这些通道的持续激活和抑制神经元钾通道的能力决定的，导致神经元兴奋性和神经递质释放的增加，突触囊泡循环受损，以及在许多类型的细胞中改变钠依赖机制[3]。它们在钠通道上与结构相似的聚醚类短裸甲藻毒素[4]共享一个共同的结合位点（5 位点），并影响组织蛋白酶 S 激活的受体-2 通路，这有助于毒素的感觉效应。

西加鱼毒素的中毒症状与麻痹性贝毒素、河豚毒素等相似，典型特征是"热感颠倒"，也称"干冰感觉"，是指当接触到热的物体时会产生错觉，感觉是凉的，接触到水时感觉像是触电或摸干冰的感觉[3]。西加鱼毒素中毒的死亡率为 0.1% ~ 4.5%，未治疗者的自然死亡率约为 20%，死亡原因多是呼吸系统中毒麻痹[4]。中毒者在西加鱼毒素中毒治愈后不会产生免疫，而且多次中毒者再次中毒的可能性更高，甚至在食用了西加鱼毒素含量不可检出的鱼肉时也能导致中毒症状的复发。

4.1.2　大田软海绵酸和蛤毒素组

4.1.2.1　大田软海绵酸毒素组

大田软海绵酸毒素（okadaic acid，OA）及其衍生物属于聚醚类化合物（图 4-2），其不溶于水，能溶于甲醇、乙腈和氯仿等有机溶剂，属于脂溶性毒素且对热较稳定，一般的加热不会使其毒性失效。

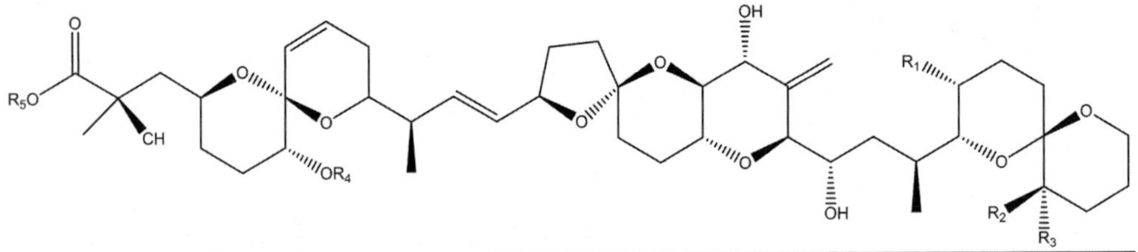

名称	R_1	R_2	R_3	R_4	R_5	R_6
OA	CH_3	H	H	H	H	—
DTX1	CH_3	CH_3	H	H	H	—
DTX2	H	H	CH_3	H	H	—
DTX3	H or CH_3	H or CH_3	H or CH_3	Acyl	H	—
DTX4	CH_3	H	H	H	f	n
DTX5	CH_3	H	H	H	d, f, m	o
C_4-diol OA	CH_3	H	H	H	a	OH
C_6-diol OA	CH_3	H	H	H	b	OH
C_7-diol OA	CH_3	H	H	H	c, d	OH
DTX6	CH_3	H	H	H	e	—
C_8-diol OA	CH_3	H	H	H	f, f'	OH

图 4-2　已鉴定的大田海绵酸毒素组的化学结构

C_8-triol OA	CH_3	H	H	H	g	OH
C_9-diol OA	CH_3	H	H	H	h	OH
C_9-diol OA	CH_3	H	H	H	i, j	OH
C_9-triol OA	CH_3	H	H	H	k	OH
C_{10}-diol OA	CH_3	H	H	H	m	OH

R_5

a
b
c
d
e
f
f'
g
h
i
g
k
l
m

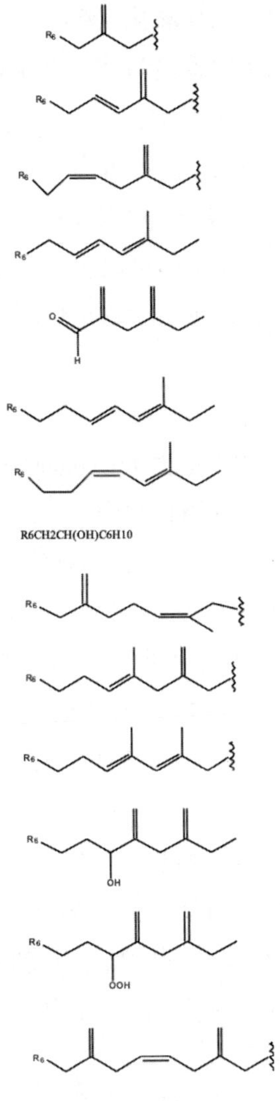

R_6

n

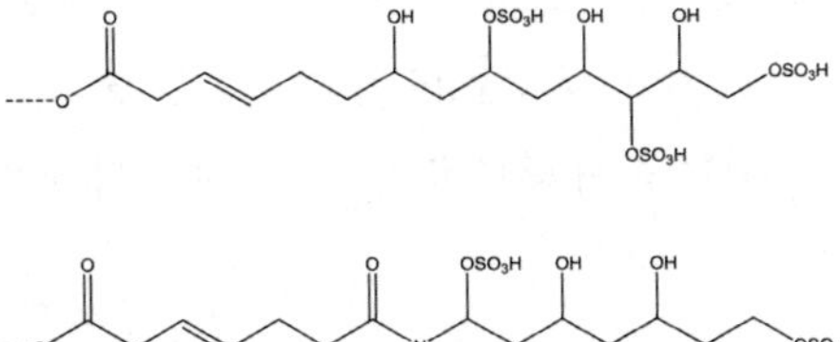

o

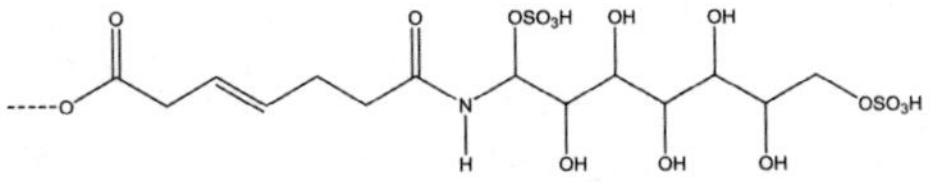

图 4-2　已鉴定的大田海绵酸毒素组的化学结构（续）

丝氨酸/苏氨酸磷酸蛋白磷酸酶（PPs）被认为是 OA 类毒素的作用靶点，特别是 PP2A，其次是 PP1 和 PP2B[5]。当人体食用受 OA 类毒素污染的双壳贝类后，引发的临床症状主要表现为腹泻、恶心，并伴有腹痛，但具体机制尚不清楚[6]。在动物实验中，口服 OA 导致小鼠胃黏膜糜烂和水肿，进一步提高剂量后，小鼠出现死亡[7,8]。蛋白质组学分析表明，OA 可破坏消化酶系统，影响脂质、氨基酸和糖代谢，细胞骨架重组，诱导氧化应激，干扰肠细胞信号转导，表明其在肠道内的毒性机制较为复杂。除蛋白磷酸酶外，可能有其他蛋白质亦参与了腹泻过程，如绒毛蛋白 Villin-1 以及 hnRNP F[7]。

此外，有研究表明 OA 可诱导多种细胞凋亡，如结肠癌 Caco-2 细胞[9]和人骨肉瘤 MG63 细胞[10]。并且 OA 可以通过改变细胞的骨架结构，引起细胞跨膜电阻降低进而影响透过性[11]。OA 也可以引起严重的记忆障碍，其关键因素是 OA 造成的线粒体功能的损害，以及参与学习记忆的受体亚单位基因的改变[12]。

4.1.2.2　蛤毒素组

蛤毒素，又称扇贝毒素（pectenotoxins，PTXs）首次发现于日本染毒的虾夷扇贝 *Patinopecten yessoensis* 的消化腺中，并因此得名[13]。扇贝毒素是一类包含 7 个小环醚的大环内酯化合物（图 4-3），具有较强耐热性，其分子量与 OA 相似，但是 PTXs 中的羧基部分是大环内酯的形式。目前已发现 20 多种不同的 PTXs 组分，其中 PTX2 被认为是贝体中各种 PTX 成分生物转化产物的主要前体物质[14]。

不同于其他海洋生物毒素的研究，PTXs 生物毒性影响的研究较少。但鉴于 PTXs 潜在的细胞毒性[15]，欧盟规定了水产品中，PTXs 的含量 OA 及其衍生物之和不得超过 160 μg/kg[16]。早期研究指出，PTXs 会引起严重的人类中毒现象，如产生腹泻症状。然而，后期通过小鼠的活体喂食实验结果表明 PTXs 并不会引起腹泻[17]，PTXs 的口服致毒性仍有待研究。多种 PTXs 具有高度肝毒性，有研究关于 PTXs 的腹腔注射毒性，在小鼠腹腔注射 PTXs 后观察对肝的致毒症状，PTX1[18]和 PTX11[19]都具有腹腔注射毒性。体内和体外的实验结果都显示不同 PTXs 的毒理效应与结构有很大关系。

尽管有关于 PTXs 的口服毒性仍然存在争议[20]，但有研究表明，PTX2 的口服毒性是 0.25~2.00 mg/kg，在口服注射 PTX2 毒素 30~360 min 后出现腹泻症状伴随小肠黏膜的严重损伤，以及可观察到的肝损伤。PTXs 液体在肠道的积累后也有可能导致腹泻症状。因此，PTXs 的毒性仍不可忽视，且 PTXs 的毒理学特征有待进一步研究[21]。

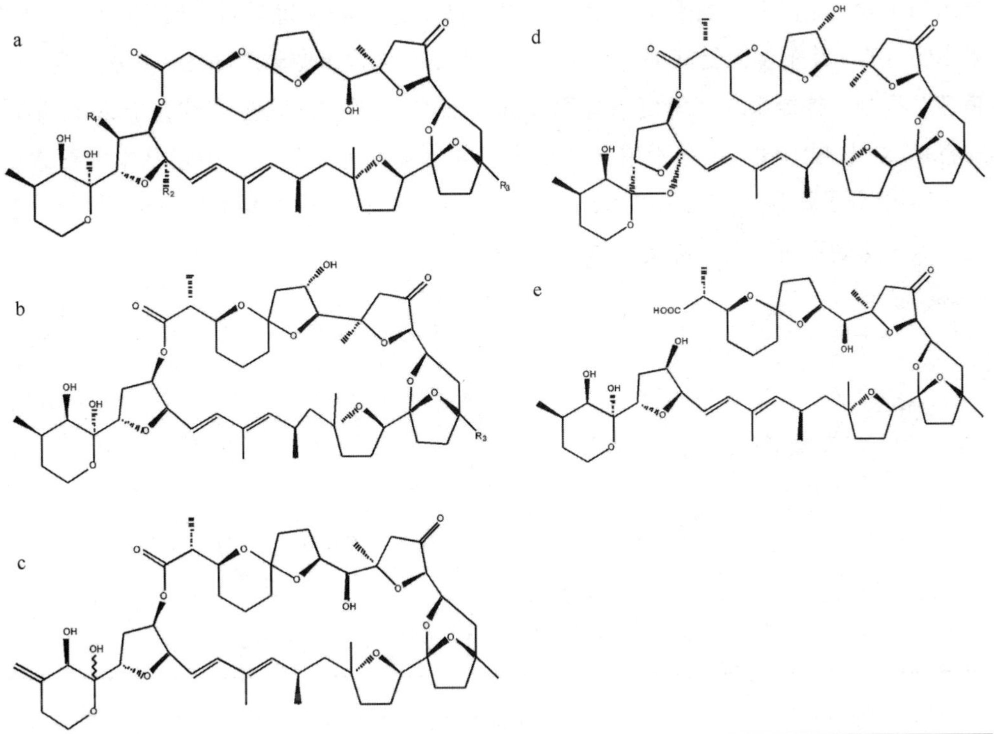

	C7	R1	R2	R3	$[M+NH_4]^+$
PTX1	R	H	H	CH_2OH	892.5
PTX2	R	H	H	CH_3	876.5
PTX3	R	H	H	CHO	890.5
PTX4	S	H	H	CHO	890.5
PTX6	R	H	H	CH_2H	906.5
PTX7	S	H	H	CO_2H	906.5
PTX11	R	OH	H	CH_3	892.5
PTX13	R	H	OH	CH_3	892.5
PTX8		b	CH_2OH	CH_2OH	892.5
PTX9		b	CO_2H	CH_3	906.5
PTX12		c	–	CHO	874.5
PTX14		d	–	CHO	874.5
PTX2 sa	R	e	–	CO_2H	894.5
7-epi-PTX2 sa	S	e	–	CO_2H	894.5

图 4-3　已鉴定的蛤毒素组的化学结构

4.1.3　虾夷扇贝毒素组

虾夷扇贝毒素（yessotoxins，YTXs）及其衍生物也具有亲脂性，这类毒素的化学结构中含有磺酰基、具有链状聚环醚的结构（图4-4）。随着毒理研究的深入，结果表明 YTXs 并不会使受试动物产生腹泻，也不会导致蛋白磷酸酶2A 失去活性，而是会对心脏、神经系统、免疫系统等造成损伤[22]。因此，欧盟委员会于 2002 年正式将 YTXs 从腹泻性贝类毒素中分离出来，并单独列为一类，其中最基本的毒素成分 YTX 的分子式为 $C_{55}H_{80}O_{21}S_2Na_2$。目前已经报道发现了众多 YTXs 的衍生物，但仍不能完全确定所有衍生物的具体化学结构。

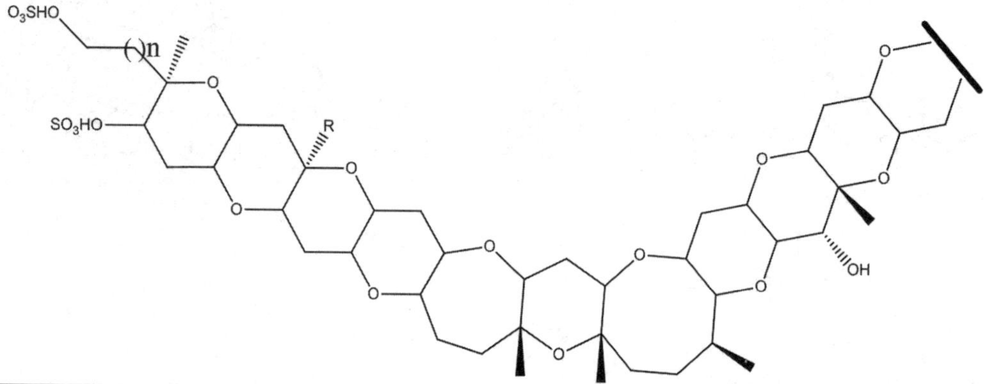

Compound	n	Fragment to right part of molecule	R_1
YTX	1	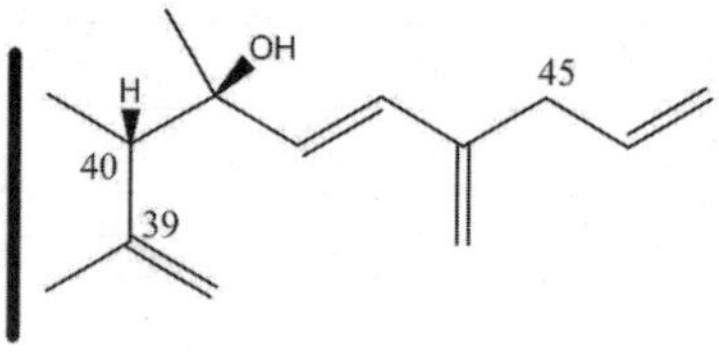	H
45-hydroxy YTX	1	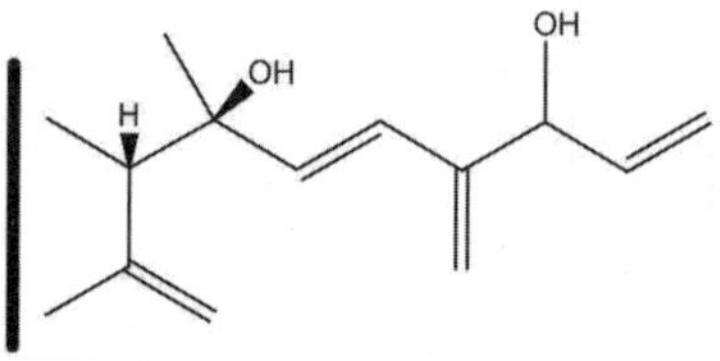	H
Carboxy YTX	1	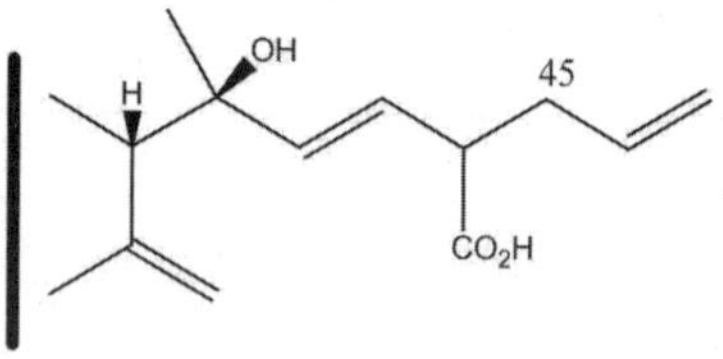	H
La-homo YTX	2	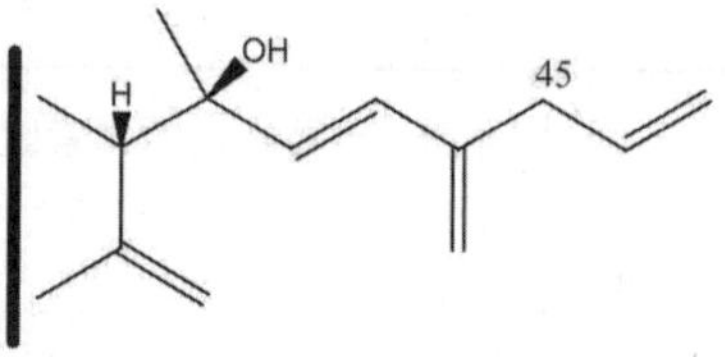	H

图4-4　已鉴定的虾夷扇贝毒素组的化学结构

45，46，47-trinor YTX	1	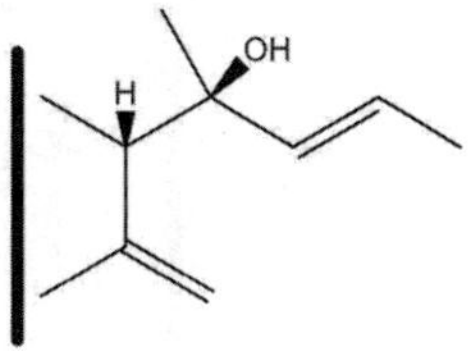	H
Keto YTX	1	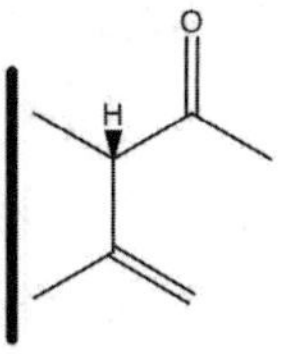	H
40-epi-Keto YTX	1	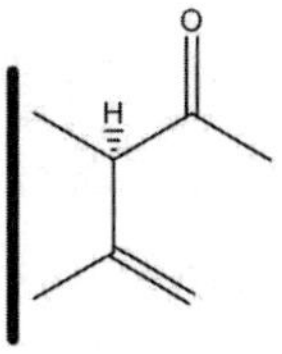	H
41a-homo YTX	1	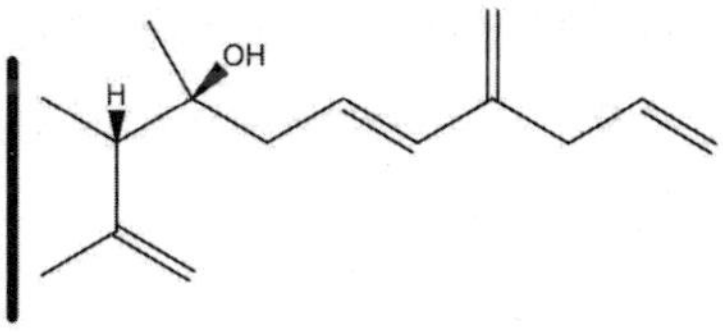	H
9-Me-41a-homo YTX	1	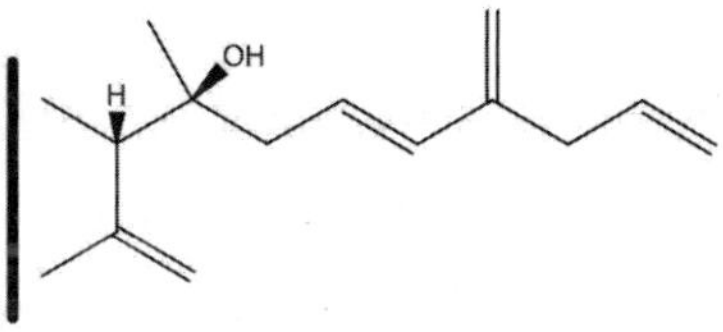	CH₃
44，45-dihydroxy YTX	1	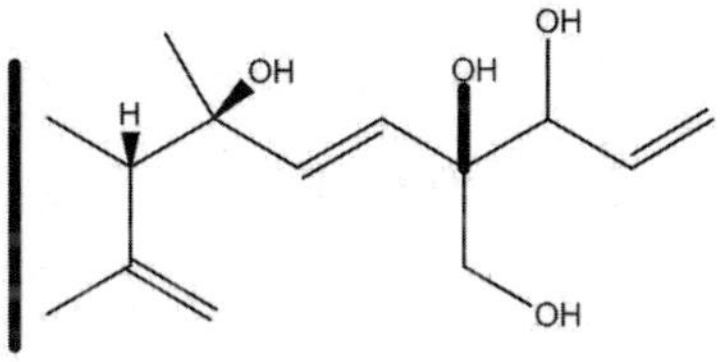	H
45-hydroxy-1a-homo YTX	2	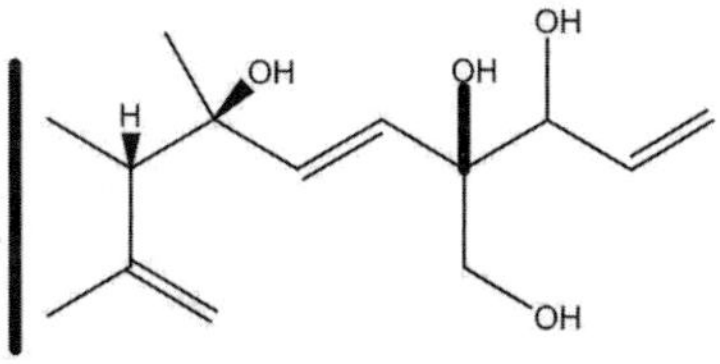	H

图 4-4　已鉴定的虾夷扇贝毒素组的化学结构（续 1）

| carboxy-la-homo YTX | 2 | 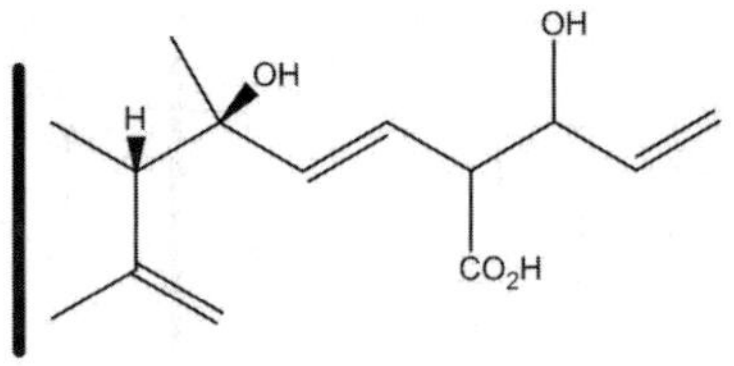 | H |

图 4-4　已鉴定的虾夷扇贝毒素组的化学结构（续 2）

目前，普遍认为心脏是 YTX 的靶器官。有研究发现，小鼠口服 YTX 7 天后，心肌细胞中线粒体周围的肌原纤维和聚集体有明显损伤[23]。有学者通过评估腹腔注射 YTX 后的血液学反应、细胞因子生物标志物及 YTX 诱导的脾和胸腺结构的改变发现，淋巴细胞的百分比下降、中性粒细胞计数上升、白细胞介素-6 血浆水平降低、脾组织病理学改变，推测出免疫系统有可能是 YTX 的靶向器官，也有可能主要作用在心脏细胞，而淋巴细胞只是次要的攻击目标[24]。YTX 通过激活不同的亚型半胱天冬酶来诱导人体神经母细胞瘤、Hela 细胞、啮齿动物心肌细胞的凋亡。通过研究发现，YTX 暴露时的自噬活性可能代表对细胞核毒性应激的反应[25]。在小鼠活体实验中，腹腔注射 YTXs 的毒性是口服毒性的 10 倍以上[26]，不同品系、不同性别的小鼠之间，半数致死剂量也有显著差别[27]。

4.1.4　石房蛤毒素组

石房蛤毒素（Saxitoxin，STX）按症状也被称为麻痹性贝类毒素（PSP），是一类四氢嘌呤衍生物的总称（图 4-5），甲藻和蓝藻是其主要来源。目前已鉴定到的 PSP 毒素有 50 多种[28]，根据 R4 基团的不同主要分为四类：氨基甲酸酯类毒素，包括石房蛤毒素（STX）、新石房蛤毒素（neoSTX）、膝沟藻毒素 1-4（GTX1-4）、M2、M4 等；N-磺氨甲酰基类毒素，包括 GTX5-6（B1-2）、C1-4、M1、M3 等；脱氨甲酰基类毒素，包括 dcSTX、dcneoSTX、dcGTX1-4 等；脱氧脱氨甲酰基类毒素，包括 doSTX、doGTX2、doGTX3 等。

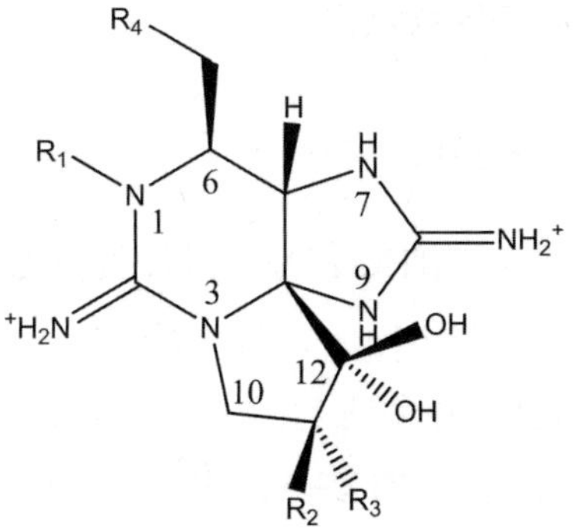

R1	R2	R3	R4	Carbamate toxins	N-Sulfocarbamoyl toxins	Decarbamoyl toxins
				(O–NH2 carbamate)	(O–NHSO3-)	–OH
H	H	H		STX	B1, GTX5	dcSTX
H	H	OSO3-		GTX2	C1	dcGTX2
H	OSO3-	H		GTX3	C2	dcGTX3
OH	H	H		NEO	B2, GTX6	dcNEO
OH	H	OSO3-		GTX1	C3	dcGTX1
OH	OSO3-	H		GTX4	C4	dcGTX4

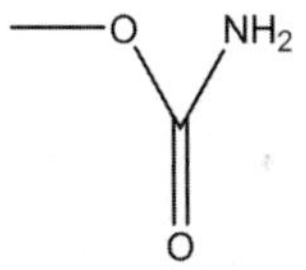

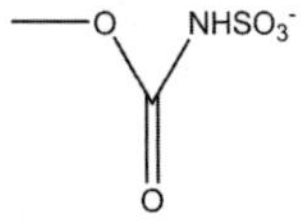

图 4-5　已鉴定的石房蛤毒素组的化学结构

　　PSP 毒素的药理作用与 VGSCs 有关，抑制动作电位的增殖，阻止细胞正常功能，导致瘫痪[29]。PSP 的特点是恶心、呕吐、口腔刺痛到瘫痪，严重者可能危及生命。这种中毒是由于 STX 和类似物结合到 VGSCs，抑制 Na^+ 内流，从而在可兴奋细胞中产生和传播动作电位。这种胃肠和神经系统综合征在世界各地都有报道。轻度症状包括嘴唇周围有刺痛感或麻木感，并逐渐扩散到其他部位，指尖和脚趾有刺痛感，头痛，头晕和恶心。这种中度中毒症状包括说话不连贯，刺痛感发展到胳膊和腿，四肢僵硬和不协调，全身虚弱和感觉轻盈，若伴有轻微呼吸困难、脉搏加快和背痛，则可认为中毒较为严重。在极其严重的情况下，肌肉麻痹会导致呼吸困难，并可能出现窒息。在致命病例中，缺少人工呼吸的情况下，食用受污染的贝类后，

2~12 h 内可能发生呼吸麻痹并导致死亡[30]。

4.1.5 短裸甲藻毒素组（BTX）

短裸甲藻毒素（brevetoxins，BTXs）是神经性贝类毒素（NSP）。短裸甲藻毒素属于聚醚类的脂溶性藻类毒素（图4-6），具热稳定性，易溶解于甲醇、乙醚等有机试剂。BTXs 毒素基本结构是由 10 个到 11 个环状结构构成的大环多醚类物质。根据结构的骨架不同可以分为 A 型（ BTX-A，或 PbTx-A)[31] 和 B 型（ BTX-B，或 PbTx-B)[32]。

BTX-1   R = CH$_2$C(CH$_2$)CHO

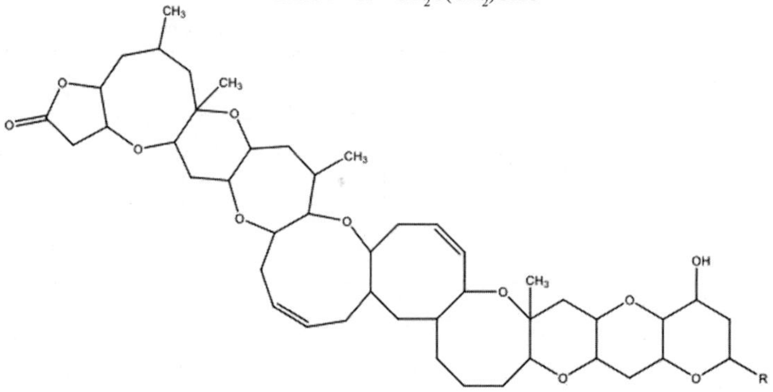

Brevetoxin A-type backbone

BTX-2   R = CH$_2$C(CH$_2$)CHO

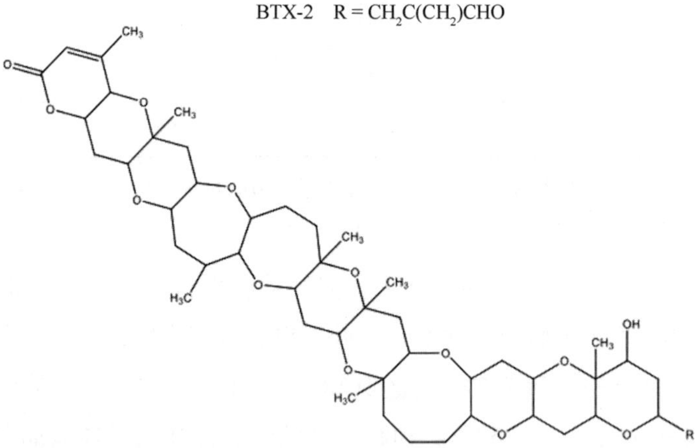

Brevetoxin B-type backbone

图 4-6　已鉴定的短裸甲藻毒素组的化学结构

在人体内，短裸甲藻毒素大多数中毒情况是通过吸入海洋环境中的雾状毒素引起的。它们产生的中毒综合征与 CFP 几乎相同，主要是胃肠道和神经系统症状，

NSP 的中毒症状比 CFP 轻微，但仍然会使人衰弱，通常在几天内就能完全恢复。食用受污染的贝类后，3~4 h 出现症状。患者主要表现为非特异性胃肠道症状（恶心、呕吐和腹泻）和神经系统症状（口腔感觉异常、构音障碍、头晕或共济失调和行走障碍）。患者很少需要住院和支持性治疗，症状通常在发作 48 h 内消失，但在极端情况下可能导致死亡[33]。毒素结合并激活细胞膜上的 VGSCs，导致神经元和肌肉细胞膜去极化[34]。它们以高亲和力结合 VGSC 的受体位点 5，导致这些通道的激活，随之而来的钠流入细胞和神经元以及肌肉细胞膜的去极化[29]。

4.1.6　软骨藻酸毒素组

软骨藻酸毒素（domoic acid，DA）是一类记忆缺失性毒素（ASP）。DA 可溶于水，含有 3 个羧酸基团[35,36]，化学上由异戊二烯前体衍生而来，结构上与红藻氨酸有关（图 4-7）。DA 及其类似物的生物学作用模式源于其与谷氨酸的结构相似性[37]。针对存在于各种重要器官中的红氨酸受体（3 种离子通道之一）[35]，并引起神经元去极化。神经兴奋的效力取决于结合的强度[38]。DA 中毒的特点是一系列神经紊乱：记忆障碍、反复发作和癫痫，典型症状还包括短期的记忆力丧失，因此得名记忆缺失性贝类毒素[38]。此外，部分病例报道了头晕、恶心和呕吐的症状，最终导致昏迷和脑损伤，最严重的情况下甚至死亡。发生在加拿大的中毒患者出现胃肠道、心血管和神经系统疾病和永久性短期记忆丧失。事实上，DA 影响中枢、外周和自主神经系统，以及骨骼和平滑肌[35]。因此，DA 神经毒性可能与非健忘症综合征相关[39]。

虽然 DA 在各种组织中的保存时间很短，但它会导致重要的身体器官发生严重的病理改变。DA 可以穿透血脑屏障，威胁神经元和神经胶质；诱导线粒体水平的细胞内自由基生成，其积累导致重要大分子包括脂质、蛋白质和 DNA 的氧化，导致神经元和神经胶质细胞凋亡或坏死。人类大脑，特别是海马体的病变，已在过去的 ASP 病例中得到报道。神经元坏死损害中枢神经系统的生理机能，包括运动、感觉和认知缺陷，并引起心理层面的变化。这种行为变化类似于精神分裂症的诊断特征和与自闭症谱系障碍相关的社会行为异常[35]。

4.1.7　环亚胺毒素组

环亚胺毒素（cyclic imines，CIs）具有相同的大环结构和亚胺结构的海洋天然产物（图 4-8），其亚胺结构具有一定的生物活性，6 种环亚胺毒素子类"骨架"结构相似度很高，包括螺旋形亚胺（gymnodimines，GYMs）、螺环内酯毒素（spirolides，SPXs）、江瑶青毒素（pinnatoxins，PnTXs）、Pteriatoxin（PtTX）、prorocentrolide 和 spriocentrimine 等这些亲脂毒素。

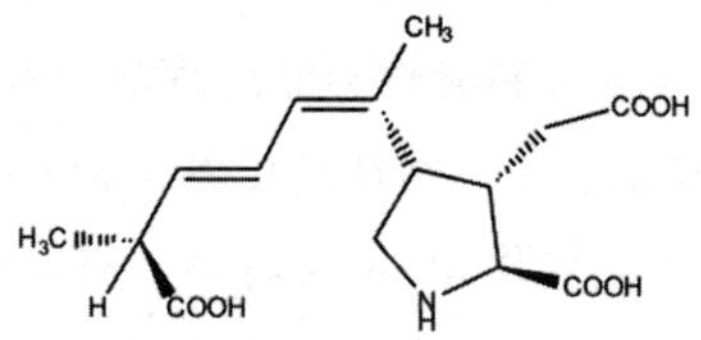

Domoic acid

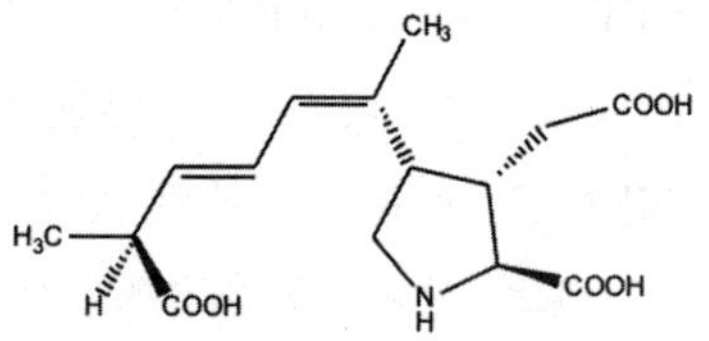

Epi-Domoic acid（Domoic acid C 5' -diastereomer)

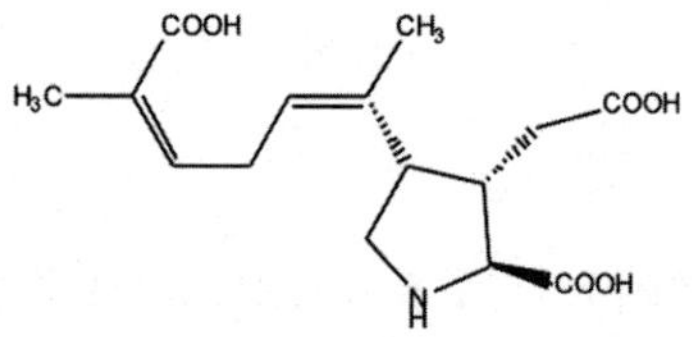

isodomoic acid A

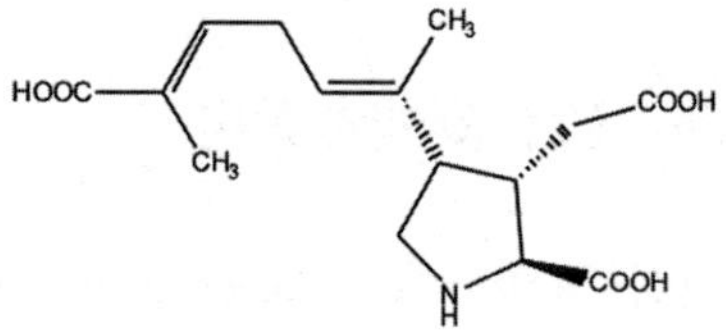

isodomoic acid B

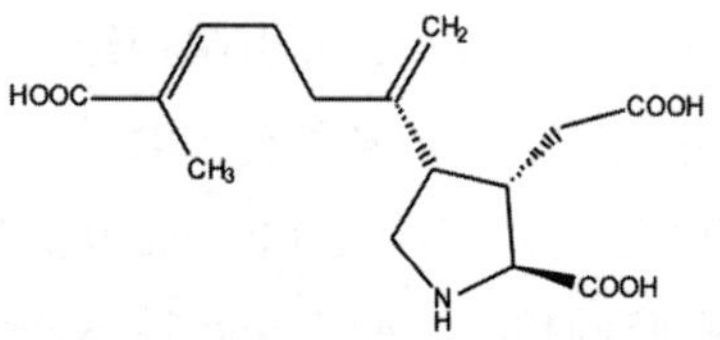

isodomoic acid C

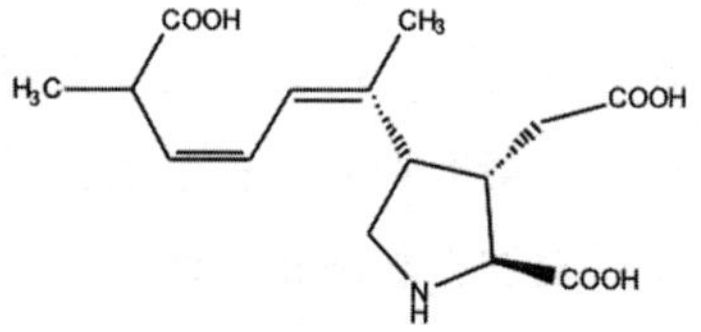

isodomoic acid D

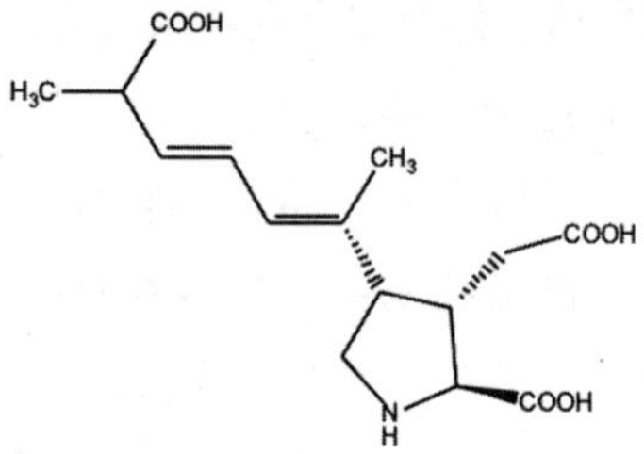

isodomoic acid E

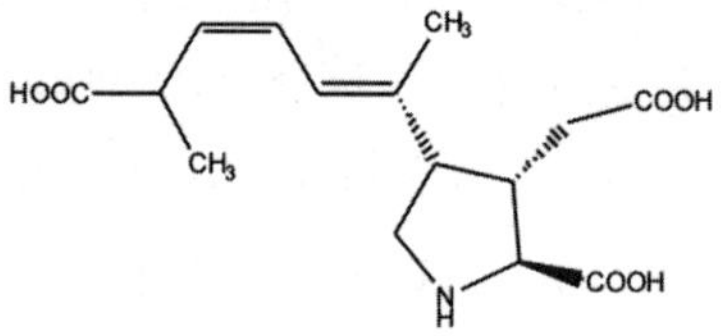

isodomoic acid F

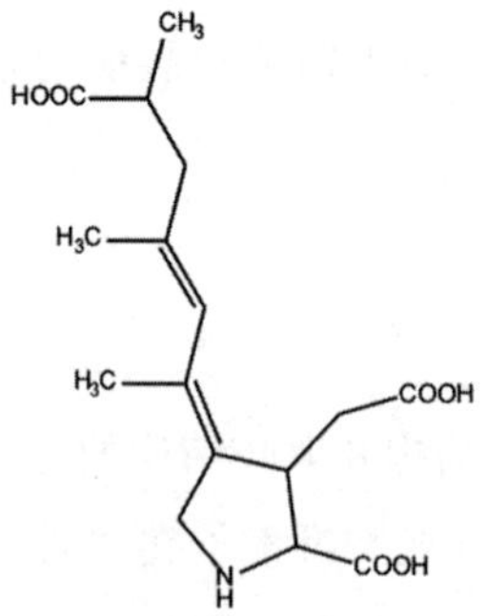

isodomoic acid G

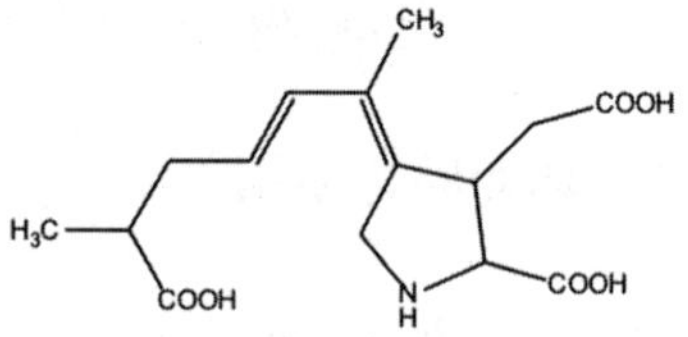

isodomoic acid H

图 4-7 已鉴定的软骨藻酸组的化学结构

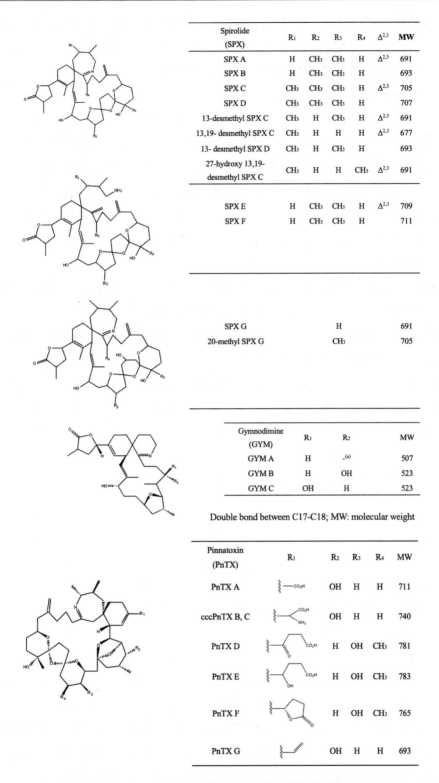

Spirolide (SPX)	R₁	R₂	R₃	R₄	Δ²,³	MW
SPX A	H	CH₃	CH₃	H	Δ²,³	691
SPX B	H	CH₃	CH₃	H		693
SPX C	CH₃	CH₃	CH₃	H	Δ²,³	705
SPX D	CH₃	CH₃	CH₃	H		707
13-desmethyl SPX C	CH₃	H	CH₃	H	Δ²,³	691
13,19- desmethyl SPX C	CH₃	H	H	H	Δ²,³	677
13- desmethyl SPX D	CH₃	H	CH₃	H		693
27-hydroxy 13,19-desmethyl SPX C	CH₃	H	H	CH₃	Δ²,³	691
SPX E	H	CH₃	CH₃	H	Δ²,³	709
SPX F	H	CH₃	CH₃	H		711
SPX G			H			691
20-methyl SPX G			CH₃			705

Gymnodimine (GYM)	R₁	R₂	MW
GYM A	H	_(a)	507
GYM B	H	OH	523
GYM C	OH	H	523

Double bond between C17-C18; MW: molecular weight

Pinnatoxin (PnTX)	R₁	R₂	R₃	R₄	MW
PnTX A	—CO₂H	OH	H	H	711
cccPnTX B, C	CO₂H / NH₂	OH	H	H	740
PnTX D	CO₂H (keto)	H	OH	CH₃	781
PnTX E	CO₂H (hydroxy)	H	OH	CH₃	783
PnTX F	lactone	H	OH	CH₃	765
PnTX G	vinyl	OH	H	H	693

图 4-8 已鉴定的部分环亚胺毒素组的化学结构

CIs 被称为速效毒素，因为它们在小鼠腹腔内生物测定中会导致快速死亡[40]。尽管已经有一些关于它们的毒性的评论，但没有关于慢性毒性数据的进一步资料，也没有报告人类在食用含有 CIs 的贝类后发生不良反应。

13-desmethyl /SPX-C、SPX-C 和 20-methyl SPX-G 是静脉注射后毒性最强的 SPXs，LD50 值为 6.9~8.0 μg/kg 体重[41]。在小鼠中描述的神经毒性症状包括在接受致死剂量的 SPXs 后 3~20 min 内出现腹部呼吸困难、收缩、震颤和死亡[42]。另一方面，腹腔注射的 GYM-A 对小鼠具有较强毒性，LD50 值为 8~96 μg/kg 体重。在这种情况下，所描述的神经毒性症状包括多动症、跳跃、瘫痪、后腿伸展，以及在注射 15 min 后死亡[41]。据报道，GYM-A 的类似物毒性是 GYM-B 的 10 倍[43]。而对于 PnTX-E 和 F，LD50 值分别为 23 μg/kg 体重和 60 μg/kg 体重，是所有 CIs 类毒素中的最低值[40]。

SPXs 和 GYMs 的神经毒性机制都是基于对毒菌碱（mAChRs）和烟碱乙酰胆碱受体（nAChRs）的抑制[41,44]，其中，GYM 的抑制作用是可逆的[45]。此外，最近的一项研究指出，SPXs 的毒性是由于其对不同外周和中枢 nAChRs 亚型具有较强的抑制能力[46]。目前没有关于其他 CIs 类毒素作用机制的数据，但普遍认为 PnTXs 也以 nAChR 为靶点[47,48]。另一方面，目前仍缺乏关于 SPXs、GYMs 或 PnTXs 在动物或人体内的吸收、分布或排出的信息[40]，但根据口服药物的信息[41,49]表明，这些化合物是通过肠道到达不同器官的地方被吸收的[50]。

4.2　赤潮生物毒素的分布和影响

4.2.1　西加鱼毒素

西加鱼毒素（CTX）中毒是全球最普遍的与植物毒素相关的海产品中毒事件，每年可影响 10 000~50 000 人。然而，西加鱼毒素中毒事件的年度统计仍有巨大差异，其实际影响存在不确定性[51]。

全球获取 CTX 发病率的途径主要受到两个方面的阻碍。首先是缺乏诊断标准并且医务人员对 CTX 症状缺乏认识，尤其是在 CTX 的非流行地区。这导致在临床和公共卫生统计过程中对 CTX 进行误诊和错误分类，进而引发对 CTX 流行率和发生率的估计不准确[52,53]。造成 CTX 流行率低估的第二个原因是大多数受影响地区向国家卫生组织报告的 CTX 病例偏低。在加勒比群岛，只有 0.1% 甚至更少的 CTX 患者会咨询医生[54]，而在南太平洋，报告的 CTX 病例可能只占实际病例的 20%[55]。报告缺乏的诸多原因中，其主要原因有：消费者没有认识到或寻求 CTX 治疗；即使在

CTX 流行国家或地区，医疗专业人员对 CTX 事件的报告仍是自愿性质的。

据报道，2008 年前后，太平洋、加勒比和东亚/东南亚地区的 CTX 中毒率很高。在太平洋地区，每年的数据主要是通过实施南太平洋流行病学和健康信息服务（SPEHIS）获得的。虽然这一系统最初在收集 CTX 数据方面是成功的，但由于提供数据是自愿性的，许多受 CTX 影响的国家和地区未能提供准确而完全的数据。因此，在过去十年中，太平洋地区收集的 CTX 数据明显减少。迄今为止，太平洋地区 CTX 事件的准确记录主要分布在法属波利尼西亚、澳大利亚和夏威夷等地。

4.2.2　腹泻性贝类毒素

西欧是世界上腹泻性贝类毒素（DSP）发病率较高的地区，因为每年不同种的鳍藻在此地区广泛分布，当贝类中的 DSP 超过 160 μg OA eq/kg 贝肉时，受污染的贝类将被禁止捕捞。这些禁令可能会在每个地区的贝类养殖场热点地区持续 6 个月以上，特别是在西班牙[56]、葡萄牙[57]、爱尔兰[58]、法国[59]、瑞典[60]以及挪威[61]。2002 年，俄罗斯的贻贝体内首次发现了低浓度的 DTX1 和少量的 OA，这被认为与 *Dinophysis acuminata* 和 *D. norveica* 的暴发有关。尽管毒素含量远低于监管限值，但考虑到该地区此前没有监测到 DSP 毒素，可以认为，DSP 毒素对该地区沿海人口的公共健康构成了新威胁[62]。*D. acuminata* 和 *D. norveica* 是整个波罗的海夏季浮游生物群落的常见藻种[63]，这些藻种通常在夏季晚期达到最大密度[64]，而 *D. acuta* 只出现在波罗的海盐度较高的南部地区。

爱琴海北部 Thermaikos 湾、中部 Maliakos 湾和南部 Saronikos 湾的所有贝类养殖场都曾发生过由 *D. ovum*（*D. cf acuminata*）引起的 DSP 中毒事件，在受污染的贝肉中检测出游离的 OA 及其衍生物[65,66]。此外，OA、PTX2 及其衍生物被认为是法国科西嘉岛养殖场的 DSP 事件中的主要毒素[67]。在意大利西西里岛，细胞毒素含量较低的 *D. sacaculus* 频繁发生赤潮，引发 DSP 中毒[68]。在俄罗斯黑海东北海岸的贻贝中发现了 OA、DTX1 和 PTX2 的痕量污染，与 *D. caudata* 和 *Prorocentrum rotundatum* 的大量繁殖有关。

日本是西太平洋地区受 DSP 影响最严重的国家。日本 DSP 毒素的分布呈现出空间异质性，在北海道最北端的岛屿和本州北部的大部分沿海水域，特别是在东北的东海岸，扇贝中的 DSP 毒素含量经常高于监管限值。而贻贝和其他双壳贝类受到的影响较小。与此对应，在九州岛最南端或四国沿海水域从未报告过高于监管限值的 DSP 毒素水平。

自 20 世纪 90 年代末以来，DSP 毒素的发生率和分布在中国不同种类贝类中的分布情况均已报道，略高于 160 μg OA eq/kg 贝肉的监管限值[69]。研究显示，中国贝类中存在高浓度的脂溶性毒素，但直到 2011 年，引发人体中毒的 DSP 事件才首次得到报道，在浙江和福建，有 200 多人在食用紫贻贝（*Mytilus galloprovincialis*）后出现 DSP 中毒症状。对该事件中的贻贝进行的 LC-MS/MS 分析显示，其体内 OA 和 DTX1 浓度高达欧盟监管限值的 40 倍[70]。此次中毒事件暴发的产毒种为 *D. acuminata*，且在东海地区也发现与 *D. caudata* 有关 DSP 中毒事件[71]，在黄海地区 *D. acuminata* 和 *D. fortii* 细胞的 LC-MS/MS 分析中也发现了 DSP 毒素，这两个藻种分布在从渤海到南海的所有中国沿海水域。南海常见的藻种 *D. miles* 和 *P. mitra* 对贝类中 DSP 毒素积累的贡献尚不清楚，但 *D. miles* 和 *D. caudata* 已被发现含有 OA 和 DTX1。

4.2.3　虾夷扇贝毒素组

1986 年，虾夷扇贝毒素（yessotoxins，YTXs）首次从日本陆奥湾（mutsu bay）的虾夷扇贝消化腺中被提取分离出来，经鉴定结构后，根据其来源命名为虾夷扇贝毒素[72]。目前，已知能产生 YTXs 的有毒藻主要有 3 种：网状原角藻（*Protoceratium reticulatum*）、多边舌甲藻（*Lingulodinium polyedrum*）和具刺膝沟藻（*Gonyaulax spinifera*）[73]。在全球范围内，在世界各地许多沿海地区的双壳贝类中都发现了 YTX，包括在新西兰[74]、美国[75]、比利时[76]、法国[77]、挪威[78]和中国[79]。虽然在世界范围内广泛报道了存在 YTX 污染的双壳贝类，且某些污染严重的贝肉中检出的 YTX 水平远高于欧盟监管限值，但目前还没有 YTX 引起人体中毒的案例报道。此外，对于 YTX 中毒的综合症状描述尚不明确，大多数 YTX 类似物的具体效力亦不清楚。在一项对小鼠测试 OA 和 YTX 协同效应的研究中，小鼠在毒素暴露后产生瘤变，表明食用受污染的贝类可能产生长期的协同风险[80]。

4.2.4　麻痹性贝类毒素

几种能产生 PSP 毒素的产毒亚历山大藻在北欧水域较为常见。其中 *Alexandrium catenella*、*A. ostfeldii* 和 *A. minutum* 是 PSP 毒素最主要的产毒藻，在该地区具有较长的历史分布记录。

第一份关于瑞典 PSP 事件的报告是在 1987 年，斯卡格拉克海岸的贻贝（*M. edulis*）在 5 月底至 7 月初期间的 PSP 水平超过了监管限值（800 μg STX eq/kg）。1988 年和 1997 年也发生过 PSP 水平高于监管限值的事件。2010—2017 年，斯卡格拉克地区有几次关于 PSP 毒素水平升高的报告，最高 PSP 毒素含量为 36 μg STX eq/kg 贝肉，产毒藻为 *A. catenella*。挪威报告的第一次 PSP 中毒事件发生在 1901 年，在奥斯陆有两人因食用受污染的贝类而死亡[81]。自 1987 年起，来自挪威的贝类中经常记录到远高于监管限值的 PSP 毒素水平，2010 年的挪威北部海域、2011 年的挪威南部海域以及 2017 年的挪威海域的贝肉中发现了高浓度的 PSP 毒素，产毒藻为 *A. catenella*。

在过去的 20 年里，PSP 毒素每年都会在美国的东西海岸暴发。在东部，PSP 毒素从长岛北部一直延伸美国与加拿大的边境，而在纽约和新泽西附近则鲜有相关记录。除了佛罗里达州的产毒藻是 *Pyrodinium bahamense*。在西海岸，从阿拉斯加到加利福尼亚都有 PSP 毒素分布记录。PSP 中毒事件在新英格兰和沿加利福尼亚、俄勒冈和华盛顿海岸的分布在过去的 20 年中没有显著变化。在佛罗里达州，有毒的 *P. bahamense* 在 2002—2007 年期间首次出现在东海岸，然后在 2008—2012 年期间出现在西海岸[82]。

地中海地区的 PSP 事件最开始被认为由 *A. tamarense* 引发[83]，然而，随后的实验证明此地区的 *A. tamarense* 藻种不产生 STX 毒素[84]。因此，地中海地区 PSP 的产毒藻被更正为 *A. minutum* 或 *A. pacificum*[85,86]。地中海地区首次记录的大量鱼类死亡事件发生在埃及[87]，随后，*A. minutum* 引发了大范围鱼类和贝类的禁捕，包括法国[88]、西班牙[89]、意大利[90]。2000 年以后，*A. minutum* 引发的此类事件仅在少部分地区海岸发生[88,91]。*Gymnodinium catenatum* 于 1987 年在西班牙南部首次被报道[92]，并在随后的 1994 年引发了地中海地区最严重的 PSP 毒素中毒事件，导致 23人住院治疗，4 人死亡[93]。水体中高浓度的 *G. catenatum* 在过去的 30 年中导致西班牙沿岸贝类养殖场的频繁关闭，造成不可忽视的潜在风险。

4.2.5　神经性贝类毒素

神经性贝类毒素（NSP）主要指 BTXs 毒素，在墨西哥湾、佛罗里达、西印度群岛和新西兰海域等常引起中毒事件，是地区性疾病，在这些地区 *Karenia brevis* 暴发更为普遍，尽管从未有死亡记录。在欧盟，NSP 毒素仍然没有被纳入监管，因为缺乏关于该毒素动物毒性和人类疾病的定量数据。

美国得克萨斯州第一次有记录的 NSP 事件发生在 1935 年，导致鱼类大量死亡。此次事件与 1948 年发生在佛罗里达州的 NSP 事件被归因于 *K. brevis* 的大量繁殖[94]。在此之间，加尔维斯顿湾地区[95]报告了 NSP 中毒事件。1955 年，在墨西哥和得克萨斯州南部也发生了严重的鱼类死亡事件。佛罗里达西南部几乎每年都会受到 NSP 毒素影响的地区，持续时间可达数月至数年，导致贝类禁止捕捞、海洋哺乳动物和鱼类死亡，并对经济造成负面影响[96,97]。2006 年，美国暴发了严重的 NSP 毒素中毒，至少产生了 20 例中毒事件，主要与食用蛤蜊有关[98]。1996 年，墨西哥湾北部发生了第一次与 NSP 相关的 *K. brevis* 藻华[99]，导致路易斯安那州西部的贝类被禁止捕捞。此后，在海湾北部很少发现 K. brevis 藻华[100]。在 1987 年和 1988 年，佛罗里达州西南部的一次藻华将 K. brevis 细胞带入了北卡罗来纳州的海岸和河口水域[101]，并有对人体皮肤、眼睛和呼吸道产生刺激的报告以及 48 例 NSP 中毒病例，这是美国有记录以来最大的 NSP 中毒事件。

4.2.6 记忆缺失性贝类毒素

记忆缺失性贝类毒素（ASP）主要指软骨藻酸（DA）。截至目前，已在地中海发现了能产生 DA 的拟菱形藻 15 种。地中海沿岸常发生拟菱形藻的季节性赤潮，其丰度可达数百万个细胞每升[102]。尽管如此，ASP 仅导致西班牙南部和法国少部分的养殖区关闭[103]。低于监管限值水平的 DA 在亚得里亚海[104,105]、希腊[106]，以及第勒尼安海域贝类中偶有检出[107]。在克罗地亚海岸[108]、里雅斯特湾[109]和突尼斯 Bizerte 潟湖[110]，双壳贝类中 DA 的存在与 Pseudo - nitzschia calliantha 的分布有关[110]。Nitzschia bizertensis 是已知的两种产生 DA 的拟菱形藻种之一。Bouchouicha - Smida 等发现该藻种的存在与贻贝中 DA 的分布存在相关性[111]。

Hasle 等首次报道了拟菱形藻在北大西洋 Skagerrak 及附近海域的总体分布和藻种多样性，包括 P. pungens、P. multiseries、P. seriata 等 7 种藻种被发现[112]。在加拿大，食用受 DA 污染的加拿大大西洋贻贝造成了严重的神经损伤，甚至死亡。美国西海岸也发现了海洋哺乳动物和鸟类因 DA 污染死亡。此外，DA 在阿拉斯加哺乳动物中广泛存在[113]。除了摄入 DA 引起海洋哺乳动物急性中毒外，慢性中毒综合征也有相关报道[114]。DA 在多种海洋生物中积累，包括从桡足类和磷虾、海螺、头足类和多毛类转移到海鸟、鱼类和海洋哺乳动物[115]。甚至在深海鱼类凤尾鱼中也发现了 DA 的存在[116]，这表明尽管在双壳贝类中观察到超过监管限值的 DA 并不常见，但拟菱形藻有毒藻华的后果可能很严重[117]。巨海扇蛤（Pecten maximus）的 DA 污染在北欧的养殖区经常发生[118,119]。这主要是因为 P. maximus 保留 DA 的时间非常长（可长达几个月）。如果 P. maximus 的捕获量继续增加，则可能进一步对 DA 的监管造成影响。

在北美，DA 作为藻毒素的发现相对较晚[120]。1987 年，加拿大东部报道第一起 DA 中毒事件后不久，1991 年，DA 污染引发了美国加利福尼亚州的海鸟中毒疾病并死亡[121]。时至今日，ASP 仍在美国西海岸造成贝类禁止捕捞、海洋哺乳动物和鸟类死亡。2015 年，美国西海岸发生的大规模沿海藻拟菱形藻华导致海水、贝类和鱼类中 DA 浓度达到历史最高，并伴随大量的海洋哺乳动物和鸟类死亡[122,123]。与美国西海岸反复发生的事件相反，墨西哥湾和美国东海岸分别在 2013 年和 2016 年首次报道了 DA 引起的贝类禁止捕捞事件。2016 年，有毒拟菱形藻种和 DA 在缅因湾的分布得到确认，与该地区多年监测后首次观察到的 *P. australis* 相一致[115,124]。

4.2.7　环亚胺毒素组

近些年，CIs 毒素在全球蔓延趋势相当严重，主要存在大西洋北岸的贝类和浮游生物中，包括加拿大、美国[125]、丹麦、挪威[126]、法国、爱尔兰和苏格兰[127]。SPXs 最早于 20 世纪 90 年代初在加拿大大西洋海岸的贻贝（*Mytilus edulis*）和扇贝（*Placopecten magellanicus*）的消化腺中发现。此后，CIs 的分布逐渐广泛，13-desmethyl spirolide C（SPX-13）是最广泛的类似物。在欧洲南部和北部共检测到 16 个 SPX 类似物。所有这些毒素都被证明是贝类通过摄食微藻在体内积累的，它们在贻贝、蛤蜊和鸟蛤中很常见。虽然在全球各地 CIs 均有检出且某些地区含量很高，但到目前为止，尚无确诊的人体中毒病例。SPXs 的某些中毒症状不具有特异性，不能仅凭症状进行辨认。Richard 和 Munday 等指出人体食用含有 gymnodimine（GYMs）毒素的贝类（污染浓度未报道）无不良影响[49]。Ji 等在我国北部湾贝类样品种检测出 GYM-A 和 SPX1，毒素污染处于较低水平[128]。

20 世纪 90 年代初，从新西兰的牡蛎（*Tiostrea chilensis*）中首次检测到 GYMs[129]，并最早从 *Karenia selliformis* 中分离得到 GYM-A。此后，两种类似物 GYM-B 和 GYM-C 也从 *T. chilensis* 中被发现[130,131]。迄今为止，已经发现了 8 种 GYM 类似物[132]。最近的研究表明，GYMs 与 SPXs 可能来自同一种产毒藻[133]。这表明，在 *K. selliformis* 和 *A. ostfeldii* 之间存在产生这些毒素的共同生物合成途径[129]。在各地的紫贻贝（*M. galloprovincialis*）、牡蛎（*T. chilensis*）、扇贝（*P. novaezelandiae*）和文蛤（*Ruditapes decussatus*）中都发现了产毒藻[129,133]。在欧洲，最近首次在意大利贻贝中发现了 GYM-A[132]，此外，在北大西洋沿岸的几种软体动物中也首次发现了 GYM-A 包括紫贻贝（*M. galloprovincialis*）、海蛤（*Cerastoderma edule*）和牡蛎（*Magallana gigas* 和 *Ostrea edulis*）[134]。

4.3　赤潮生物的产毒特性

4.3.1　腹泻性贝类毒素产毒藻

腹泻性贝类毒素（DSP）一般包括 OA 及其衍生物 DTXs 和 PTXs。产生 DSP 的藻类约 20 种，主要为鳍藻属种类，有渐尖鳍藻（*Dinophysis acuminata*）、尖锐鳍藻（*D. acuta*）、具尾鳍藻（*D. caudata*）、倒卵形鳍藻（*D. fortii*）、帽状鳍藻（*D. mitra*）、挪威鳍藻（*D. norvegica*）、卵形鳍藻（*D. ovum*）、*D. sacculus*、三角鳍藻

（*D. tripos*）、矛形鳍藻（*D. hastata*）和 *D. infundibulus* 10 种，以及钝圆秃顶藻（*Pha-lacroma rotundatum*）和利马原甲藻（*Prorocentrum lima*）、慢原甲藻（*P. rhathymum*）、凹形原甲藻（*P. maculosum*）、伯利兹原甲藻（*P. belizeanum*）、雷德菲尔德原甲藻（*P. redfieldi*）、福斯特原甲藻（*P. faustiae*）、光泽原甲藻（*P. leve*）和霍夫曼原甲藻（*P. hoffmannianum*）9 种底栖甲藻。一般认为，食物来源、种类和质量，及温度和光照可能是影响鳍藻产毒的主要因素，而营养限制和温度是影响原甲藻产毒的主要因素。

鳍藻（*Dinophysis* spp.）是兼性异养生物[135]，需摄食红色中缢虫（*Mesodinium rubrum*）来获得并维持其光合作用的"质体"（plastid），而红色中缢虫体内的质体则通过摄食隐藻（*Teleaulax/Plagioselmis/Geminigera*，TPG 进化分枝）来获得。由此，鳍藻通过两次的质体传递，将隐藻细胞内的质体保存在自身细胞内，进行光合作用[136]。摄取食物的过程中，红色中缢虫为鳍藻提供了主要的营养元素（C、N 和 P）和关键的生长因子（维生素、氨基酸和脂肪酸等）[137,138]。

鳍藻的产毒存在种间、地域和季节差异。如来源于日本的渐尖鳍藻可以产生较高的 DTX1 和 PTX2[139]；而来源于美国北部的渐尖鳍藻仅产生痕量的 OA，少量的 DTX1 和相对高含量的 PTX2[140,141]；分离于中国大连海域的渐尖鳍藻，产生的 OA、DTX1 和 PTX2 的毒素含量与其他国家海域相比，DTX1 的毒素产量较低，而 OA 和 PTX2 的毒素产量持平[142]；采自墨西哥湾的渐尖鳍藻藻株仅产生 OA 毒素，其单细胞 OA 毒素产量是其他北美株的 10 倍左右；采自智利的藻株仅产生 PTX2[143]。秘鲁北部可能存在两种形态的渐尖鳍藻复合株（*D. acuminata* species complex），一种可产生 OA 和 PTXs，另一种只产生 PTXs[144]。

当然，环境因子也可以控制和影响 DSP 产毒藻的毒素产量。高温下鳍藻的生长率增加，生物量扩大，从而在培养液中积累的毒素量增多，进一步增加贝类中毒事件的可能[145]。温度不大于 17℃时，渐尖鳍藻在指数生长早期毒素产量最高；温度不小于 20℃时在稳定期后期毒素产量最高[140,146]；不同生长期的鳍藻，其产毒量和产毒率有显著差异[140,141,147]；光照是鳍藻生长和产毒的必要条件，但在一定光照范围内，鳍藻的生长和产毒并没有显著差异[140,141,148,149]。此外，铵盐、有机氮如谷氨酰胺和来自污水处理厂的高分子量有机物，可促进渐尖鳍藻细胞生长[150]，红色中缢虫破碎液能增强渐尖鳍藻的毒性[151]。同时，溶解态无机氮（DIN）会被食物红色中缢虫的吸收，而间接影响到鳍藻的生长和产毒[152]；体积大、营养充足的红色中缢虫可使渐尖鳍藻的生长速度加快，生物量增加，DSP 毒素产量增加。体积小、营养缺乏的红色中缢虫使得渐尖鳍藻密度降低，但单细胞 DSP 毒素含量增加[153]；红色中缢虫的营养成分也可造成鳍藻毒素产量的改变，N 限制或 P 限制的红色中缢虫喂食鳍藻后，其 DSP 毒素产量增加。

对于光合作用的利玛原甲藻 Prorocentrum lima，营养限制导致其生长受限，促使细胞的 DSP 产毒能力增加，即培养基中营养盐越少，单位细胞 OA 的含量越高。硝态氮（NO_3^-）和尿素，比氨氮（NH_4^+）更有利于该藻的生长，NO_3^- 相对于尿素和 NH_4^+ 更有利于胞内毒素的合成[154]，而且利玛原甲藻的生长与 NH_4^+ 浓度呈负相关[155]；当培养基中的氮营养盐（NO_3^- 与 NH_4^+）含量较低，处于限制水平时，细胞产 OA 量显著增加。不同形态的磷源也会影响利玛原甲藻的产毒，在 ATP 为唯一磷源时其产毒相对最低，而当 β-甘油磷酸钠为唯一磷源时其产毒相对最多[154]，当磷处于限制水平时，利玛原甲藻产毒量增加[156]。温度也是利玛原甲藻生长与产毒的重要影响因子。利玛原甲藻产毒在 20℃ 条件下较为活跃，而温度范围为 5~15℃ 时，胞外 OA 毒素含量与温度呈正相关[157]。光暗周期对利玛原甲藻产毒也有显著的影响，当光周期时长从 12 h 延长至 16 h 时，利玛原甲藻的 OA 和 DTX1 产量均显著降低[158]，当光周期时长缩短为 8 h，利玛原甲藻产毒最为活跃[159]。

4.3.2　虾夷扇贝毒素产毒藻

虾夷扇贝毒素（YTXs）主要是由膝沟藻科（Gonyaulacaceae）的网状原角藻（Protoceratium reticulatum）、多边舌甲藻（Lingulodinium polydrum）、具刺膝沟藻（Gonyaulax spinifera）以及 Gonyalux taylorii 产生[160]。这些藻类具有相似的外形，即细胞球形或多边形。而网状原角藻被认为是 YTXs 的主要生产者。

网状原角藻壳面具有显著的网状花纹，且在网纹中央有气孔分布。网状原角藻能形成具有刺毛的孢囊。不同地理环境下的藻种产毒能力及所产毒素种类存在差别，并不是所有的网状原角藻都能产生 YTXs。自从发现网状原角藻是 YTXs 的主要生产者后，陆续在日本的部分海域[161,162]、意大利的亚得里亚海[163]、挪威[164]以及西班牙的部分海域[165]发现了产生 YTXs 的网状原角藻。

多边舌甲藻主要存在于亚热带海域，曾经造成西班牙的加利西亚省[166]以及俄罗斯黑海[167]的贝类中 YTX 及 homoYTX 毒素的累积。

具刺膝沟藻具有很多不同形态的孢囊[168]，因此有研究者认为，该藻还可再进一步细分。具刺膝沟藻分布范围很广，从极地到热带海域均有分布。新西兰分离到的 8 株具刺膝沟藻经 ELISA 分析，有 3 株可以产生高浓度的 YTXs[169]。2003 年，俄罗斯海域贝类体内检测到 YTXs 污染，经证实由具刺膝沟藻和多边舌甲藻造成[167]。

尽管网状原角藻可生成多种 YTXs 毒素，大多数藻株以 YTX 作为毒素的主要成分，少部分 homoYTX 为主要产物[162]。此外，不同地理株产毒藻的产毒特征不同，这与种内遗传变异和培养环境以及毒素提取方法有关[170]。在软体动物体内也鉴定出多种 YTX 衍生物，其中最常见的是 45-OH-YTX，其次是羧基化的 YTX。软体动物体内的 YTX 代谢结果表明，YTX 以及 homoYTX 很有可能在贝体内转化成 45-OH-YTX 以及 45-OH-homo-YTX[171]。近年来的研究发现，在软体动物体内，YTX 可快速被氧化成 45-OH-YTX 和 carboxy-YTX。因此，45-OH-YTX 和 carboxy-YTX 是软体动物体内 YTXs 的主要成分[172]。

4.3.3 麻痹性贝类毒素产毒藻

目前已确定产生 PSP 毒素的海洋藻类主要为亚历山大藻属（*Alexandrium* spp.），有链状亚历山大藻（*Alexandrium catenella*）、塔玛亚历山大藻（*A. tamarense*）、微小亚历山大藻（*A. minutum*）、奥氏亚历山大藻（*A. ostenfeldii*）、塔米亚历山大藻（*A. tamiyavanichii*）、安德森亚历山大藻（*A. andersonii*）、太平洋亚历山大藻（*A. pacificum*）、相近亚历山大藻（*A. affine*）、*A. cohorticula*、泰勒亚历山大藻（*A. taylorii*）、巴哈马梨甲藻（*Pyrodinium bahamense*）和链状裸甲藻（*Gymnodinium catenatum*）12 种。

盐度会影响亚历山大藻对营养的摄取和生理代谢活动。目前关于亚历山大藻产毒的合适盐度研究发现，*A. excavatum*（后更名为 *A. catenella*）细胞内 PSP 毒素含量随盐度的增加而增加，盐度能促进 PSP 毒素的合成。同时，*A. tamarense* 细胞最高毒素含量出现在高盐度条件[173]。但也有研究发现，高盐度抑制 *Pyrodinium bahamense* 的 PSP 毒素产量，而有些产毒藻产生 PSP 毒素不受盐度的影响[174]。如 Lim 等研究发现在 *A. minutum*，*A. tamiyavanichii* 和 *A. tamarense* 中，PSP 毒素含量随盐度升高而降低，而在 *A. peruvianum*（后更名为 *A. ostenfeldii*）中，随盐度升高毒素含量有增加趋势[175]。

温度对 PSP 产毒藻的影响目前结论较为一致：较高的温度能提高生长速度但会降低毒素产量。即细胞分裂与毒素合成是两个相互竞争的过程。在亚历山大藻中，发现高温时细胞毒素含量降低而生长速率增加。Usup 等研究 *Pyrodinium bahamense* 时发现提高温度会导致毒素含量下降，分析原因可能是增加细胞分裂速度而导致毒素合成减少[176]。Anderson 等指出在低温状态下 PSP 毒素含量增加反映了胞内氮，特别是精氨酸的分配的不平衡，在低温下更倾向于合成毒素而不是胞内蛋白[174]。

光对于甲藻生长和产毒是至关重要的。Ogata 等指出光合作用对 *A. tamarense* 藻产毒是必需的，因为 PSP 毒素合成所需的能量是来自于光合作用过程中所消耗的碳源（如醋酸和氨基酸）及富能中间体（如 ATP）[177]，可见光强是 PSP 毒素产生的必要条件。

在氮磷比例变化时，随着氮磷失调的比例变大，亚历山大藻仍然能稳定地的产毒，产毒能力呈规律性曲线形式波动。*A. tamarense* 在氮磷比为 1∶3、4∶1 时，产毒能力较强，产毒变化的累积效应明显，产毒能力随世代增加递增；*A. minutum* 在氮磷比 1∶4、4∶1 时，产毒能力较强，随藻世代增加，产毒变化的累积效应变和缓，产毒能力整体随世代增加变弱，可推断 *A. minutum* 对氮磷比例失调条件的适应能力，弱于 *A. tamarense*；通过产毒藻对氮磷营养盐吸收情况的分析，当氮磷比例失调时，即营养限制直接影响藻的产毒能力，而过量的营养盐，产毒藻对其吸收量虽然成线性增加，但没有影响其细胞产毒能力[178]。

4.3.4　记忆缺失性贝类毒素产毒藻

产生软骨藻酸 DA 的藻类主要为硅藻和大型海藻，其中浮游硅藻种类集中在拟菱形藻属、菱形藻属和海双眉藻属，包括澳洲拟菱形藻（*Psudo-nitzschia australis*）、巴西拟菱形藻（*P. brasiliana*）、尖细拟菱形藻（*P. cuspidata*）、柔弱拟菱形藻（*P. delicatissima*）、福氏拟菱形藻（*P. fukuyoi*）、柯氏拟菱形藻（*P. kodamae*）、多列拟菱形藻（*P. multiseries*）、多纹拟菱形藻（*P. multistriata*）、拟柔弱拟菱形藻（*P. pseudodelicatissma*）、尖刺拟菱形藻（*P. pungens*）、成列拟菱形藻（*P. seriata*）、模仿拟菱形藻（*P. simulans*）等 26 种拟菱形藻，比塞大菱形藻（*Nitzschia bizertensis*）、菱形藻（*Nitzschia navis-varingica*）、咖啡海双眉藻（*Halamphora coffeaeformis*）等种类也可产生 DA。

拟菱形藻不同种的产毒能力差异较大，与细胞大小、环境条件等关系密切，且同种拟菱形藻不同藻株间的产毒差异较大[179]。DA 产生与拟菱形藻生长周期的不同阶段密切相关，这可能是由于藻细胞生长引起的周围环境的物理化学参数的变化所导致的。对产毒藻 *P. multiseries* 和 *P. seriata* 的研究结果表明，DA 开始产生于指数后期，并在稳定期大量累积[180]。与之相反的是，*P. australis* 一般在指数期产生 DA，但在稳定期并不产生 DA[181]。

目前，DA 的产生机制尚不清楚。温度对产毒拟菱形藻的生长及细胞内 DA 的产生存在显著影响，而温度的影响，与藻细胞对环境温度的适应时间、温度和盐度之间的相互作用以及光照强度等因素相关。例如，当生长在最佳盐度时，*P. cuspidata* 可以耐受更宽的温度范围。同样，*P. pseudodelicatissima* 在 25℃ 时达到最高生长速率[182]。盐度对 DA 产生的影响研究较少。*P. multiseries* 在 3 种盐度（20、30 和 40）下生长率最大，但在低盐度（10）时下降约一半；在高盐度（30 和 40）下，细胞内 DA 含量最大，是低盐度（10 和 20）细胞中 DA 含量的 3~7 倍，这很可能是由于 *P. multiseries* 以 DA 毒素产量为代价换取在低盐度（20）下的高生长率[183]。同时，细胞通过光合作用产生的能量在高盐度的情况下部分转而用于细胞 DA 的生产，而所产生的大量 DA 则用于维持细胞渗透压的平衡，这可能是 P. multiseries 在高盐度下细胞生存所需的一种策略[183]。

通过光合作用获得的代谢能量是某些产毒藻 DA 产生的必要条件[184]，因此需要辐照来满足这种能量需求。对于 P. multiseries 而言，细胞产生 DA 至少需要光照强度 100 μmol/（$m^2 \cdot s$）。P. australis 在 115 μmol/（$m^2 \cdot s$）光照下其 DA 产量是 12 μmol/（$m^2 \cdot s$）下的 24~130 倍[185]。Fehling 等发现在长光周期（L：D=18：6）下 P. seriata 比在短光周期下（L：D=9：15）的具有更高的生长率和 DA 产量[186]，在黑暗条件下，P. multiseries 不能产生 DA[187]。然而，在硅限制条件下，P. multiseries 细胞内 DA 的含量在黑暗周期中却增加了[188]。紫外线 UV-A 照射增强了 P. australis 的生物量，而 UV-B 照射则抑制 P. australis 的生物量，这为 P. australis 在 UV-A 暴露下提供了竞争优势。

DA 在 P. multiseries[189] 和 P. seriata[190] 中的产生与培养基硅酸盐和磷酸盐有关，硅限制可能导致 P. australis 细胞内的 DA 的产生[191]，提高了 P. multiseries 的叶绿素 a 含量，但其光合作用效率降低、脂质含量减少[192]，可能由于产生的 DA 和脂质具有共享的前体（如乙酰辅酶 A），此时前体被用于 DA 产生而不是脂质的合成[184]。磷限制也促进了 P. multiseries 的细胞内 DA 含量[193]。拟菱形藻具有利用各种氮源的能力。由于 DA 是一种特殊的氨基酸，因此它的合成需要氮。氮限制导致 P. multiseries 细胞数量的减少，且失去产生 DA 的能力[190] 或产生较低水平的 DA[194]。P. calliantha、P. fraudulenta 和 P. multiseries 3 种拟菱形藻，同种不同株之间产毒特性存在差异，有些藻株产毒与氮源有关，有的则无关[195]。P. australis 可优先摄取硝酸盐，其次是谷氨酰胺和尿素。在以尿素作为氮源时 P. australis、P. multiseries 和 P. pungens 的 DA 产量最高[196]，同时，将 Tris 缓冲液添加到 P. multiseries 中可增加 DA 的产量[196]。

4.3.5　神经性贝类毒素产毒藻

神经性贝类毒素（NSP）中毒被证实与短凯伦藻 Karenia brevis 产生的短裸甲藻毒素（BTXs）密切相关[197]。K. brevis 细胞毒素产量与藻株之间基因差异有关。Hardison 等研究了氮限制条件下，5 株 K. brevis 的产毒变化。结果表明，5 株藻所产 BTX 均显著升高，而产毒差异主要体现在藻株间的细胞体积上[198]。磷限值条件下，K. brevis 的单细胞 BTX 含量比营养充足条件下高 2.3~7.3 倍，在营养充足时，BTX 的细胞碳含量百分比（%C-BTX）约为 0.7%~2.1%，而在磷限制条件下增加到 1.6%~5%[198]，因此，BTX 被认为是躲避被捕食的代谢产物，BTX 含量的增加可在营养受限时提高细胞的存活率。

K. brevis 的 BTX 毒素产量在生长到稳定期时水平最高，且毒素产量不稳定。低盐度（20）下 *K. brevis* 的产毒水平比盐度为 30 和 40 时显著最高，达到了 22.0±16.1 pg/cell[99]。

4.3.6　西加鱼毒素产毒藻

西加鱼毒素前驱物为冈比毒素（gambiertoxin），由底栖甲藻冈比亚藻属（*Gambierdiscus*）产生。至 2016 年，全世界共纪录 15 种冈比亚藻（*G. australes*、*G. balechii*/*Gambierdiscus* sp. type 6、*G. belizeanus*、*G. caribaeus*、*G. carolinianus*、*G. carpenteri*、*G. cheloniae*、*G. excentricus*、*G. honu*、*G. lapillus*、*G. pacificus*、*G. polynesiensis*、*G. scabrosus*/*Gambierdiscus* sp. type 1、*G. silvae*/*Gambierdiscus* sp. ribotype 1、*G. toxicus*）以及 5 种冈比亚藻基因型[199]。

冈比亚藻不同种（株）间产毒差异极大，有时差异高达 100 倍。现已发现的冈比亚藻种（株）*G. toxicus* 和 *G. caribaeus* 为低毒性种；*G. australe*、*G. belizeanus*、*Gambierdiscus* sp. ribotype 2 和 *G. pacificus* 为中等毒性种；*G. polynesiensis* 和 *G. excentricus* 为高毒性种。目前有关不同冈比亚藻种（株）毒素和毒性的研究尚不够深入。

4.4　赤潮生物毒素的毒理特性

4.4.1　腹泻性贝类毒素

OA 及其衍生物 DTXs 是酸性毒素。这些化合物是有效的磷酸酶抑制剂并导致参与调节细胞通透性的细胞骨架连接的蛋白质过度磷酸化，导致细胞液流失。OA 及其类似物的靶点被认为是丝氨酸/苏氨酸磷蛋白磷酸酶（PPs），尤其是 PP2A，其次是 PP1 和 PP2B[200,201]。由于紧密连接完整性的改变，它们导致了十二指肠细胞外通透性的破坏[202]。

OA 类毒素引起的症状是腹泻、恶心、呕吐和腹痛，这些症状可能在人类食用受污染的双壳类软体动物后不久发生。OA 致腹泻的确切毒理学机制及其对哺乳动物的后续影响尚不清楚。进一步的毒性机制研究，特别是在蛋白质组学和基因组学水平上的研究，有助于阐明 OA 在体内的确切毒性机制[203]。蛋白质组学分析表明，OA 毒性破坏消化酶系统，影响脂质、氨基酸和糖代谢，导致细胞骨架重组，诱导氧化应激，并干扰肠道细胞信号转导。这些观察结果表明，OA 在肠道中的毒性是复杂多样的，腹泻过程涉及多种蛋白质和生物过程[204]。关于 OA 的作用机制，除上述肠道疾病外，对 PPs 的有效抑制与其急性毒性作用、促肿瘤活性和神经元毒性有关。然而，一些研究表明，支持这种关联的证据非常有限[8]。连接酶抑制和毒性效应的途径尚未被确定，并且在 OA 的毒性效应的严重程度和其抑制活性之间没有比例关系。此外，有人指出，非 PPs 抑制剂的物质可以诱导与 OA 及其衍生物相同的毒性效应，而这些毒性效应在动物体内无法由其他的 PPs 抑制剂重现[8]。

PTXs 是由聚醚内酯组成的中性毒素。PTX-1、PTX-3 和 PTX-6 具有高度肝毒性。PTX-1 能引起肝脏坏死，但不具有腹泻的作用。PTX-2 和 PTX-6 对鼠肝脏损伤的机理是有本质区别的，PTX-2 由于引起循环紊乱而在肝脏下部引起充血；而PTX-6 在肝内引起严重的出血。PTX-6 的这一毒理现象非常类似于用蓝藻毒素 Microcystin-LR 得到的病理结果。

研究显示 PTXs 具有强烈的细胞毒性[205]。最近使用 NG108-15 和 Neuro-2a 细胞的研究也证实了 PTX-2 的细胞毒性，而且 NG108-15 细胞更敏感[206]。基于白血病细胞的实验表明，PTX-2 抑制端粒酶活性，并通过抑制 NF-$_\kappa$B（Nuclear factor-kappa B）快速合成活性而具有抗癌活性[207]。PTX-2 是肌动蛋白抑制剂，因此被建议作为 p53-缺损肿瘤的化学疗法的有效药剂[205]。最近对 PTX-6[208] 和 PTX-2[209] 的研究证实中断肌动蛋白细胞骨架可能是 PTXs 毒素关键的毒理作用功能，尽管在分子水平的作用机制还不清楚。

在动物实验中，PTX-2 具有极高的小鼠腹腔致死毒性，而口服毒性很小或没有，这可能因为它在胃肠消化道内极少被吸收，或者是在胃和肠道内快速生物转换为毒性更小的降解物，如 PTX-2sa 等[210]；PTX-1 和 PTX-11[211] 具有鼠腹腔注射毒性。PTX-2sa 无论是口服毒性还是腹腔注射毒性都很小[212]，这表明内酯环打开的反应导致了 PTXs 毒性消失或减小的反应转换；PTX-2 和 PTX-2sa 在小鼠实验中都不具有腹泻的作用，但由于 PTXs 常与 OA 毒素组一同被鳍藻产生，因此常被一同分析，但归为 DSP 毒素是不准确的。

4.4.2　虾夷扇贝毒素

YTXs 的确切作用机制尚不清楚[20]，这些毒素通常与 DSP 组的其他亲脂毒素（如 OA）一起在贝类提取过程中被检测到。因此，YTXs 最初被纳入这一毒素类别[22]。然而，YTXs 并不具有相同的生物活性（引起腹泻），因为其毒性活性（抑制 PPs）比 DSP 组毒素低 4 个数量级。因此，欧盟委员会（European Commission，EC）将其与腹泻毒素分开分类和管理。

虽然世界各地都报告了 YTXs 对贝类的污染，有时其浓度高达 mg/kg，但没有报告过人类中毒，而且 YTXs 在人类中产生的中毒症状相对未知[213,214]。

从体内毒性实验研究来看，YTX 及其类似物 homoYTX 和 45-hydroxy-homo-YTX

的靶器官似乎是心脏，特别是心肌细胞。虽然体外研究确定了 YTX 通过改变细胞内钙和环 AMP 水平、细胞骨架修饰、Caspases 的激活和线粒体通透性过渡孔的打开[22]。YTX 的化学结构与 BTX 相似，表明该毒素可能对电压门控钠通道活性有抑制作用[20]。然而，一些研究表明，YTX 对钙水平的影响是钙通道激活的直接结果，与钠通道无关[215]。事实上，一些研究集中在 YTXs 通过激活磷酸二酯酶调节人淋巴细胞中的 Ca^{2+} 稳态[215,216]。这种作用机制可以解释这些毒素的心脏毒性[20]。此外，YTXs 在初级皮质神经元中表现出对蛋白激酶 C 易位的活性[217]。因此，YTXs 可被认为对人类具有潜在毒性，因为有报道称其可在人脑产生神经元损伤[218]。另一方面，已有研究表明，YTX 衍生物可诱导肝脏和胰腺脂肪变性。然而，目前尚无短期和慢性毒性数据，也缺乏药物代谢动力学研究[22]。由于没有人体中毒的报告，欧盟最近将贝类中 YTX 的限值从每千克贝肉 1 mg eq 提高至 3.75 mg eq。

4.4.3　麻痹性贝类毒素

PSP 毒素是一组密切相关的四氢嘌呤化合物，包括石房蛤毒素（STX）和 neoSTX，以及膝沟藻毒素（GTX）和 C 毒素（C1-4）[28]。

PSP 毒素的药理作用与 VGSCs 有关，破坏动作电位的传播，阻止正常的细胞功能并导致瘫痪[219]。PSP 的特点是症状多种多样，从恶心、呕吐、口腔刺痛到瘫痪，在严重的情况下可能会危及生命。这种中毒是由于 STX 和类似物与 VGSC 结合，抑制钠流入，从而抑制可兴奋细胞中动作电位的产生和传播。这种胃肠道和神经系统综合征在世界范围内都有报道。轻度症状包括嘴唇周围刺痛感或麻木感，逐渐蔓延至面部和颈部，指尖和脚趾刺痛感，头痛、头晕和恶心。中重病的特点是言语不连贯，手足刺痛感加重，四肢僵硬，四肢不协调，全身无力，感觉轻盈，然后呼吸轻微困难，脉搏加快，晚期症状为腰酸。在极其严重的情况下，肌肉麻痹会导致呼吸困难，并可能出现窒息感[30]。

4.4.4　记忆缺失性毒素

DA 是一种水溶性酸性氨基酸[220]。这种强毒性神经毒素可导致人类失忆性中毒（ASP），中毒的特点是一系列的神经紊乱：记忆障碍，反复发作和癫痫[35]；短期记忆丧失是一种典型的症状，头晕、恶心和呕吐是其他症状，最终导致昏迷和脑损伤，在最严重的情况下可致死亡[38]。在已报告中毒事件中，病人表现出肠胃、心血管和神经系统紊乱，以及永久性的短期记忆丧失。事实上，DA 会影响中枢、外周和自主神经系统，以及骨骼和平滑肌。因此，DA 神经毒性可能与非失忆症[39]相关。

DA 虽然在各种组织中寿命短，但会引起重要器官的严重病理改变；它穿过血脑屏障，威胁神经元和神经胶质细胞。DA 在线粒体水平诱导细胞内自由基生成，其积累导致脂质、蛋白质和 DNA 等重要大分子的氧化。这种现象被称为氧化应激，可诱导神经元和胶质细胞凋亡或坏死。在 ASP 病例中，已经报道了人类大脑，特别是海马体的损伤。神经元坏死损害中枢神经系统的生理机能，包括运动、感觉和认知缺陷，并引起心理改变。这些行为变化与精神分裂症的诊断特征和与自闭症谱系障碍[35] 相关的社会行为异常相似。DA 中毒可分为 3 个进展阶段：首先以癫痫损害的特异性表现为特征；其次是生理变化和器官的物理损伤；最后，反复发作的进行性损伤会发生。通过穿透保护性胎盘膜，DA 对胎儿造成有害的生理和结构影响，并对大脑发育产生持续的改变。

4.4.5　神经性贝类毒素

　　BTXs 毒素是较强的钠通道激活毒素，毒性大小取决于毒素与靶物质的亲和力和靶细胞中诱导反应的效力。其主要致毒机制是通过与细胞膜上的电压门控钠离子通道（VGSCs）α-亚基上的位点 VI 结合，将激活电位降低至更负值，持续激活钠通道，导致神经重复被激发，长时间处于兴奋状态[221,222]。BTXs 毒素也可激活免疫细胞的钠离子通道，诱导发生基因转录、细胞增殖，引起细胞因子的产生和凋亡[223]。正常钠离子通道功能的破坏导致暴露于短凯伦藻赤潮中的大量海洋生物中毒，甚至死亡。此外，BTXs 毒素具有胚胎毒素、发育毒性、遗传毒性、免疫毒性、致癌及变形作用等毒性效应[224,225]。人在食用受 BTXs 毒素污染的贝类后几分钟至数小时内会出现胃肠道（包括恶心、腹泻、呕吐、腹痛）和神经系统（包括眩晕、肌痛、冷热感逆转）症状[97,226]，神经系统症状较胃肠道症状持续时间更长，通常需要 48~72 h 才会逐渐恢复正常[227]。另外，BTXs 毒素能雾化在海浪形成的气溶胶中，人吸入后会出现结膜炎、鼻漏、支气管收缩等呼吸系统症状。

　　Baden 等通过给小鼠腹腔注射 BTX 毒素评价 BTX 的急性毒性水平，发现 BTX-2 和 BTX-1 的小鼠 24 h 半数致死量 LD_{50} 分别为 200 mg/kg 和 170 mg/kg 体重[228]。Selwood 等通过给小鼠腹腔注射 BTX 毒素，发现 BTX-3 和 BTX-B2 的小鼠 24 h 半数致死量 LD_{50} 分别为 250 mg/kg 和 400 mg/kg 体重[229]。而给小鼠口服 BTX-2 和 BTX-3 的 LD_{50} 分别为 6 600 mg/kg 和 520 mg/kg 体重。BTX-3 的毒性效力比 BTX-2 强 11 倍左右，这主要是由于各毒素吸收率不同[228]。Poli 等通过给小鼠静脉注射 BTX-3 研究 BTX 药代动力学，给药 1 min 后，仅剩 10% 的毒素仍在体液循环中，其余蓄积在各组织器官；30 min 后，骨骼肌占 70%，肝脏占 18%，肠道占 8%[32]。Benson 等通过小鼠气管直接滴灌 BTX-3，发现绝大部分 BTX-3 毒素快速被吸收，并经肾脏、肝脏和肺代谢后快速排出体外；而未被代谢的 BTX 毒素仍能持续存在于各组织器官中[230]。

4.4.6　西加鱼毒素

西加鱼毒素又称雪卡毒素，是一种脂溶性聚醚化合物，能引起食源性疾病，在世界热带和亚热带珊瑚礁地区（太平洋、印度洋和加勒比海）流行。CTX 由 13 个到 14 个环通过醚键融合成最稳定的梯状结构。迄今为止，已从 *Gambierdiscus* 培养物或受污染的鱼中分离出 40 多种衍生物，根据分子结构及地域分布，西加鱼毒素分为太平洋西加鱼毒素（P-CTXs）、加勒比海西加鱼毒素（C-CTXs）及印度洋西加鱼毒素（I-CTXs），CTX 之间存在结构差异[231]。

CFP 通过与电压门控钠通道的第 5 位点的特异性结合来刺激 Na⁺进入，从而在细胞和生理水平上产生影响，例如膜兴奋性、神经递质的释放、细胞内钙的增加和电压钾通道的阻塞[231]。总体上，西加鱼毒素中毒症状表现为虚弱、关节痛、肌痛、头痛、头晕、瘙痒；对于消化系统，表现为恶心、呕吐、腹泻、腹痛、痉挛、脱水；对于心血管，表现为低动脉压、心律不齐、心动过缓；神经系统方面，有反应迟钝、温度逆转、感觉异常的症状[232]。在用有毒细胞进行喂养实验后，CFP 已被证明会诱导鱼的行为异常[233,234]，并导致鱼类发育毒性或死亡[235,236]。

参考文献

[1]　Scheuer P J, Takahashi W, Tsutsumi J, et al. Ciguatoxin: Isolation and Chemical Nature. Science, 1967, 155 (3767): 1 267−1 268.

[2]　Soliño L, Costa P R. Global impact of ciguatoxins and ciguatera fish poisoning on fish, fisheries and consumers. Environmental Research, 2020, 182: 109111.

[3]　Lewis R J. The changing face of ciguatera. Toxicon, 2001, 39 (1): 97−106.

[4]　Lehane L, Lewis R J. Ciguatera: recent advances but the risk remains. International Journal of Food Microbiology, 2000, 61 (2-3): 91−125.

[5]　Bialojan C, Takai A. Inhibitory effect of a marine-sponge toxin, okadaic acid, on protein phosphatases. Specificity and kinetics. Biochem J, 1988, 256 (1): 283−290.

[6]　Authority E F S. Marine biotoxins in shellfish − okadaic acid and analogues-Scientific Opinion of the Panel on Contaminants in the Food chain. EFSA Journal, 2008, 6 (1): 589.

[7]　Wang J, Wang Y-Y, Lin L, et al. Quantitative proteomic analysis of okadaic acid treated mouse small intestines reveals differentially expressed proteins involved in diarrhetic shellfish poisoning. Journal of Proteomics, 2012, 75 (7): 2 038−2 052.

[8]　Munday R. Is Protein Phosphatase Inhibition Responsible for the Toxic Effects of Okadaic Acid in Animals? . Toxins, 2013, 5 (2): 267−285.

[9] Ferron P-J, Hogeveen K, Fessard V, et al. Comparative Analysis of the Cytotoxic Effects of Oka-daic Acid-Group Toxins on Human Intestinal Cell Lines. Marine Drugs, 2014, 12 (8): 4 616-4 634.

[10] Haneji T, Hirashima K, Teramachi J, et al. Okadaic acid activates the PKR pathway and induces apoptosis through PKR stimulation in MG63 osteoblast-like cells. International journal of oncolo-gy, 2013, 42 (6): 1 904-1 910.

[11] Okada T, Narai A, Matsunaga S, et al. Assessment of the marine toxins by monitoring the integri-ty of human intestinal Caco-2 cell monolayers. Toxicology in Vitro, 2000, 14 (3): 219-226.

[12] Kamat P K, Tota S, Rai S, et al. Okadaic acid induced neurotoxicity leads to central cholinergic dysfunction in rats. European Journal of Pharmacology, 2012, 690 (1): 90-98.

[13] Yasumoto T, Oshima Y, Yamaguchi M. Occurrence of a new type of shellfish poisoning in the To-hoku district. Nippon Suisan Gakkaishi, 1978, 44: 1 249-1 255.

[14] García C, Oyaneder-Terrazas J, Contreras C, et al. Determination of the toxic variability of li-pophilic biotoxins in marine bivalve and gastropod tissues treated with an industrial canning process. Food Additives & Contaminants: Part A, 2016, 33 (11): 1 711-1 727.

[15] Kim M-O, Moon D-O, Kang S-H, et al. Pectenotoxin-2 represses telomerase activity in human leukemia cells through suppression of hTERT gene expression and Akt-dependent hTERT phos-phorylation. FEBS Letters, 2008, 582 (23): 3 263-3 269.

[16] European Food Safety A. Marine biotoxins in shellfish-Summary on regulated marine biotox-ins. EFSA Journal, 2009, 7 (8): 1 306.

[17] Miles C O, Wilkins A L, Munday R, et al. Isolation of pectenotoxin-2 from Dinophysis acuta and its conversion to pectenotoxin - 2 seco acid, and preliminary assessment of their acute toxicities. Toxicon, 2004, 43 (1): 1-9.

[18] Yasumoto T, Murata M, Oshima Y, et al. Diarrhetic shellfish toxins. Tetrahedron, 1985, 41 (6): 1 019-1 025.

[19] Suzuki T, Walter J A, Leblanc P, et al. Identification of Pectenotoxin-11 as 34S-Hydroxypect-enotoxin-2, a New Pectenotoxin Analogue in the Toxic Dinoflagellate Dinophysis acuta from New Zealand. Chemical Research in Toxicology, 2006, 19 (2): 310-318.

[20] Dominguez H J, Paz B, Daranas A H, et al. Dinoflagellate polyether within the yessotoxin, pect-enotoxin and okadaic acid toxin groups: Characterization, analysis and human health implications. Toxicon, 2010, 56 (2): 191-217.

[21] Ito E, Suzuki T, Oshima Y, et al. Studies of diarrhetic activity on pectenotoxin-6 in the mouse and rat. Toxicon, 2008, 51 (4): 707-716.

[22] Tubaro A, Dell" Ovo V, Sosa S, et al. Yessotoxins: A toxicological overview. Toxicon, 2010, 56 (2): 163-172.

[23] Sosa S, Ardizzone M, Beltramo D, et al. Repeated oral co-exposure to yessotoxin and okadaic

acid: A short term toxicity study in mice. Toxicon, 2013.

[24]　Ferreiro S F, Vilari O N, Carrera C, et al. Subacute immunotoxicity of the marine phycotoxin yessotoxin in rats. Toxicon, 2017, 129: 74-80.

[25]　Dominguez H J, Paz B, Daranas A H, et al. Dinoflagellate polyether within the yessotoxin, pectenotoxin and okadaic acid toxin groups: Characterization, analysis and human health implications. Toxicon Official Journal of the International Society on Toxinology, 2010, 56 (2): 191-217.

[26]　Aune T, Sørby R, Yasumoto T, et al. Comparison of oral and intraperitoneal toxicity of yessotoxin towards mice. Toxicon, 2002, 40 (1): 77-82.

[27]　Aune T, Aasen J, Miles C O, et al. Effect of mouse strain and gender on LD (50) of yessotoxin. Toxicon, 2008, 52 (4): 535-540.

[28]　Wiese M, D´agostino P M, Mihali T K, et al. Neurotoxic Alkaloids: Saxitoxin and Its Analogs. Marine Drugs, 2010, 8 (7): 2 185-2 211.

[29]　Rodríguez L P, Vieites J, Cabado A: Biotoxins in Seafood, 2017: 97-156.

[30]　Pierina V, Maria S, Miriam B, et al. Marine Biotoxins: Occurrence, Toxicity, Regulatory Limits and Reference Methods. Frontiers in Microbiology, 2016, 7.

[31]　Radwan F, Wang Z, Ramsdell J S. Identification of a rapid detoxification mechanism for brevetoxin in rats. Toxicological Sciences, 2005, 85 (2): 839-846.

[32]　Poli M A, Tem-Leton C B, Thompson W L, et al. Distribution and elimination of brevetoxin PbTx-3 in rats. Toxicon, 1990, 28 (8): 903-910.

[33]　Milaciu M, Ciumărnean L, Olga O, et al. Semiology of food poisoning, 2016, 8: 108-113.

[34]　Chain E P O C I T F. Scientific Opinion on marine biotoxins in shellfish-Emerging toxins: Brevetoxin group. EFSA Journal, 2010, 8 (7): 1 677.

[35]　Saeed A F, Awan S A, Ling S, et al. Domoic acid: Attributes, exposure risks, innovative detection techniques and therapeutics. Algal Research, 2017, 24: 97-110.

[36]　Michael Q. Analytical Chemistry of Phycotoxins in Seafood and Drinking Water. Journal of Aoac International, 2019 (5): 5.

[37]　Todd E C D. Domoic acid and amnesic shellfish poisoning-a review. J Food Prot, 1993, 56 (1): 69-83.

[38]　Clayden J, Read B, Hebditch K R. Chemistry of domoic acid, isodomoic acids, and their analogues. Tetrahedron, 2005, 61 (24): 5 713-5 724.

[39]　Grattan L M, Holobaugh S, Morris J G. Harmful algal blooms and public health. Harmful Algae, 2016, 57 (PT. B): 2-8.

[40]　Chain E P O C I T F. Scientific Opinion on marine biotoxins in shellfish-Cyclic imines (spirolides, gymnodimines, pinnatoxins and pteriatoxins). EFSA Journal, 2010, 8 (6): 1 628.

[41]　Munday R: Toxicology of cyclic imines: Gymnodimine, spirolides, pinnatoxins, pteriatoxins,

prorocentrolide, spiro-prorocentrimine, and symbioimines, 2008: 581-594.

[42] Gill S, Murphy M, Clausen J, et al. Neural injury biomarkers of novel shellfish toxins, spirolides: A pilot study using immunochemical and transcriptional analysis. Neurotoxicology, 2003, 24 (4-5): 593-604.

[43] Kharrat R, Servent D, Girard E, et al. The marine phycotoxin gymnodimine targets muscular and neuronal nicotinic acetylcholine receptor subtypes with high affinity. Journal of Neurochemistry, 2008, 107 (4): 952-963.

[44] Bourne Y, Radi Z, Aráoz R, et al. Structural determinants in phycotoxins and AChBP conferring high affinity binding and nicotinic AChR antagonism. Proceedings of the National Academy of Sciences, 2010, 107 (13): 6 076-6 081.

[45] Molgó J, Girard E, Benoit E. Cyclic Imines: An Insight into this Emerging Group of Bioactive Marine Toxins. Phycotoxins: Chemistry and Biochemistry, 2007.

[46] Romulo, Aráoz, Gilles, et al. The Neurotoxic Effect of 13, 19-Didesmethyl and 13-Desmethyl Spirolide C Phycotoxins Is Mainly Mediated by Nicotinic Rather Than Muscarinic Acetylcholine Receptors. Toxicological sciences: an official journal of the Society of Toxicology, 2015.

[47] Araoz R, Servent D, Molgo J, et al. Total synthesis of pinnatoxins A and G and revision of the mode of action of pinnatoxin A. Journal of the American Chemical Society, 2011, 133 (27): 10 499-10 511.

[48] Selwood A I, Miles C O, Wilkins A L, et al. Isolation, Structural Determination and Acute Toxicity of Pinnatoxins E, F and G. Journal of Agricultural and Food Chemistry, 2010, 58 (10): 6 532-6 542.

[49] Munday R, Towers N R, Mackenzie L, et al. Acute toxicity of gymnodimine to mice. Toxicon, 2004, 44 (2): 173-178.

[50] Espina B, Otero P, Louzao M C, et al. 13-Desmethyl spirolide-c and 13, 19-didesmethyl spirolide-c trans-epithelial permeabilities: Human intestinal permeability modelling. Toxicology, 2011, 287 (1-3): 69-75.

[51] Lewis R J, Sellin M. Multiple ciguatoxins in the flesh of fish. Toxicon, 1992, 30 (8): 915-919.

[52] Pearn. Neurology of ciguatera. Journal of Neurology, Neurosurgery & Psychiatry, 2001, 70 (1): 4-8.

[53] Melissa F, Mercedes F, Lorraine B, et al. An Updated Review of Ciguatera Fish Poisoning: Clinical, Epidemiological, Environmental, and Public Health Management. Marine Drugs, 2017, 15 (3): 72.

[54] Tosteson T R. The diversity and origins of toxins in ciguatera fish poisoning. Puerto Rico Health Sciences Journal, 1995, 14 (2): 117.

[55] Skinner M P, Brewer T D, Johnstone R, et al. Ciguatera Fish Poisoning in the Pacific Islands (1998 to 2008). PLoS Neglected Tropical Diseases, 2011, 5 (12): e1416.

［56］ Blanco J, Correa J, Muñiz S, et al. Evaluación del impacto de los métodos y niveles utilizados parael control detoxinas enelmejillón. Revista Galega dos Recursos Mariños（Art. Inf. Tecn.）, 2013, 3: 1-55.

［57］ Vale P, Botelho M J, Rodrigues S M, et al. Two decades of marine biotoxin monitoring in bivalves from Portugal（1986—2006）: A review of exposure assessment. Harmful Algae, 2008.

［58］ Mcmahon T, Silke J. Winter toxicity of unknown aetiology in mussels. harmful algae news, 1996.

［59］ Lassus P, Bardouil M, Truquet I, et al. Dinophysis acuminata Distribution and Toxicity along the Southern Brittany Coast（France）: Correlation with Hydrological Parameters, 1985.

［60］ Haamer J, Andersson P O, Lindahl O, et al. Geographic and seasonal variation of okadic acid content in farmed mussels, Mytilus edulis Linnaeus, 1758, along the Swedish west coast. Journal of Shellfish Research, 1990, 9.

［61］ Ramstad H, Hovgaard P, Yasumoto T, et al. Monthly variations in diarrhetic toxins and yessotoxin in shellfish from coast to the inner part of the Sognefjord, Norway. Toxicon, 2001, 39（7）: 1 035-1 043.

［62］ Vershinin A, Moruchkov A, Morton S L, et al. Phytoplankton composition of the Kandalaksha Gulf, Russian White Sea: Dinophysis and lipophilic toxins in the blue mussel（Mytilus edulis）. Harmful Algae, 2006, 5（5）: 558-564.

［63］ Hajdu S, Hällfors, Kuosa H, et al. Vertical and temporal distribution of the dinoflagellates Dinophysis acuminata and D. norvegica in the Baltic Sea. Boreal Environment Research, 2011, 16（2）: 121-135.

［64］ Carpenter E J, Janson S, Boje R, et al. The dinoflagellate Dinophysis norvegica: Biological and ecological observations in the Baltic Sea. European Journal of Phycology, 1995, 30（1）: 1-9.

［65］ Louppis A P, Badeka A V, Katikou P, et al. Determination of okadaic acid, dinophysistoxin-1 and related esters in Greek mussels using HPLC with fluorometric detection, LC-MS/MS and mouse bioassay. Toxicon, 2010, 55（4）: 724-733.

［66］ Prassopoulou E, Katikou P, Georgantelis D, et al. Detection of okadaic acid and related esters in mussels during diarrhetic shellfish poisoning（DSP）episodes in Greece using the mouse bioassay, the PP2A inhibition assay and HPLC with fluorimetric detection. Toxicon Official Journal of the International Society on Toxinology, 2009, 53（2）: 214-227.

［67］ Zouher, Amzil, Manoella, et al. Report on the first detection of pectenotoxin-2, spirolide-a and their derivatives in French shellfish. Marine drugs, 2007.

［68］ Giacobbe M G, Penna A, Ceredi A, et al. Toxicity and ribosomal DNA of the dinoflagellate Dinophysis sacculus（Dinophyta）. Phycologia, 2000, 39（3）: 177-182.

［69］ Zhou M, Li J, Luckas B, et al. A Recent Shellfish Toxin Investigation in China. Marine Pollution Bulletin, 1999, 39（1-12）: 331-334.

［70］ Li A, Ma J, Cao J, et al. Toxins in mussels（Mytilus galloprovincialis）associated with diarrhetic shellfish poisoning episodes in China. Toxicon Official Journal of the International Society on Toxi-nology, 2012, 60（3）: 420-425.

[71] Jiang T, Xu Y, Li Y, et al. Dinophysis caudata generated lipophilic shellfish toxins in bivalves from the Nanji Islands, East China Sea. Chinese Journal of Oceanology and Limnology, 2014, 32（1）: 130-139.

[72] Murata M, Kumagai M, Lee J S, et al. Isolation and structure of yessotoxin, a novel polyether compound implicated in diarrhetic shellfish poisoning. Tetrahedron Letters, 1987, 28（47）: 5 869-5 872.

[73] Krock B, Alpermann T, Tillmann U, et al. Yessotoxin profiles of the marine dinoflagellates Protoceratium reticulatum and Gonyaulax spinifera, 2008.

[74] Mackenzie L, Truman P, Satake M, et al. Dinoflagellate blooms and associated DSP-toxicity in shellfish in New Zealand. Harmful Algae, 1998: 74-77.

[75] Armstrong M, Kudela R. Evaluation of California isolates of Lingulodinium polyedrum for the production of yessotoxin. South African Journal of Marine Science, 2006, 28（2）: 399-401.

[76] Ciminiello P, Fattorusso E, Forino M, et al. Yessotoxin in mussels of northern Adriatic Sea. Toxicon, 1997, 35（2）: 177-183.

[77] Amzil Z, Sibat M, Royer F, et al. First report on azaspiracid and yessotoxin groups detection in French shellfish. Toxicon, 2008, 52（1）: 39-48.

[78] Samdal I A, Naustvoll L J, Olseng C D, et al. Use of ELISA to identify Protoceratium reticulatum as a source of yessotoxin in Norway. Toxicon Official Journal of the International Society on Toxinology, 2004, 44（1）: 75-82.

[79] Liu L, Wei N, Gou Y, et al. Seasonal variability of Protoceratium reticulatum and yessotoxins in Japanese scallop Patinopecten yessoensis in northern Yellow Sea of China. Toxicon Official Journal of the International Society on Toxinology, 2017, 139: 31.

[80] Franchinia A, Marchesini E, Poletti R, et al. Swiss mice CD1 fed on mussels contaminated by okadaic acid and yessotoxins: effects on thymus and spleen. European Journal of Histochemistry, 2005, 49（2）: 179-188.

[81] Tangen K I, Dahl E. Harmful phytoplankton in Norwegian waters - an overview. Proceeding International Seminar on Application of Seawatch Indonesia Information System for Indonesian Marine Resources Development, Jakarta, 1999: 195-204.

[82] Anderson D M, Fensin E, Gobler C J, et al. Marine harmful algal blooms（HABs）in the United States: History, current status and future trends. Harmful Algae, 2021, 102: 101975.

[83] Boni L, Pompei M, Reti M. The occurrence of Gonyaulax tamarensis Lebour bloom in the Adriatic Sea along the coast of Emilia-Romagna. Giornale botanico italiano, 1983, 117（3-4）: 115-120.

[84] John U, Litaker R W, Montresor M, et al. Formal Revision of the Alexandrium tamarense Species

Complex (Dinophyceae) Taxonomy: The Introduction of Five Species with Emphasis on Molecular-based (rDNA) Classification. Protist, 2014.

[85] Rossella P, Franca G, Laura P, et al. Toxin Levels and Profiles in Microalgae from the North-Western Adriatic Sea15 Years of Studies on Cultured Species. Marine Drugs, 2012, 10 (1): 140-162.

[86] Lilly E L, Kulis D M, Gentien P, et al. Paralytic shellfish poisoning toxins in France linked to a human-introduced strain of Alexandrium catenella from the western Pacific: evidence from DNAand toxin analysis. Journal of Plankton Research (5): 443-452.

[87] Zaghloul F A, Halim Y. Long-term eutrophication in a semi-closed bay: The Eastern Harbour of Alexandria. Marine Coastal Eutrophication, 1992: 727-735.

[88] Belin C, Soudant D, Amzil Z. Three decades of data on phytoplankton and phycotoxins on the French coast: Lessons from REPHY and REPHYTOX. Harmful Algae, 2020.

[89] Delgado M, Estrada M, Camp J, et al. Development of a toxic Alexandrium minutum Halim (Dinophyceae) bloom in the harbour of Sant Carles de la Ràpita (Ebro Delta, northwestern Mediterranean). Scientia Marina, 1990, 54: 1-7.

[90] Honsell G, Poletti R, Pompei M, et al. Alexandrium minutum Halim and PSP contamination in the Northern Adriatic Sea (Mediterranean Sea). Seventh International Conference on Toxic Phytoplankton, 1995.

[91] Lugliè A, Satta C T, Pulina S, et al. Le Problematiche degli Harmful Algal Blooms (HABs) in Sardegna = Harmful Algal Blooms in Sardinia. SYRACUSE UNIVERSITY, 2011.

[92] Bravo I, Reguera B, Martinez A, et al. First report of Gymnodinium catenatum Graham on the Spanish Mediterranean coast. instituto español de oceanografía, 1990.

[93] Tagmouti-Talha F, Chafak H, Fellat-Zarrouk K, et al. Detection of toxins in bivalves on the Moroccan coasts. Harmful and Toxic Algal Blooms, 1996: 85-87.

[94] Gunter G. The Import of Catastrophic Mortalities for Marine Fisheries along the Texas Coast. The Journal of Wildlife Management, 1952, 16 (1): 63-69.

[95] Connell C H, Cross J B. Mass Mortality of Fish Associated with the Protozoan Gonyaulax in the Gulf of Mexico. Science, 1950, 112 (2909): 359-363.

[96] Steidinger K A. Historical perspective on Karenia brevis red tide research in the Gulf of Mexico. Harmful Algae, 2009, 8 (4): 549-561.

[97] Diaz R E, Friedman M A, Jin D, et al. Neurological illnesses associated with Florida red tide (Karenia brevis) blooms. Harmful Algae, 2019, 82 (FEB.): 73-81.

[98] Watkins S M, Reich A, Fleming L E, et al. Neurotoxic Shellfish Poisoning. Marine Drugs, 2008, 6 (3): 431-455.

[99] Brown A, Dortch Q, Dolah F, et al. Effect of salinity on the distribution, growth, and toxicity of Karenia spp. Harmful Algae, 2006, 5 (2): 199-212.

［100］　Soto I M, Cambazoglu M K, Boyette A D, et al. Advection of Karenia brevis blooms from the Florida Panhandle towards Mississippi coastal waters. Harmful Algae, 2018, 72 （FEB. ）: 46.

［101］　Tester P A, Stumpf R P, Fowler P K. Red tide - the first occurrence in North Carolina waters: An overview, 1988: 808-811.

［102］　Ruggiero M V, Sarno D, Barra L, et al. Diversity and temporal pattern of Pseudo-nitzschia species （Bacillariophyceae） through the molecular lens. Harmful Algae, 2015, 42: 15-24.

［103］　Amzil Z, Fresnel J, Gal D L, et al. Domoic acid accumulation in French shellfish in relation to toxic species of Pseudo-nitzschia multiseries and P-pseudodelicatissima. Toxicon, 2001, 39 （8）: 1 245-1 251.

［104］　Arapov, Jasna, Ujevi, et al. Domoic acid in phytoplankton net samples and shellfish from the Krka River estuary in the Central Adriatic Sea. Mediterranean Marineence, 2015.

［105］　Ciminiello P, Dell'aversano C, Fattorusso E, et al. The Genoa 2005 outbreak. Determination of putative palytoxin in Mediterranean Ostreopsis ovata by a new liquid chromatography tandem mass spectrometry method. Analytical Chemistry, 2006, 78 （17）: 6 153-6 159.

［106］　Kaniou-Grigoriadou I, Mouratidou T, Katikou P. Investigation on the presence of domoic acid in Greek shellfish. Harmful Algae, 2005, 4 （4）: 717-723.

［107］　Rossi R, Arace O, Buonomo M G, et al. Monitoring the presence of domoic acid in the production areas of bivalve molluscs. Italian Journal of Food Safety, 2016, 5 （4） .

［108］　Mari D, Ljubeši Z, Godrijan J, et al. Blooms of the potentially toxic diatom Pseudo-nitzschia calliantha Lundholm, Moestrup & Hasle in coastal waters of the northern Adriatic Sea （Croatia）. Estuarine, Coastal and Shelf Science, 2011, 92 （3）: 323-331.

［109］　Honsell G, Dell'aversano C, Vuerich F, et al. Pseudo-nitzschia and ASP in the Northern Adriatic Sea. International Conference on Harmful Algae, 2006.

［110］　Sahraoui I, Bates S S, Bouchouicha D, et al. Toxicity of Pseudo-nitzschia populations from Bizerte Lagoon, Tunisia, southwest Mediterranean, and first report of domoic acid production by P. brasiliana. Diatom Research, 2011, 26 （3）: 293-303.

［111］　Smida D B, Lundholm N, Kooistra W, et al. Morphology and molecular phylogeny of Nitzschia bizertensis sp. nov. -A new domoic acid-producer. Harmful Algae, 2014, 32 （feb. ）: 49-63.

［112］　Hasle G R, Lange C B, Syvertsen E E. A review of Pseudo-nitzschia, with special reference to the Skagerrak, North Atlantic, and adjacent waters. Helgoland Marine Research, 1996, 50 （2）: 131-175.

［113］　Lefebvre K A, Quakenbush L, Frame E, et al. Prevalence of algal toxins in Alaskan marine mammals foraging in a changing arctic and subarctic environment. Harmful Algae, 2016, 55 （MAY）: 13-24.

［114］　Goldstein T, Mazet J a K, Zabka T S, et al. Novel symptomatology and changing epidemiology of domoic acid toxicosis in California sea lions （Zalophus californianus）: an increasing risk to marine mammal health. Proceedings of the Royal Society B: Biological Sciences, 2007, 275: 267-276.

[115] Bates S S, Hubbard K A, Lundholm N, et al. Pseudo-nitzschia, Nitzschia, and domoic acid: New research since 2011. Harmful Algae, 2018, 79 (NOV.): 3-43.

[116] Lefebvre K, Silver M, Coale S, et al. Domoic acid in planktivorous fish in relation to toxic Pseudo-nitzschia cell densities. Marine Biology, 2002, 140 (3): 625-631.

[117] Lefebvre K A, Robertson A. Domoic acid and human exposure risks: A review. Toxicon Official Journal of the International Society on Toxinology, 2010, 56 (2): 218-230.

[118] Bogan Y M, Harkin A L, Gillespie J, et al. The influence of size on domoic acid concentration in king scallop, Pecten maximus (L.). Harmful Algae, 2007, 6 (1): 15-28.

[119] Rowland-Pilgrim S, Swan S C, O'neill A, et al. Variability of Amnesic Shellfish Toxin and Pseudo-nitzschia occurrence in bivalve molluscs and water samples-Analysis of ten years of the official control monitoring programme. Harmful Algae, 2019, 87 (Jul.): 101 623.1 - 101 623.13.

[120] Bates S S, Bird C J, Freitas A S W D, et al. Pennate Diatom Nitzschia pungens as the Primary Source of Domoic Acid, a Toxin in Shellfish from Eastern Prince Edward Island, Canada. Canadian Journal of Fisheries & Aquatic Sciences, 1989, 46 (7): 1 203-1 215.

[121] Work T M, Barr B, Beale A M, et al. Epidemiology of Domoic Acid Poisoning in Brown Pelicans (Pelecanus occidentalis) and Brandt's Cormorants (Phalacrocorax penicillatus) in California. Journal of Zoo and Wildlife Medicine, 1993, 24 (1): 54-62.

[122] Mccabe, Ryan M, Hickey, et al. An unprecedented coastwide toxic algal bloom linked to anomalous ocean conditions. Geophysical Research Letters, 2016.

[123] Mckibben S M, Peterson W, Wood A M, et al. Climatic regulation of the neurotoxin domoic acid. Proceedings of the National Academy of Sciences of the United States of America, 2017.

[124] Fernandes L F, Hubbard K A, Richlen M L, et al. Diversity and toxicity of the diatom Pseudo-nitzschia Peragallo in the Gulf of Maine, Northwestern Atlantic Ocean. Deep-Sea Research Part II, 2014, 103 (MAY): 139-162.

[125] Gribble K E, Keafer B A, Quilliam M A, et al. Distribution and toxicity of Alexandrium ostenfeldii (Dinophyceae) in the Gulf of Maine, USA. Deep Sea Research Part II Topical Studies in Oceanography, 2005, 52 (19/21): 2 745-2 763.

[126] Aasen J, Mackinnon S L, Leblanc P, et al. Detection and identification of spirolides in norwegian shellfish and plankton. Chemical Research in Toxicology, 2005, 18 (3): 509-515.

[127] Mlller B S, Plrle D J, Redshaw C I. An Assessment of the Contamination and Toxicity of Marine Sediments in the Holy Loch, Scotland. Marine Pollution Bulletin, 2000, 40 (1): 22-35.

[128] Ji Y, Yan G, Wang G, et al. Prevalence and distribution of domoic acid and cyclic imines in bivalve mollusks from Beibu Gulf, China. Journal of Hazardous Materials, 2022, 423: 127 078.

[129]　Farabegoli F, Rodríguez L P, Vieites J M, et al. Phycotoxins in Marine Shellfish: Origin, Occurrence and Effects on Humans. Marine Drugs, 2018, 16 (188).

[130]　Miles C O, Wilkins A L, Stirling D J, et al. Gymnodimine C, an Isomer of Gymnodimine B, from Karenia selliformis. Journal of Agricultural and Food Chemistry, 2003, 51 (16): 4 838-4 840.

[131]　Miles C O, Wilkins A L, Stirling D J, et al. New analogue of gymnodimine from a Gymnodinium species. Journal of Agricultural & Food Chemistry, 2000, 48 (4): 1 373-1 376.

[132]　Bacchiocchi S, Siracusa M, Campacci D, et al. Cyclic Imines (CIs) in Mussels from North-Central Adriatic Sea: First Evidence of Gymnodimine A in Italy. Toxins, 2020, 12 (6): 370.

[133]　Waal D, Tillmann U, Martens H, et al. Characterization of multiple isolates from an Alexandrium ostenfeldii bloom in The Netherlands. Harmful Algae, 2015.

[134]　Lamas J P, Arévalo F, Moroo N, et al. Gymnodimine A in mollusks from the North Atlantic Coast of Spain: prevalence, concentration, and relationship with spirolides. Environmental Pollution, 2021, 279: 116 919.

[135]　Park M G, Kim S, Kim H S, et al. First successful culture of the marine dinoflagellate Dinophysis acuminata. Aquatic Microbial Ecology, 2006, 45: 101-106.

[136]　Wisecaver J H, Hackett J D. Transcriptome analysis reveals nuclear-encoded proteins for the maintenance of temporary plastids in the dinoflagellate Dinophysis acuminata. BMC Genomics, 2010, 11 (1): 366.

[137]　Riisgaard K, Hansen P J. Role of food uptake for photosynthesis, growth and survival of the mixotrophic dinoflagellate Dinophysis acuminata. Marine Ecology Progress Series, 2009, 381: 51-62.

[138]　Fux E, Smith J L, Tong M, et al. Toxin profiles of five geographical isolates of Dinophysis spp. from North and South America. Toxicon, 2011, 57 (2): 275-287.

[139]　Kamiyama T, Suzuki T. Production of dinophysistoxin-1 and pectenotoxin-2 by a culture of Dinophysis acuminata (Dinophyceae). Harmful Algae, 2009, 8 (2): 312-317.

[140]　Tong M, Kulis D M, Fux E, et al. The effects of growth phase and light intensity on toxin production by Dinophysis acuminata from the northeastern United States. Harmful Algae, 2011, 10 (3): 254-264.

[141]　Smith J L, Tong M, Fux E, et al. Toxin production, retention, and extracellular release by Dinophysis acuminata during extended stationary phase and culture decline. Harmful Algae, 2012, 19: 125-132.

[142]　Gao H, An X, Liu L, et al. Characterization of from the Yellow Sea, China, and its response to different temperatures and prey. Oceanological and Hydrobiological Studies, 2017, 46 (4): 439-450.

[143]　Tong M, Smith J L, Richlen M, et al. Characterization and comparison of toxin-producing iso-

lates of Dinophysis acuminata from New England and Canada. Journal of Phycology, 2015, 51 (1): 66-81.

[144] Alcántara-Rubira A, Bárcena-Martínez V, Reyes-Paulino M, et al. First Report of Okadaic Acid and Pectenotoxins in Individual Cells of Dinophysis and in Scallops Argopecten purpuratus from Perú. Toxins, 2018, 10 (12): 490.

[145] Basti L, Suzuki T, Uchida H, et al. Thermal acclimation affects growth and lipophilic toxin production in a strain of cosmopolitan harmful alga Dinophysis acuminata. Harmful Algae, 2018, 73 (MAR.): 119-128.

[146] Tong M, Zhou Q, David K M, et al. Culture techniques and growth characteristics of Dinophysis acuminata and its prey. Chinese Journal of Oceanology and Limnology, 2010, 28 (6): 1 230-1 239.

[147] Pizarro G, Escalera L, González-Gil S, et al. Growth, behaviour and cell toxin quota of Dinophysis acuta during a daily cycle. Marine Ecology Progress Series, 2008, 353: 89-105.

[148] Nielsen L T, Krock B, Hansen P J. Effects of light and food availability on toxin production, growth and photosynthesis in Dinophysis acuminata. Marine Ecology Progress Series, 2012, 471: 37-50.

[149] Hansen P J, Nielsen L T, Johnson M, et al. Acquired phototrophy in Mesodinium and Dinophysis-A review of cellular organization, prey selectivity, nutrient uptake and bioenergetics. Harmful Algae, 2013, 28: 126-139.

[150] Hattenrath-Lehmann T, Gobler C J. The contribution of inorganic and organic nutrients to the growth of a North American isolate of the mixotrophic dinoflagellate, Dinophysis acuminata. Limnology and Oceanography, 2015, 60 (5): 1 588-1 603.

[151] Gao H, Tong M, An X, et al. Prey Lysate Enhances Growth and Toxin Production in an Isolate of Dinophysis acuminata. Toxins, 2019, 11 (1).

[152] Tong M, Smith J L, Kulis D M, et al. Role of dissolved nitrate and phosphate in isolates of Mesodinium rubrum and toxin-producing Dinophysis acuminata. Aquatic microbial ecology: international journal, 2015, 75 2: 169-185.

[153] Smith J L, Tong M, Kulis D, et al. Effect of ciliate strain, size, and nutritional content on the growth and toxicity of mixotrophic Dinophysis acuminata. Harmful Algae, 2018, 78 (SEP.): 95-105.

[154] 钟娜, 杨维东, 刘洁生, 等. 不同氮源对利玛原甲藻 (Prorocentrum lima) 生长和产毒的影响. 环境科学学报, 2008, 28 (6): 1 186-1 191.

[155] Aissaoui A, Armi Z, Akrout F, et al. Environmental Factors and Seasonal Dynamics of Prorocentrum lima Population in Coastal Waters of the Gulf of Tunis, South Mediterranean. Water Environment Research, 2014, 86 (12): 2 256-2 270.

[156] 杨维东, 钟娜, 刘洁生, 等. 不同磷源及浓度对利玛原甲藻生长和产毒的影响研究. 中国

海洋学会赤潮研究与防治专业委员会学术研讨会, 2007.

[157]   Aquino-Cruz A, Purdie D A, Morris S. Effect of increasing sea water temperature on the growth and toxin production of the benthic dinoflagellate Prorocentrum lima. Hydrobiologia, 2018, 813 (1): 103-122.

[158]   Wang S, Chen J, Li Z, et al. Cultivation of the benthic microalga Prorocentrum lima for the production of diarrhetic shellfish poisoning toxins in a vertical flat photobioreactor. Bioresource Technology, 2015, 179: 243-248.

[159]   曾玲, 何伟宏, 龙超, 等. 环境因子对利玛原甲藻 (Prorocentrum lima) 产毒影响的初步研究. 中国海洋药物, 2010, 29 (06): 21-28.

[160]   Álvarez G, Uribe E, Regueiro J, et al. Gonyaulax taylorii, a new yessotoxins-producer dinoflagellate species from Chilean waters. Harmful Algae, 2016, 58: 8-15.

[161]   Satake M, Ichimura T, Sekiguchi K, et al. Confirmation of yessotoxin and 45, 46, 47-trinoryessotoxin production by Protoceratium reticulatum collected in Japan. Natural Toxins, 2015, 7 (4): 147-150.

[162]   Suzuki T, Horie Y, Koike K, et al. Yessotoxin analogues in several strains of Protoceratium reticulatum in Japan determined by liquid chromatography-hybrid triple quadrupole/linear ion trap mass spectrometry. Journal of Chromatography A, 2007, 1142 (2): 172-177.

[163]   Ciminiello, P., Dell'aversano, et al. Complex yessotoxins profile in Protoceratium reticulatum from north-western Adriatic sea revealed by LC-MS analysis. Toxicon Oxford, 2003.

[164]   Samdal I A, Naustvoll L J, Olseng C, et al. Use of ELISA to identify Protoceratium reticulatum as a source of yessotoxin in Norway. Toxicon Official Journal of the International Society on Toxinology, 2004, 44 (1): 75-82.

[165]   Paz B, Riobó P, Fernández M L, et al. Production and release of yessotoxins by the dinoflagellates Protoceratium reticulatum and Lingulodinium polyedrum in culture. Toxicon, 2004.

[166]   Arévalo F, Pazos Y, Correa J, et al. First report of yessotoxins in mussels of Galician Rias during a bloom of Lingulodinium polyedra stein (Dodge). V International Conference on Molluscan Shellfish Safety, 2004.

[167]   Morton S L, Vershinin A, Leighfield T, et al. Identification of yessotoxin in mussels from the Caucasian Black Sea Coast of the Russian Federation. Toxicon, 2007, 50 (4): 581-584.

[168]   Dale W B. Modern dinoflagellate cysts and evolution of the Peridiniales. Micropaleontology, 1968, 14 (3): 265-304.

[169]   Rhodes L, Mcnabb P, Salas M, et al. Yessotoxin production by Gonyaulax spinifera. Harmful Algae, 2006, 5 (2): 148-155.

[170]   Paz B, Riobó P, Ramilo I, et al. Yessotoxins profile in strains of Protoceratium reticulatum from Spain and USA. Toxicon, 2007, 50 (1): 1-17.

[171]   Takeshi, Yasumoto, Azusa, et al. Fluorometric Measurement of Yessotoxins in Shellfish by

High-pressure Liquid Chroraatography. Bioscience Biotechnology & Biochemistry, 2014.

[172] Aasen, J. , Samdal, et al. Yessotoxins in Norwegian blue mussels (Mytilus edulis): uptake from Protoceratium reticulatum, metabolism and depuration. TOXICON -OXFORD-, 2005.

[173] Parkhill J-P. Effects of salinity, light and inorganic nitrogen on growth and toxigenicity of the marine dinoflagellate Alexandrium tamarense from northeastern Canada. Journal of Plankton Research, 1999, 21: 939-955.

[174] Anderson D M, Kulis D M, Sullivan J J, et al. Dynamics and physiology of saxitoxin production by the dinoflagellatesAlexandrium spp. Marine Biology, 1990, 104 (3): 511-524.

[175] Lim P T, Ogata T. Salinity effect on growth and toxin production of four tropical Alexandrium species (Dinophyceae) . Toxicon Official Journal of the International Society on Toxinology, 2005, 45 (6): 699-710.

[176] Usup G, Kulis D M, Anderson D M. Growth and toxin production of the toxic dinoflagellate Pyrodinium bahamense var. compressum in laboratory cultures. Neurogastroenterology & Motility, 2010, 2 (5): 254-262.

[177] Ogata T, Ishimaru T, Kodama M. Effect of water temperature and light intensity on growth rate and toxicity change in Protogonyaulax tamarensis. Marine Biology, 1987, 95 (2): 217-220.

[178] Flynn K, Jones K J, Flynn K J. Comparisons among species ofAlexandrium (Dinophyceae) grown in nitrogen- or phosphorus-limiting batch culture. Marine Biology, 1996, 126 (1): 9-18.

[179] Lelong A, Hégaret H, Soudant P, et al. Pseudo-nitzschia (Bacillariophyceae) species, domoic acid and amnesic shellfish poisoning: revisiting previous paradigms. Phycologia, 2012, 51 (2): 168-216.

[180] Fehling J, Davidson K, Bolch C. Domoic acid production of the toxic diatom Pseudo-nitzschia australis under nutrient limitation, 2001.

[181] Garrison D L, Conrad S M, Eilers P P, et al. Confirmation of domoic acid production by pseudonitzschia australis (bacillariophyceae) cultures1. Journal of Phycology, 1992, 28 (5): 604-607.

[182] Nina, Lundholm, Jette, et al. Studies on the marine planktonic diatom Pseudo-nitzschia. 2. Autecology of P. pseudodelicatissima based on isolates from Danish coastal waters. Phycologia, 1997, 36 (5): 381-388.

[183] Doucette G, King K, Thessen A, et al. The effect of salinity on domoic acid production by the diatom Pseudo-nitzschia multiseries. Nova Hedwigia Beiheft, 2008, 133: 31-46.

[184] Pan Y, And S S B, Cembella A D. Environmental stress and domoic acid production by Pseudo-nitzschia: a physiological perspective. Natural Toxins, 1998.

[185] Caroline, K. , Cusack, et al. Confirmation of domoic acid production by pseudo-nitzschia australis (bacillariophyceae) isolated from irish waters1. Journal of Phycology, 2002.

［186］ Fehling J, Davidson K, Bates S S. Growth dynamics of non-toxic Pseudo-nitzschia delicatissima and toxic P. seriata (Bacillariophyceae) under simulated spring and summer photoperiods. Harmful Algae, 2005, 4 (4): 763-769.

［187］ Bates S S, Freitas A S W D, Milley J E, et al. Controls on Domoic Acid Production by the Diatom Nitzschia pungens f. multiseries in Culture: Nutrients and Irradïance. Canadian Journal of Fisheries and Aquatic Sciences, 1991, 48 (7): 1 136-1 144.

［188］ Bates S S, Richard J. Domoic acid production and cell division by Pseudo-nitzschia multiseries in relation to a light: dark cycle in silicate-limited chemostat culture. Canadian Technical Report of Fisheries and Aquatic Sciences, 1996, 0 (2138): 140-143.

［189］ Lundholm N, Hansen P J, Kotaki Y. Effect of pH on growth and domoic acid production by potentially toxic diatoms of the genera Pseudo-nitzschia and Nitzschia. Marine Ecology Progress, 2004, 273 (1): 1-15.

［190］ Fehling J, Green D H, Davidson K, et al. Domoic acid production by Pseudo-nitzschia seriata (Bacillariophyceae) in Scottish waters.

［191］ Cusack C K, Bates S S, Quilliam M A, et al. Confirmation of domoic acid production by pseudo-nitzschia australis (bacillariophyceae) isolated from irish waters1. Journal of Phycology, 2002, 38 (6): 1 106-1 112.

［192］ Parrish C C, Defreitas A, Bodennec G, et al. Lipid composition of the toxic marine diatom, Nitzschia pungens. Phytochemistry, 1991, 30 (1): 113-116.

［193］ Pan Y, Subba Rao D V, Mann K H. Changes in domoic acid production and cellular chemical composition of the toxigenic diatom pseudo-nitzschia multiseries under phosphate limitation1. Journal of Phycology, 1996, 32 (3): 371-381.

［194］ Radan R L, Cochlan W P. Differential toxin response of Pseudo-nitzschia multiseries as a function of nitrogen speciation in batch and continuous cultures, and during a natural assemblage experiment. Harmful Algae, 2018, 73: 12-29.

［195］ Thessen A E, Bowers H A, Stoecker D K. Intra- and interspecies differences in growth and toxicity of Pseudo-nitzschia while using different nitrogen sources. Harmful Algae, 2009, 8 (5): 792-810.

［196］ Howard M, Cochlan W P, Ladizinsky N, et al. Nitrogenous preference of toxigenic Pseudo-nitzschia australis (Bacillariophyceae) from field and laboratory experiments. Harmful Algae, 2007, 6 (2): 206-217.

［197］ Baden D G, Bourdelais A J, Jacocks H, et al. Natural and Derivative Brevetoxins: Historical Background, Multiplicity, and Effects. Environmental Health Perspectives, 2005.

［198］ Hardison D R, Sunda W G, Shea D, et al. Increased toxicity of Karenia brevis during phosphate limited growth: ecological and evolutionary implications. PLoS One, 2013, 8 (3): e58545.

［199］ Hoppenrath M, Murray S A, Chomerat N, et al. Marine benthic dinoflagellates - unveiling their

worldwide biodiversity Introduction: E SCHWEIZERBART´SCHE VERLAGSBUCHHAND-
LUNG, 2014: 12-15, 234-266.

[200] Takai A, Bialojan C, Troschka M, et al. Smooth muscle myosin phosphatase inhibition and force
enhancement by black sponge toxin. Febs Letters, 1987, 217 (1): 81-84.

[201] Bialojan C, Takai A. Inhibitory effect of a marine-sponge toxin, okadaic acid, on protein phos-
phatases. Specificity and kinetics. Biochemical Journal, 1988, 256 (1): 283-290.

[202] Tripuraneni J, Koutsouris A, Pestic L, et al. The toxin of diarrheic shellfish poisoning, okadaic
acid, increases intestinal epithelial paracellular permeability. Gastroenterology, 1997, 112 (1):
100-108.

[203] Otero A, Martínez A, Blanco L, et al. Shellfish toxins: Assessment of okadaic acid (OA) -
group toxins effects on human cellular functions and use as a tool in cell biology studies. 2014.

[204] Wang J, Wang Y Y, Lin L, et al. Quantitative proteomic analysis of okadaic acid treated mouse
small intestines reveals differentially expressed proteins involved in diarrhetic shellfish poison-
ing. Journal of Proteomics, 2012, 75 (7): 2 038-2 052.

[205] Hee-Don, Chae, Tae-Saeng, et al. Oocyte-based screening of cytokinesis inhibitors and identi-
fication of pectenotoxin - 2 that induces Bim/Bax - mediated apoptosis in p53 - deficient
tumors. Oncogene, 2005.

[206] CaEte E, Diogène J. Comparative study of the use of neuroblastoma cells (Neuro-2a) and neu-
roblastomaxglioma hybrid cells (NG108 - 15) for the toxic effect quantification of marine
toxins. Toxicon, 2008, 52 (4): 541-550.

[207] Kim M O, Moon D O, Heo M S, et al. Pectenotoxin-2 abolishes constitutively activated NF-
κB, leading to suppression of NF-κB related gene products and potentiation of apoptosis. Cancer
Letters, 2008, 271 (1): 25-33.

[208] Leira F, Cabado A G, Vieytes M R, et al. Characterization of F-actin depolymerization as a ma-
jor toxic event induced by pectenotoxin-6 in neuroblastoma cells. Biochemical Pharmacology,
2002, 63 (11): 1 979-1 988.

[209] Ares I, Louzao C, Espina B, et al. Lactone Ring of Pectenotoxins: a Key Factor for their Activi-
ty on Cytoskeletal Dynamics. Cellular Physiology & Biochemistry, 2007, 19 (5-6): 283-292.

[210] Miles C O, et al. Isolation of pectenotoxin-2 from Dinophysis acuta and its conversion to pecteno-
toxin-2 seco acid, and preliminary assessment of their acute toxicities. TOXICON -OXFORD-,
2004.

[211] Yasumoto T, Oshima Y, Yamaguchi M. Occurrence of a New Type of Shellfish Poisoning in the
Tohoku District. NIPPON SUISAN GAKKAISHI, 1978.

[212] Miles C O, Wilkins A L, Munday J S, et al. Production of 7- epi -Pectenotoxin-2 Seco Acid
and Assessment of Its Acute Toxicity to Mice. Journal of Agricultural and Food Chemistry, 2006,
54 (4): 1 530-1 534.

[213] Tubaro A, Dell'ovo V, Sosa S, et al. Yessotoxins: A toxicological overview. Toxicon, 2010, 56 (2): 163-172.

[214] Nicolas J, Hoogenboom R La P, Hendriksen P J M, et al. Marine biotoxins and associated outbreaks following seafood consumption: Prevention and surveillance in the 21st century. Global Food Security, 2017, 15: 11-21.

[215] A M I, A M H, B M S, et al. Inhibition of brevetoxin binding to the voltage-gated sodium channel by gambierol and gambieric acid-A. Toxicon, 2003, 41 (4): 469-474.

[216] Pazos M J, Alfonso A, Vieytes M R, et al. Kinetic Analysis of the Interaction between Yessotoxin and Analogues and Immobilized Phosphodiesterases Using a Resonant Mirror Optical Biosensor. Chemical Research in Toxicology, 2005, 18 (7): 1 155.

[217] Alonso E, Vale C, Vieytes M R, et al. Translocation of PKC by Yessotoxin in an in Vitro Model of Alzheimer's Disease with Improvement of Tau and β-Amyloid Pathology. ACS Chemical Neuroscience, 2013, 4 (7).

[218] Radke E G, Grattan L M, Cook R L, et al. Ciguatera incidence in the US Virgin Islands has not increased over a 30-year time period despite rising seawater temperatures. American Journal of Tropical Medicine & Hygiene, 2013, 88 (5): 908-913.

[219] Farabegoli F, Rodríguez L, Vieites J M, et al. Phycotoxins in Marine Shellfish: Origin, Occurrence and Effects on Humans. Marine Drugs, 2018, 16 (188).

[220] Copernic P N, Canada O, Centre G F. Pseudo-nitzschia (Bacillariophyceae) species, domoic acid and amnesic shellfish poisoning: revisiting previous paradigms. Phycologia, 2012, 51 (March): 168-216.

[221] Tibbetts B M, Baden D G, Benson J M. Uptake, tissue distribution, and excretion of brevetoxin-3 administered to mice by intratracheal instillation. Journal of Toxicology & Environmental Health Part A, 2006, 69 (14): 1 325-1 335.

[222] Riddall D R. A novel drug binding site on voltage-gated sodium channels in rat brain. Molecular Pharmacology, 2006.

[223] Lepage K T, Baden D G, Murray T F. Brevetoxin derivatives act as partial agonists at neurotoxin site 5 on the voltage-gated Na+ channel. Brain Research, 2003, 959 (1): 120-127.

[224] Colman J R, Ramsdell J S. The type B brevetoxin (PbTx-3) adversely affects development, cardiovascular function, and survival in Medaka (Oryzias latipes) embryos. Environmental Health Perspectives, 2004, 111 (16): 1 920-1 925.

[225] Ross C, Ritson-Williams R, Pierce R, et al. Effects of the Florida red tide dinoflagellate, Karenia brevis, on oxidative stress and metamorphosis of larvae of the coral Porites astreoides. Harmful Algae, 2010, 9 (2): 173-179.

[226] Plakas S M, Dickey R W. Advances in monitoring and toxicity assessment of brevetoxins in molluscan shellfish. Toxicon Official Journal of the International Society on Toxinology, 2010, 56

（2）: 137-149.

[227]　Watkins, Sharon M. Neurotoxic Shellfish Poisoning. Marine Drugs, 2008, 6（3）: 430-455.

[228]　Baden D G, Mende T J. Toxicity of two toxins from the Florida red tide marine dinoflagellate, Ptychodiscus brevis. Toxicon Official Journal of the International Society on Toxinology, 1982, 20 （2）: 457-461.

[229]　Selwood A I, Ginkel R V, Wilkins A L, et al. Semisynthesis of S-desoxybrevetoxin-B2 and brevetoxin-B2, and assessment of their acute toxicities. Chemical Research in Toxicology, 2008, 21 （4）: 944-950.

[230]　Benson J M, Tischler D L. Uptake, tissue distribution, and excretion of brevetoxin 3 administered to rats by intratracheal instillation. Journal of Toxicology & Environmental Health, 1999, 57（5）: 345-355.

[231]　Caillaud A, Iglesia P, Darius H T, et al. Update on Methodologies Available for Ciguatoxin Determination: Perspectives to Confront the Onset of Ciguatera Fish Poisoning in Europe [1]. Marine Drugs, 2010, 8（6）.

[232]　Robert W, Dickey, et al. Ciguatera: A public health perspective. Toxicon, 2010.

[233]　Jr W T D, Kohler C C, Tindall D R. Ciguatera Toxins Adversely Affect Piscivorous Fishes. Transactions of the American Fisheries Society, 1988, 117（4）: 374-384.

[234]　Ledreux A, Brand H, Chinain M, et al. Dynamics of ciguatoxins from Gambierdiscus polynesiensis in the benthic herbivore Mugil cephalus: Trophic transfer implications. Harmful Algae, 2014, 39（10）: 165-174.

[235]　Colman J R, Dechraoui M-Y B, Dickey R W, et al. Characterization of the developmental toxicity of Caribbean ciguatoxins in finfish embryos. Toxicon, 2004.

[236]　Li J, Liu C N, Cheng S H, et al. Physiological and behavioural impacts of Pacific ciguatoxin-1 （P-CTX-1） on marine medaka（Oryzias melastigma）. Journal of Hazardous Materials, 2017.

第 5 章　赤潮检测和监测技术

5.1　赤潮生物的检测技术

根据联合国教科文组织政府间海洋学委员会（IOC-UNESCO）统计结果表明[1]，目前有害藻类物种就多达 200 种左右，由于赤潮生物的多样性与产毒性，建立其准确、快速的检测方法与技术对赤潮的应急响应非常重要。传统的藻类鉴定主要是基于显微镜下观察形态特征，但这一方法往往耗时耗力，需要长期积累的分类经验，并且难以满足大量样品的检测需求。随着科学技术的发展，现代的分子生物学，自动化技术与遥感检测技术等也应用到赤潮生物的快速检测技术中，但目前各类方法比较来看都各有优劣。未来基于这些手段所形成的高效空—天—海一体化监测也是指日可待。

5.1.1　光学显微镜技术

光学显微镜技术虽然是最为传统的技术，但仍然是目前最为广泛应用于最直接的赤潮生物的检测技术。在样品采集后可以通过显微镜观察直接判断肇事种，但通过普通光学显微镜，很多时候只能鉴定到属，只有在特定区域时常暴发的种群，具有经验的微藻鉴定人员可以通过形态判断到种。

如果通过电子显微镜进行进一步观察，并可以全面地判断微藻的形态，将在普通光学显微镜下难以判断的种类进行明确鉴定，如：亚历山大藻与拟菱形藻等。但电镜样品制备过程相当繁琐，样品鉴定时间又长，并不适合常规的监测鉴定。在实际工作或者研究过程中，由于采样后并不能直接对样品进行观察，需要固定后再观察，这也同样给赤潮种类的鉴定产生了挑战，如部分赤潮种类（*Heterosigma akashiwo* 等）极易在鲁哥氏固定液、多聚甲醛与戊二醛等固定试剂加入后破碎，或者细胞形态变化。

---

① Lundholm N, Churro C, Fraga S, et al. (2009 onwards). IOC-UNESCO Taxonomic Reference List of Harmful Micro Algae. Accessed at https：//www.marinespecies.org/hab on 2022-07-31. doi：10.14284/362.

5.1.2　分子检测技术

分子检测技术是随着现代分子生物学的高速发展应运而生，并快速应用到了赤潮研究与检测的领域。DNA 条形码概念的引入使得人们对赤潮原因种的鉴定更标准化。科研人员通过开发特异性引物与探针等，基于样本核酸扩增呈指数增长，样本DNA 含量与扩增产物呈现对数成正比，反应体系中的荧光染料或荧光标记物（荧光探针）与扩增产物结合发光，其荧光量与扩增产物量成正比，因此通过荧光量的检测就可以测定样本核酸量。基于 DNA 条形码概念，科研人员开发了基于定量 PCR（qPCR 或者数字 PCR）的有害藻华快速检测技术并应用于赤潮检测中。

5.1.3　遥感检测技术

伴随着卫星遥感等技术的快速发展而不断强化与优化的一项对赤潮发生、发展与监控的一个重要监测手段，特别是针对大规模的赤潮的监测与检测，可以做到良好的应用。遥感的方法是根据总叶绿素浓度判断水体中藻类数量并结合水体的光谱特征变化，对比疑似原因种的细胞色素特征及相应的吸收光谱波段，可以细化到甲藻、硅藻等更进一步分类群的反演与监测。由于卫星遥感常常受到云层的影响，近来基于无人机等的遥感也在长足发展。遥感技术在赤潮领域的应用虽然可以做到自动监控或者半自动监控，但限于大尺度检测，对于小型赤潮、近岸赤潮、水下赤潮、夜间暴发赤潮等类型仍然有相当的短板。尽管目前遥感领域很难做到对种群的精细化检测，但随着遥感技术的进一步发展，基于卫星遥感的赤潮研究与检测是未来一个十分重要的发展方向。

5.2　赤潮立体监测平台

近年来，多平台传感技术、多平台遥感技术、数据实时通信技术、关系型分布式数据库管理技术、网络化数据处理与信息产品开发技术、规范化数据共享与信息服务技术的发展，为建立各类业务化海洋监测和信息应用系统奠定了技术和物质基础。以国家总体需求为驱动，建立海洋环境立体监测集成系统，是海洋监测技术发展的必然趋势。海洋环境监测实时及历史数据处理分析、数据库管理、信息产品开发、数据共享与信息服务的技术设计与集成，及时准确地发布各种海洋灾害预报预警，提供全面的、系统的海洋动力环境和生态环境信息共享资料，可为区域性海洋防灾减灾和海洋环境管理提供实时信息的网络平台，也可为各级政府制定海洋环境保护规划、防灾减灾的决策提供依据。

海洋环境立体监测系统是系统的核心部分，其提供所有海洋环境监测的数据源，测量方式有常规定点测量、走航测量、实验室测量、遥感遥测、自动输入（自容式测量仪器和延时资料，包括时间序列剖面栅格等）等，测量平台有台站观测、雷达遥测、锚系浮标、海底观测、飞机遥感、卫星遥感、船载测量仪器等。

5.2.1　船舶监测平台

以船舶平台为载体的走航式调查对于中远海海洋环境、海洋资源的调查研究具有十分重要的意义。船舶监测平台，主要包括船舶走航或定点的船用测量设备和船舶数据处理网络系统。

目前国际上通常采用的船用调查测量设备主要有：自容式/直读式高精度温盐深剖面仪（CTD）、船用走航式声学多普勒流速剖面仪（ADCP）、船用走航抛弃式温盐深测量仪（XBT，XCTD）、船用拖曳测量系统等。然而针对船载海洋生态环境现场监测集成系统方面的研究鲜有报道。

墨西哥湾沿岸海洋观测系统（GCOOS）是美国著名的海洋环境自动监测系统，该系统集成了得克萨斯州浮标潜标网、岸基监测站、监测船、卫星遥感系统等，覆盖了墨西哥湾沿岸海域，可以长期准确地对该海域的海洋环境动力要素监测，经过分析处理形成信息服务产品，从而可以预报飓风、海浪、赤潮、溢油等海洋灾害。

美国海军 TAGS60 级新型多功能海洋调查船就装备有多波速回声测深系统、CTD 测量系统、ADCP、投弃式传感器子系统等。

日本渔业调查兼环境调查船"德岛"号是一艘排水量 80 t 的海洋综合调查船，是同等级调查船现代化、自动化程度较高的一艘调查船。该船主要在日本领海内的近岸浅海进行生物资源、现场水质、水文气象要素、地质及海底地形等调查工作。

我国海洋调查监测船从 20 世纪 80 年代中期就开始应用微机局域网技术，基本实现了海洋动力环境监测数据的自动采集、处理和系统控制，但有关船载海洋生态环境现场监测集成系统方面的研究至 2000 年以后才开始取得实质进展并进行示范应用。

香港小型海洋监测船"林蕴盈博士号"主要航行于香港管辖的近岸海区，配备连续记录设备和差分全球定位系统（DGPS），主要传感器集成在 CTD 上，可实时获取水文气象、pH 值、盐度、浊度和溶解氧等若干有限的监测参数。

"中国海监 21"船于"十五"期间集成了国家 863 计划支持研制的 13 台海洋生态环境现场分析仪器，形成船载海洋生态环境现场监测集成示范系统。

"向阳红 08"船于"十一五"期间建立了船载海洋生态环境监测技术系统，实现了海洋生态环境监测要素的自动实施在线监测，其主要功能包括：水样自动采集、分配，水样自动实时分析，数据实时处理和传输。

以上工作大大推动了我国船载海洋生态环境监测技术的发展，但由于我国海域分布广，不同海区之间存在较大的特征差异，如东海海域由于悬沙含量高相关技术无法整体移植至该区域进行应用。鉴于此，借助国家 863 计划重点项目"重大海洋赤潮灾害实时监测与预警系统"，依托"中国海监 47"船为平台，解决了高悬沙含量对现场环境监测影响的问题，首次建立了适用于我国全海域的船载海洋赤潮灾害现场监测技术系统，该系统目前已经进行业务化应用，同时已将相关技术移植至其他船舶平台（如"向阳红 28"船）进行应用推广。

（1）平台组成

船舶监测平台主要由以下 3 个系统构成，即支持系统、监测系统和信息系统（表 5-1）。

表 5-1　船舶监测平台的组成

一级	二级	具体工作内容
船舶监测平台	支持系统	实验室环境改造
		水样采集与分配系统
		船载局域网
		视频监视监控系统
	监测系统	生态环境监测仪器
		船行辅助仪器
	信息系统	船载数据库
		信息管理系统

支持系统主要包括对船舶进行实验室环境改造，建立水样采集与分配系统，构建船载局域网，建立船载视频监视系统。

监测系统凭借模块化的设计可在船舶平台上根据实际需求对监测仪器进行更换与增减。在本书中主要包括海洋生态环境监测仪器和船载监测仪器两大类，生态环境监测仪器包括营养盐自动分析仪、海水营养盐分析仪、多参数水质仪、光纤溶氧仪、流式细胞仪；船载监测仪器包括 C 站、GPS、测深仪、自动气象站、电罗经等。

信息系统通过建立船载数据库和信息管理系统实现船载设备的集中控制、监测数据的处理、分析、存储和实时传输，并提供现场信息服务。

（2）船载监测系统

"中国海监47"船载平台监测系统包括数据信息集成系统、自动气象站、水样采集、预处理和分配系统、水质监测系统（营养盐自动分析仪、海水营养盐分析仪、多参数水质仪、光纤溶氧仪、赤潮生物监测仪等）。

系统工作流程如下：到指定站位后，信息中心发出指令，驱动采水系统采集样品，并分配至各检测仪器（多参数水质仪和光纤溶氧仪为原位测量），仪器的检测数据按指令发送至信息中心，通过网络输送到陆地实验室，完成一个站位的监测周期。船载监测平台系统试验包括水样采集、水样分配、仪器在线分析、数据入库、数据远程传输、系统清洁维护等过程。在每个站位采3层（表层、中层、底层）的情况下，从采水开始，大约需要1.25 h完成所有监测项目的测试分析，并将数据传输至船载数据信息中心。时间周期满足项目设置的"重大赤潮灾害预警产品制作时间不大于3 h"的要求。船载监测设备中，水样采集、预处理与分配系统，非连续流动营养盐分析仪、流动注射营养盐分析仪和赤潮生物现场监测仪等4套设备通过采水、一级过滤、管路水样输送分配、二级过滤、样品检测形成了一个有机的整体，可以全自动完成整个监测流程。本节着重介绍这4套监测设备。船载系统中配备的多参数水质仪和光纤溶氧仪为原位测量仪器。

5.2.2　岸基监测平台

岸基监测站是当前获取定点海洋要素的主要手段，其优点是观测资料具有实时性、连续性的特点。岸基监测系统主要包括有人值守海洋环境监测站、无人值守海洋环境监测站、岸基高频地波雷达站、岸基测冰雷达站等。目前，海洋观测系统已经形成了较为完备的岸基观测站网。监测岸基站处于起步阶段，刚刚建立起少量示范站点，远远无法满足保障经济发展及提高应对近岸海洋灾害能力的需要。应在近岸海域建立有人或无人值守岸、岛基海洋环境监测站，对近岸海域海洋环境要素进行实时、定点、连续监测，提高应对海洋灾害的能力。

（1）岸基站选址

岸基站为赤潮立体监测系统中的监测平台之一，用于近岸高频次监测和岸基定点连续监测，自动化程度高，可实现实时、长期、连续、定点监测，累积长期监测资料，为赤潮发生预警报及规律研究提供基础数据，满足对周边海域的赤潮监测与预警、有毒赤潮监测、赤潮监测能力建设等较广泛的需求。赤潮立体监测系统中的岸基站配备有专职从事赤潮监测的技术人员，定期开展赤潮监测控区监测和海水浴场监测。

（2）岸基站的监测技术

岸基实验室具有常规水文气象监测、海水监测、沉积物监测能力，可以监测风速、风向、气温、水温、透明度，水质 pH 值、盐度、溶解氧、化学需氧量、营养盐、叶绿素、浮游植物，沉积物中有机碳和硫化物等指标，具备水质、沉积物和生物采样能力。除配备有监测以上指标的所有常规仪器、实验器具和纯水机等，再配备营养盐自动分析仪、光纤溶氧仪及多参数水质仪等快速检测仪器、赤潮藻试剂条快速监测技术，承担赤潮监控区常规监测工作和赤潮岸基站试运行监测。针对赤潮示范区赤潮暴发频繁的现状，选择对环境污染、人类健康以及近海生态环境造成较大危害的赤潮藻（如塔玛亚历山大藻、原甲藻属等）为分析样本，以最为常见、毒性最大的麻痹性贝毒（PSP）和腹泻性贝毒（DSP）为研究对象，采用最先进的 HPLC-TOF-MS 技术，结合目前最先进的样品前处理技术（如固相萃取技术），建立赤潮示范区水体及藻体中 PSP 和 DSP 快速检测新方法，适用于海水和各种赤潮藻体中 PSP 和 DSP 快速检测。

5.2.3　浮标监测平台

（1）平台组成

海洋浮标是以锚定在海上的观测浮标为主体组成的海洋水文气象自动观测站。沿海和海岛观测站观测到的数据只能反映近海和临岛海域的情况，对远洋航行起不了作用。而建立海洋浮标就可解决这个问题。海洋浮标是一个无人的自动海洋观测站，它由被固定在指定的海域，随波起伏，如同航道两旁的航标。它能在任何恶劣的环境下进行长期、连续、全天候的工作，每日定时测量并且发报出多种水文气象水质等要素。

海洋浮标分为水上和水下两部分。水上部分装有多种气象要素传感器，分别测量风速、风向、气压、气温和湿度等气象要素；水下部分有多种水文要素的传感器，分别测量波浪、海流、潮位、海温和水质等海洋传感要素。各传感器产生的信号，通过仪器自动处理，由发射机定时发出，地面接收站将收到的信号进行处理，就得到了人们所需的资料。有的浮标建立在离陆地很远的地方，便将信号发往卫星，再由卫星将信号传送到地面接收站。

海洋赤潮灾害实时监测与预警系统针对浮标系统主要包括 3 种类型的浮标，分别为大型赤潮监测浮标、生态监测浮标和光学浮标。

（2）大型赤潮监测浮标

在较远海域进行赤潮实时在线监测，能抵御强风强浪的大型浮标成为首选，通过对现有大型浮标的改进与研制，为赤潮现场快速监测与检测技术提供有效的技术支撑及监测平台。大型赤潮浮标是能够全天候、连续、自动采集和传输海上水文气象水质资料的圆盘型浮标，监测系统由浮体、锚系和岸站接收装置组成，浮体上承载各类传感器，主要观测项目包括风向、风速、气温、湿度、气压、水温、盐度、波浪、海流、溶解氧、pH 值、叶绿素和浊度等观测资料，可用于长期和短期的天气预报、海象预报、常规水质参数监测等。

（3）生态监测浮标

生态要素监测浮标是获取赤潮频发海域水质参数变化状况，为赤潮监测和预警方法研究提供实时数据的最经济、快速、有效的手段。生态监测浮标是监测海洋环境和海洋水产养殖区水质污染状况的浮标系统，由浮标、锚系和接收站等部分组成，监测要素包括水温、盐度、pH 值、溶解氧、叶绿素、浊度等，可自动完成数据实时采集、处理、存储及传输；生态要素监测浮标对于赤潮灾害的跟踪监测、赤潮移动和扩散过程的预报，对赤潮可能造成灾害的预警和灾害评估提供实时可靠的数据，具有重要的意义。

生态浮标主要由 3 个部分组成。第一部分为水下探头，以传感器组合的方式完成常规要素测量（温度、盐度、溶解氧、pH 值）和增加测量要素（浊度、叶绿素 a）。第二部分为数据舱，它是本系统全部电子仪器的载体，内设 CDMA 数据传输模块、数据采集处理器、GPS 定位装置，天线接口、充电接口、水下探头接口。第三部分为浮体，上镶嵌太阳能板，即起到浮标的平衡作用，又可给浮标蓄电池补充能源。

生态浮标采用间歇工作方式，工作频次为 1 次/h。浮标状态包括：工作状态和休眠状态，由时钟设定浮标监测时间。浮标处于工作状态时，由值班电路启动 CPU 运行，系统控制多参数水下探头完成数据采集、存储和发送，完成监测工作后，系统自动关电进入“休眠”状态，除时钟处于工作状态外，系统其余用电部分均断电休眠，等待时钟发出下一次工作命令。工作流程如图 5-1 所示。浮标通信的基本方式采用 CDMA 通信系统，数据以短消息的形式进行传送。在 CDMA 覆盖范围内，均可以接收观测系统发送的数据。

岸站接收系统由接收天线、通信模块、检测器（PC 机）组成。主要功能为定时接收浮标发送的数据，由数据处理软件进行处理。有两种方式用户可自行选择：方式一，用手机直接接收浮标发来的测量参数信息；方式二，由 PC 机及岸站接收模块组成。

主要功能指标如下：

监测项目：温度、盐度、pH 值、溶解氧、浊度、叶绿素 a；

测量参数指标：见表 5-2 测量参数指标；

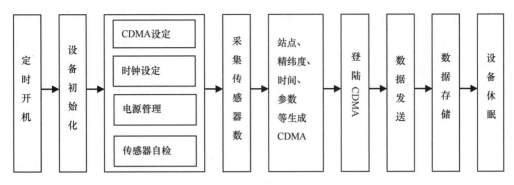

图 5-1　生态浮标工作流程

布放水深：<20 m；

工作方式：每小时工作 1 次；

通信距离：CDMA 网覆盖范围内；

布放方式：单点锚定；

数据传输：CDMA 通信，数据传输以短信方式发送；

定位：GPS 定位，定位精度±100 m；

电源：锂电池供电；

体积：200 mm×1 300 mm；

重量：小于 30 kg。

测量参数指标如表 5-2 所示。

表 5-2　测量参数指标

测量项目	类型	测量范围	分辨率	准确度
水温	热敏电阻	0~35℃	0.01℃	±0.05℃
盐度	实用盐度计算方法	0~35	0.01	±0.1
pH 值	电极	0~14	0.01	±0.2
溶解氧	电极	0~15 mg/L	0.01 mg/L	±0.3 mg/L
浊度	光学	0~1 000 FTU	0.03 FTU	测量值的±2%
叶绿素	光学	0.1~400 μg/L	0.01 μg/L	测量值的±1%

（4）光学浮标

现场高光谱光辐射测量即海洋光学浮标观测技术对赤潮过程及其种群动态的水色监测具有快速、实时、直接等优势。海洋光学浮标可以实现对海洋光学特性进行时间序列上的综合性检测，由标体系统、通信系统、锚系和岸站接收中心组成，承载的主要设备是光学仪器，可用于连续观测海面、海水表层、真光层乃至海底的光学特性，以获取相应层面的太阳辐射高光谱数据。海洋光学浮标在海洋水色遥感现场辐射定标和数据真实性检验、海洋科学观测、近海海洋环境监测和海洋军事科学方面有着重要的应用价值。

光学浮标主要由 4 个部分组成。第一部分为水下探头；第二部分为数据舱，内设 CDMA 数据传输模块、数据采集处理器、GPS 定位装置、天线接口、充电接口、水下探头接口；第三部分为浮体，上部安装太阳能电池板，同时起到浮标的平衡作用，又保护内部电子装置和电池；第四部分为锚系，起到固定浮标的作用。

主要技术指标如下：

尺寸：2 m（直径）×10 m（高）；

标体重量：650 kg；

排水量：1.41 t；

锚重：1 000 kg；

锚链：直径 25 mm；

抗风能力：12 级；

岸站接收系统：主要为 PC 机（实验室固定 IP），内装实验室接收软件，定时接收浮标发送的数据，由数据处理软件进行处理。

5.2.4　浮标信息集成

浮标监测平台监测的信息接收落地后都通过相应的数据解析和数据同步软件将监测数据入库存储，为最终的信息集成系统——赤潮监测运行服务信息系统提供数据源。由于生态浮标、大浮标以及光学浮标的监测数据格式各异，需要对其进行解析和规范化定义，因此集成方与浮标研发方制定了详细的浮标监测数据格式协议，约定由浮标方开发数据解析及转换软件，将浮标监测的原始数据转换成通用的 XML 文件，为数据集成提供准备。图 5-2 为浮标信息采集及流向图。

5.2.5　卫星平台

赤潮常规监测手段主要是，当赤潮发生时，利用船舶对赤潮发生、发展和消亡过程水体生化参数、赤潮物种等进行采样分析，实现对赤潮灾害的现场监测；除此之外，对沿海赤潮的监测主要来自海监飞机、渔民、志愿者等及时发现、监测与上报。这些监测手段容易受到赤潮暴发不确定性以及天气、海况等诸多因素限制，且监测的费用通常较高。相比之下，卫星遥感平台具有覆盖范围广、重复率高、成本

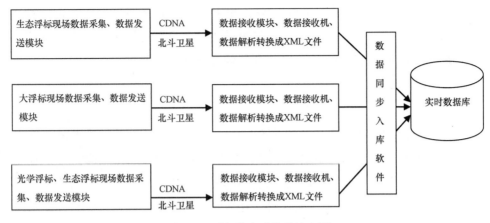

图 5-2　浮标信息采集及流向图

低廉等优势，近年来已成为赤潮监测不可或缺的重要手段。卫星平台具体由自然资源部第二海洋研究所构建和运行。本卫星平台系统由卫星数据接收和数据处理子系统和赤潮遥感监测服务技术子系统组成。本章节将从卫星传感器的选择、卫星接收和处理子系统的构建和赤潮遥感监测服务子系统的开发等方面详细介绍目前的赤潮遥感业务化监测卫星平台。

海洋水色卫星遥感起始于 1978 年美国 NASA 发射了装载有海岸带水色扫描仪 CZCS（Coastal Zone Color Scanner）的 Nimbus-7 号卫星，开辟了利用遥感监测全球性海洋水色因子的历史。此后，欧共体、日本、印度、韩国都陆续发射了监测海洋环境的海洋遥感系列卫星，如搭载在美国 Aqua 与 Terra 卫星平台上的中分辨率光谱成像仪 MODIS（moderate-resolution imaging spectroradiometer）、欧洲 Envisat-1 卫星平台上的中等分辨率成像频谱仪 MERIS（medium Resolution imagingspectrometer）、中国海洋一号（HY-1）系列卫星平台上的海洋水色水温扫描仪 COCTS（Chinese Ocean Color and Temperature Scanner）、韩国海洋水色卫星 COMS-1（Communication OceanMeteorological Satellite）平台上的地球静止海色成像仪 GOCI（Geostationary Ocean Color Imager）等。卫星遥感技术在海洋探测方面的应用越来越广泛，所搭载的海洋遥感器在性能与技术方面也越来越强大。

（1）分辨率成像光谱仪

分辨率成像光谱仪（MODIS）是搭载在 Terra 和 Aqua 系列卫星上的重要探测仪器，采用免费直接广播的形式接收数据并无偿使用的星载仪器，是当前世界上新一代"图谱合一"的光学遥感器。它在 0.4~14 μm（可见光到热红外）的电磁波谱范围内设有 36 个通道且达到中等空间分辨率水平（250~1 000 m）。它的扫描宽度是 2 330 km，一幅 MODIS 影像可以完全覆盖中国大部分海岸带区域，可以比较容易地得到完全同步的影像。Terra 卫星和 Aqua 卫星上的 MODIS 数据在时间更新频率上相配合，可得到每天最少两次白天和两次黑夜的更新数据。这样快的更新频率对于开展自然灾害与生态环境监测、全球环境和气候变化研究以及进行全球变化的综合性研究具有非常重要的实用价值。

（2）中等分辨率成像频光谱仪

中等分辨率成像频光谱仪（MERIS）是由法国与荷兰共同开发研制并搭载于ENVISAT 卫星上，于 2003 年 5 月正式投入使用。它能同时满足观测大气、海洋和陆地的需要，其独特的在轨处理功能、精细的光谱波段设置与可调节的两种空间分辨率使其在水色遥感器中占有绝对优势，在海洋方面可专门测量海洋与近岸水体水色，包括探测海表面叶绿素浓度、悬浮物质浓度、溶解有机物等。

MERIS 是推扫被动式成像光谱仪，扫描过程是一排由 5 架摄像机排列组成的探测器元件完成，共同观测旁向 1 150 km 宽的地面刈幅，每 3 天覆盖全球 1 次，信噪比高达 1 700。MERIS 遥感器在 0.39~1.04 μm 波谱范围内设有 15 个波段，带宽范围为 3.75~20 nm，可见光光谱的平均带宽为 10 nm。15 个波段精细的辐射测量可以提供海洋生产力、海岸带尤其是海洋沉积物的观测。对海岸带与陆地测量的 300 m分辨率数据需要实时传输到地面接收站，对大面积海域监测的分辨率为 1 200 m，记录在星上记录器上。ENVISAT 利用接收 ERS 卫星数据的地面接收站网为世界各地的区域用户提供服务

（3）十波段海洋水色扫描仪

十波段海洋水色扫描仪（COCTS）是我国海洋一号（HY-1）系列卫星上的主遥感器之一，主要用途为探测海洋水色环境要素、水温、浅海水深和水下地形等。其主要作用是：掌握海洋初级生产力分布和环境质量、了解河口港湾的悬浮泥沙分布规律以及监测海面赤潮、溢油、热污染、海冰冰情等。HY-1A 卫星再访问时间为3 d，HY-1B 卫星再访问时间为 1 d。两卫星的 COCTS 均包含 8 个可见光近红外波段和两个热红外波段，星下点分辨率小于或等于 1.1 km，数据的量化级数为 10 bits。

（4）地球静止海色成像仪

地球静止海色成像仪（GOCI）是 2010 年韩国发射的世界上第一颗静止轨道海洋水色卫星 COMS-1 上所搭载的遥感器。该卫星发射成功后便成为全球水色遥感研究领域的焦点，开创了水色遥感探测的新时代，与其他海洋水色遥感器不一样，GOCI 可以以独特的高空间分辨率和时间分辨率（1 h 更新 1 次）来观测远海和近岸的水域。GOCI 的地面分辨率为 500 m×500 m，覆盖范围为 2 500 km×2 500 km，轨道高度为 35 786 km，信噪比大于 1 000，观测频率 1 h，每天产出 10 景影像（白天8 景，夜晚 2 景），设计寿命 7 年。不仅如此，GOCI 的精度非常高，其辐射校正误

差小于 3.8%，且它覆盖中国大部分的海域，其数据可以免费获取，其超高的时空分辨率使得 GOCI 在监测短时间周期变异的特性中具有很大的优势。GOCI 根据应用目的不同可提供长、短期观测，对海洋系统循环变化、海上突发性事件实时监测及后续消除治理等工作都有不可忽视的重要作用，发展前景良好。

第6章　赤潮灾害及其风险评估

6.1　赤潮灾害的分类

赤潮是海洋中由于某种或多种海洋浮游生物（主要是藻类）在一定环境和条件下异常增殖而引起的一种能使局部水体变色的生态灾害现象，引起水色多为红色，故称为赤潮或红潮。赤潮是一种自然现象，是海洋生态系统恶化的表象之一。赤潮现象自古有之，是浮游生物的"花期"（bloom period）或藻华，是赤潮生物在适宜环境条件下的一种自发过程[1]。同时，赤潮也是一种人为现象。工业社会以来，沿海地区城市化进程加快，大量的工农业废水和生活污水排放入海，加剧了水体富营养化程度，海洋环境日益恶化，在中国近海赤潮范围从无毒无害赤潮的有毒有害，及新品种不断涌现，呈现出"多元化，危害性和小型化"的演化趋势[2]，对沿海地区社会经济发展和生态系统健康构成严重威胁。从严格意义上来讲，赤潮灾害仍属于自然灾害的一种。赤潮灾害不仅会威胁暴发海域的生态环境安全，造成海洋食物链的局部中断、破坏生态系统平衡，还可能损坏人类健康和经济发展。因此，为维护海洋生态环境安全、保障经济健康发展，开展赤潮灾害研究尤为必要[3]。

纵观赤潮灾害国内外研究进展，中国的赤潮研究可以分为 3 个阶段。初始阶段（1952—1976 年），主要是从 1952 年原中央水产所记述发生于黄河口范围约 1 460 km² 夜光藻赤潮及危害，后经费鸿年在《学艺杂志》正式发表这一文章为开始的[4]。而后周贞英对福建沿海的束毛藻赤潮也进行了报道。起步阶段（1977—1989 年），赤潮问题开始受到注意，国家自然科学基金委等国家有关部门均先后设立赤潮研究课题，对此进行研究[5]。发展阶段（1990—2000 年），1990 年以来，我国赤潮研究开始跨入了一个新的发展研究，其主要特点是研究领域的拓展和研究内容与国际接轨[4]。美国的赤潮研究工作开始于 20 世纪 40 年代中期，研究领域遍及赤潮生物海洋学、赤潮生物分类学、赤潮毒物学等方面，20 世纪 80 年代后期，美国注重赤潮问题的国际联合研究，如 1989 年夏，美国组织了北大西洋实验计划，参与的国家有加拿大、德国、法国、荷兰与英国等。1992 年，在佛罗里达新建一个国家有毒甲藻类研究中心，内容包括分类学、生理学、毒物学等[6]。同时，日本作为赤潮多发的国家，对赤潮的研究工作起步也较早，始于 20 世纪 60 年代，在赤潮发生机理、生态特征、监测预报和预防对策等方面，取得了一些成功的经验[7]。

6.1.1　按赤潮灾害成因和来源分类

依赤潮灾害成因不同专业领域的研究人员从不同角度对赤潮灾害的分型做了很多有益的探索（表6-1）。例如，张有份将赤潮分为有毒赤潮和无毒赤潮，外来型和原发型赤潮，单相型、双相型和复合型赤潮等[8]。齐雨藻等根据赤潮有无毒性，将赤潮分为无毒的赤潮、有毒的赤潮和对人无害但对鱼类及无脊椎动物有害的赤潮3 类[9]。但上述分类，较多侧重于赤潮的学术研究，而忽视了赤潮对人类生命健康及海洋渔业的破坏影响力。因此，江天久等根据赤潮原因种的性质及对养殖水体的破坏程度，将赤潮分为无害赤潮、有害赤潮、鱼毒赤潮和有毒赤潮 4 类[10]。《赤潮灾害处理技术指南》（GB/T 30743-2014）中对赤潮灾害的分类分级做了详细描述，根据赤潮生物是否产生毒素或毒性物质分为有毒赤潮和无毒赤潮，而根据赤潮成因和来源则可分为外源性赤潮和内源性赤潮[11]。

表 6-1　按赤潮灾害成因和来源分类结果

指标	解释	来源
有害赤潮	引发赤潮的藻类本身没有毒性，但由于赤潮藻的机械性窒息作用或赤潮生物在死亡分解时产生大量对养殖生物有毒的物质并同时消耗水体中的溶解氧，造成养殖生物的大量死亡。如硅藻、夜光藻等	[10]
无害赤潮	海洋中某些赤潮藻数量增加的自然现象，引起赤潮的生物种对养殖的水产品和人类无毒性，一般对海洋生物没有不利影响，甚至在适量增加过程中促进养殖水产品的增长。如硅藻赤潮	[10]
鱼毒赤潮	对人无害，但对鱼类及无脊椎动物有毒的赤潮，这类赤潮生物能产生对鱼类毒性极强的毒素，可在短时间内（一般不超过 12 h）造成大量养殖鱼类的死亡。如米氏凯伦藻赤潮、球形棕囊藻赤潮和海洋卡盾藻赤潮等	[10]
有毒赤潮	由能够生产麻痹性贝毒（PSP）、腹泻性贝毒（DSP）、神经性贝毒（NSP）、失忆性贝毒（ASP）或西加鱼毒素（CTX）等直接威胁人类健康和生理功能的赤潮生物引发的赤潮	[10, 11]
内源性赤潮	某一海域具备了发生赤潮的各种理、化条件时，某种赤潮生物就地暴发性增值所形成的赤潮	[11]
外源性赤潮	赤潮并非是在原海域形成的，而是在其他水域形成后，由于外力（如风、浪、流等）的作用而被带到该海域	[11]

6.1.2 按赤潮发生的空间位置、物质来源以及水动力条件分类

由于赤潮的发生包括生物主体条件、基础条件（营养盐条件、水动力条件）和诱发条件（气象条件等）等[12]，表 6-1 中的分类涵盖了其中的部分内容不能完全解释赤潮灾害的机理。同时，由于赤潮的成因与发生机制因赤潮起因生物种类不同有所差异，并且与地理位置、水文状况、气象条件等自然环境有着密切的关系。不同的海区由于地理环境的差异，存在的赤潮生物种类不尽相同，理化和水文等环境条件也不一样，这是赤潮具有很强地域性的原因所在。赤潮生物是赤潮发生的内因，而赤潮生物的生长、发育和繁殖都需要从周围环境中摄取营养物质和能量，因此赤潮生物的各个生活阶段又都受到周围环境条件的制约。周围环境条件的变化可引起海域浮游生物种群的变化和演替，进而影响赤潮种类及其生消过程。即使相同的赤潮生物种类在不同的海区也表现出极不相同的生消特征，上述分类不能反映全面赤潮的成因机制。因此可以说，海区的自然地理特性、水动力条件和营养物质的来源及输送方式奠定了赤潮灾害发生的基础[12]。

赵冬至等在对我国近岸海域记录到的赤潮分布特征分析的基础上，主要依据赤潮发生的空间位置、营养物质来源以及水动力条件，将赤潮灾害分为河口型、海湾型、养殖型、上升流型、沿岸流型、外海型 6 种赤潮类型[12]。尽管我国海域由南向北跨越多个气候带，自然地理差异大，单个成因类型的赤潮在持续时间、发生位置、发生面积、赤潮区的形态以及灾害造成的经济损失等方面具有很多共性。由于赤潮灾害的发生受到营养盐、光照强度、海水温度、近海水动力等多方面因素的影响，灾害机制极为复杂。赵冬至等提出赤潮灾害的发生包括生物主体条件、基础条件（营养盐条件、水动力条件）和诱发条件（气象条件）等[12]，从表 6-1 中可以看出，他们对赤潮的分类更能彰显赤潮灾害的成因与发生机制。而江天久等则是以赤潮对公众的经济、生活影响作为侧重点，根据形成赤潮生物种类特性及其对人类健康和近岸水产养殖的影响对赤潮灾害分为 4 种类型[10]。虽然各专业人士的侧重点不同，但是均对赤潮灾害的分型提供了重要的参考依据。

6.2 赤潮灾害的分级

赤潮发生时海域浮游生物群落的结构发生变化，赤潮生物的大量繁殖和死亡对海洋生物的生存产生威胁，危害海洋生态环境，给海洋渔业、海水养殖业和滨海旅游业等造成一定的危害和经济损失[13]。因此，赤潮灾害所造成的损害主要集中在对海洋生态系统的影响、对海洋经济的影响以及对人体健康的危害 3 个方面。灾变等

级和灾度等级是灾害分等定级的两个重要内容。前者是从灾害的自然属性出发反映自然灾害的活动强度或活动规模，后者则是根据灾害破坏损失程度反映自然灾害的后果[13]。赵玲等统计了我国多年赤潮发生的规模（面积）、造成的经济损失、贝毒对人体健康的影响等方面，将灾害定为 5 级：单次赤潮面积分别在 1 000 km² 以上、500~1 000 km²、100~500 km²、50~100 km² 和低于 50 km² 的定为特大型、重大型、大型、中型和小型赤潮[14]。在前人的基础上，江天久等统计了 20 世纪 80 年代以来我国发生赤潮灾害的面积，发现我国赤潮灾害发生多以小型赤潮为主，因此为了便于赤潮灾害的管理和统计，简化了赤潮灾害等级，分为大型、中型和小型，其面积为：单次赤潮面积分别在 1 000 km² 以上、100~1 000 km² 和低于 100 km²[10]。上述分型分级方法不仅在赤潮灾害的统计上划定了统一的标准，而且对赤潮预警、防灾减灾方面也提供了重要的参考依据。在现行的标准《赤潮灾害处理技术指南》（GB/T 30743-2014）[11]中，对赤潮灾害的分级做了统一的规定。其按照赤潮灾害发生的影响范围、性质和危害程度，将赤潮灾害分为特别重大赤潮灾害、重大赤潮灾害、较大赤潮灾害、一般赤潮灾害、较小赤潮灾害和小规模赤潮灾害 6 级如下。

（1）发生于我国管辖海域的赤潮灾害，符合下列情况之一的，为特别重大赤潮灾害：

①近岸海域，无毒赤潮面积 5 000 km² 以上，或有毒赤潮面积 3 000 km² 以上；

②近岸以外海域，无毒赤潮面积 8 000 km² 以上，或有毒赤潮面积 5 000 km² 以上；

③因食用受赤潮污染的水产品或接触到赤潮海水，出现身体严重不适病例报告 100 人以上，或出现死亡人数 10 人以上；

④赤潮灾害两天内可能影响社会敏感海域（如重大活动海域），或两天内可能影响经济敏感海域并可能造成 5 000 万元以上的经济损失。

（2）发生于我国管辖海域的赤潮灾害，符合下列情况之一的，为重大赤潮灾害：

①近岸海域，无毒赤潮面积 3 000 km² 以上、5 000 km² 以下，或有毒赤潮面积 1 000 km² 以上、3 000 km² 以下；

②近岸以外海域，无毒赤潮面积 5 000 km² 以上、8 000 km² 以下，或有毒赤潮面积 3 000 km² 以上、5 000 km² 以下；

③因食用受赤潮污染的水产品或接触到赤潮海水，出现身体严重不适病例报告 50 人以上、100 人以下，或死亡人数 5 人以上、10 人以下；

④赤潮灾害 5 天内可能影响社会敏感海域（如重大活动海域）或两天内可能影响经济敏感海域并可能造成 1 000 万元以上、5 000 万元以下的经济损失。

（3）发生于我国管辖海域的赤潮灾害，符合下列情况之一的，为较大赤潮灾害：

①近岸海域，无毒赤潮面积 1 000 km² 以上、3 000 km² 以下，或有毒赤潮面积 500 km² 以上、1 000 km² 以下；

②近岸以外海域，无毒赤潮面积 3 000 km² 以上、5 000 km² 以下，或有毒赤潮面积 1 000 km² 以上、3 000 km² 以下；

③因食用受赤潮污染的水产品或接触到赤潮海水，出现身体严重不适病例报告超过 10 人以上、50 人以下，或出现死亡人数 5 人以下；

④赤潮灾害 10 天内可能影响社会敏感海域（如重大活动海域），或两天内可能影响经济敏感海域并可能造成 1 000 万元以下经济损失。

（4）发生于我国管辖海域的赤潮灾害，符合下列情况之一的，为一般赤潮灾害：

①近岸海域，无毒赤潮面积 500 km² 以上、1 000 km² 以下，或有毒赤潮面积 100 km² 以上、500 km² 以下；

②近岸以外海域，无毒赤潮面积 3 000 km² 以下，或有毒赤潮面积 1 000 km² 以下。

（5）发生于我国管辖海域的赤潮灾害，符合下列情况的，为较小规模赤潮灾害：无毒赤潮分布面积 100 km² 以上、500 km² 以下；或有毒赤潮面积 50 km² 以上、100 km² 以下。

（6）发生于我国管辖海域的赤潮灾害，符合下列情况的，为小规模赤潮灾害：无毒赤潮分布面积 100 km² 以下，或有毒赤潮面积 50 km² 以下。

6.3　赤潮灾害的风险评估

灾害风险评估是灾害发生前的预评估，是对一个给定区域内潜在的灾害事件发生的危险度（可能性）和有可能对承灾体造成的破坏程度（易损度）的预测性评估。因此，灾害风险评估是灾前风险评估、灾害监测预警预测、灾中应急响应和灾后损失评估等灾害管理与应急响应的重要一环和前提，不仅可以为灾害管理、决策和防治提供科学依据，还可以为区域经济发展规划、资源和合理开发利用提供参考依据。从灾害风险评估的含义可以看出，其具有灾害自然属性和社会属性的双重特征。对灾害的研究如果只关注对灾害的某一方面属性研究，而忽略了另外一方面属性的影响研究，则就没有从风险评估角度进行灾害研究，而不能全面反映出灾害的问题。

由于不同时期不同领域对风险的理解和认知程度不同，造成了风险的概念不一致。因此，联合国赈灾组织（UNDRO）和联合国人道主义事务部（UNDOHA）分别于 1991 年和 1992 年两次正式公布了自然灾害风险的定义为"风险是在一定区域和给定时段内，由于某一自然灾害而引起的人们生命财产和经济活动的期望损失"[15]，并提出了风险的定量表达式，也被称为风险度：

$$风险度(Risk) = 危险度(Hazard) \times 易损度(Vulnerability)$$

这一表达式较为全面地反映了风险的本质特征。危险度反映了灾害的自然属性，即灾害规模和发生频率（概率）的函数；易损度反映了灾害的社会属性，即承灾体人口、财产、经济和环境的函数；风险度是灾害自然属性和社会属性的结合，表达为危险度和易损度的乘积。

6.3.1 赤潮灾害的影响

赤潮灾害是指因赤潮发生而造成海区生态系统失去平衡，海洋生物资源局部遭到毁灭或破坏的海洋生态灾害。当前，作为世界公害的赤潮灾害在全球许多沿海海域频繁出现，也已遍及我国所有沿海省市海域，导致我国成为受赤潮灾害影响严重的国家之一[3]。有害赤潮不仅对我国近海生态、海水养殖、沿海旅游、核电站安全等产生有害影响，而且在污染贝类严重时还会威胁人类健康和生命[3]。根据国家海洋局海洋灾害公报公布的统计数据显示，赤潮灾害制约着我国沿海社会经济的持续发展。如何科学地进行赤潮研究和减灾，有效地进行赤潮防止已成为亟待解决的重大科学问题。目前，已经有众多学者从赤潮对人类社会和自然环境的影响进行了评估。

（1）对海洋生态平衡的影响

赤潮灾害的发生使海洋环境因素发生变化，打破了原有的海洋生态系统平衡，破坏了海洋生物赖以生存的栖息环境。

Okey 等结合西佛罗里达州陆架生态系统平衡营养模型 Ecopath、Ecosim 评估了浮游植物水华的覆盖对群落系统的潜在影响[16]；Capper 等分析了美国佛罗里达州搁浅的绿海龟与海牛组织内是否存在多种赤潮毒素[17]；Branch 等用多元群落分析、丰度和生物量分析研究了 1994 年的"黑潮"对南非西海岸岩石海岸潮间带群落的影响[18]；Delegrange 进行了为期 45 天的实验来测定鲈鱼暴露于不同浓度的赤潮种柔弱伪棱形藻的脆弱性[19]。

（2）对人类社会的影响

赤潮灾害暴发期间赤潮生物分泌的赤潮毒素将通过食物链直接或间接危害到人体健康，使人类社会的医疗费用增高。

Backer 综述了佛罗里达赤潮对沿海地区的影响：赤潮期间人们食用被污染区域的贝类会遭受神经性贝毒危害、人们可能吸入短裸甲藻毒素，导致呼吸系统疾病；赤潮的频繁暴发造成与旅游相关的损失每年超过 2 000 万美元；并造成商业性渔业收入的损失、后期修复损失、医疗负担增加等[20]；Hoagland 等构建了时间序列、截面回归的暴露–响应模型来检测佛罗里达州赤潮对人体健康的影响，并估计了相关的疾病花费[21]。

6.3.2　赤潮灾害的风险评估研究进展

赤潮灾害本质上是属于自然灾害的一种。赤潮灾害风险评估是赤潮风险管理与减灾管理的基础，需针对不同目的实施不同种类的赤潮灾害风险评估。根据赤潮灾害风险评估的结果，依据风险程度的不同，管理部门可以制定出相应的减灾政策。部署实施减灾工程，使减灾管理做到有的放矢。赤潮灾害风险评估成果可以为制定灾害应急预案、纳污海域污染总量控制、海洋水产养殖、滨海旅游业规划提供科学依据。具体操作中，对自然灾害的风险评估需要包括强度、规模、损失、影响评估和估算。赤潮灾害生态风险评估的研究因起步较晚，研究资料较少，尚属于新兴领域，目前赤潮灾害风险评估正逐步标准化、模型化和可视化。

依据上述赤潮灾害的危害和自然灾害风险评估的定义，认为赤潮灾害风险评估是对风险区内赤潮灾害暴发的可能性及其可能造成的损失后果进行定量分析和评估，即包括赤潮危险度评估与海洋社会经济易损度评估两大内容[1]。在此基础上，文世勇等提出了赤潮灾害风险评估指标体系和赤潮灾害风险评估模型，采用层次分析法和德尔菲法确定了各指标权重，并对渤海湾海域无毒赤潮、有毒赤潮和有害赤潮 3 种赤潮进行了实例评估；根据赤潮藻类最大比生长速率的氮磷比耐受性模型和赤潮形成基准细胞密度建立了氮磷比与赤潮暴发时间的关系模型[1]。Wang 等提出了评价东海赤潮相对风险的简化模型[22]；Wu 等对 Wang 等提出的赤潮风险模型进行了改进，结合 GIS 技术和统计方法分析了渤海西南部海域的赤潮事件[23]。柴勖结合组件式 GIS 平台 SuperMap Objects 与 C#开发语言设计与实现了赤潮灾害风险评估系统，得出了浙江省海域赤潮灾害危险度专题图和赤潮灾害风险专题图[24]。Lin 等利用复合富营养化指数（compound eutrophication index，CEI）将有害赤潮的关键因素联系起来，在文世勇[25]的研究基础之上对胶州湾的赤潮进行了灾害风险评估[26]。许多学者都对赤潮灾害风险评估模型进行了相关的研究工作，并建立了许多实用的模型，但所建立的模型通常会受到时间、地点及数据的限制而不具备通用性。目前的赤潮风险评估模型较为简单，赤潮灾害风险评估系统的研究不足。由于影响赤潮发生的因素很多，并且这些因素在赤潮生消过程的不同阶段产生不同的耦合作用，导致形成机制异常复杂，且造成的经济损失差别比较大，其间接损失难以估算，虽然其评估系统的研究取得了一定的成果，但还没有开发专门的进行赤潮灾害风险评估的系统。

6.3.3　赤潮灾害的风险评估的理论基础

自然灾害本就不是一个单一的现象，而是一个复杂的系统，是由孕灾环境、致灾因子、承灾体复合组成了区域灾害系统的结构体系，自然灾害是由于这几个部分共同作用产生的。因此，要建立综合性的赤潮灾害风险评估系统，需将灾害系统的几个部分综合起来，进行赤潮灾害风险评估。基于文世勇等[1,15]的研究成果及自然灾害风险理论，对应自然灾害结构体系，建立赤潮灾害评估技术，其中包括赤潮灾害风险度评估和海洋社会经济易损度评估。

赤潮灾害危险度评估是指评估赤潮灾害发生可能性，即评估灾害发生海域遭受赤潮灾害发生的可能性、频率高低及赤潮的强度大小。它分为两部分，一是致灾因子危险度评估，一是孕灾环境危险度评估。致灾因子危险度评估，是评估灾害发生海域赤潮可能发生的强度，致灾因子危险度越高，赤潮发生的强度越大。孕灾环境危险度评估是评估灾害发生海域发生赤潮的概率高低，孕灾环境因子危险度越高，发生赤潮的概率就越大。此外，海洋社会经济易损度评估是指承灾体对致灾因子的抗灾防灾能力评估，即评估灾害发生海域抵御赤潮灾害的能力高低。海洋社会经济易损度越大，赤潮灾害造成的损失越大。赤潮灾害中的承灾体主要包括人类、自然环境和各种自然资源等，赤潮承灾体易损度评估，是指致灾因子对承灾体的可能的破坏程度评估，即评估承灾体可能遭受的损失程度的大小，用承灾体因子易损度来表示，其评估结果越大，其可能遭受的损失程度就越大。灾害易损度评估是灾害系统最重要的属性之一，它在致灾因子和承灾体之间架起了桥梁，是灾害风险和响应能力两个变量的函数。显然，基于文世勇等的研究提出的赤潮灾害风险评估体系是从灾害风险评估理论出发，既考虑到了赤潮灾害的自然属性的分析，也考虑到了其社会属性的评价，方法较为成熟可行。因此，提出赤潮生态灾害风险评价基本模型：

$$H_R = H_v \times H_H \tag{6-1}$$

式中，H_R 表示赤潮灾害风险指数，H_H 表示赤潮危险度，H_v 表示赤潮易损度。

6.3.3.1　危险度评价模型

赤潮危险度评价模型为

$$H_H = \alpha H_1 + \beta H_2 \tag{6-2}$$

式中，H_H 表示赤潮危险度，α 表示致灾因子在危险度评估中的权重值，β 表示孕灾因子危险度在危险度评估中的权重值，H_1 表示致灾因子危险度，H_2 表示孕灾环境因子危险度。

其中，致灾因子危险度评价模型：

$$H_1 = \sum_{i=1}^{n} \alpha_i \times F_i \qquad (6-3)$$

式中，H_1 表示赤潮致灾因子危险度，α_i 表示致灾因子危险度评估中第 i 个指标的权重值，F_i 为致灾因子危险度评估中第 i 个指标的标度值。

其中，孕灾环境因子危险度评价模型：

$$H_2 = \sum_{i=1}^{n} b_i \times M_i$$

式中，H_2 表示孕灾环境因子危险度，b_i 表示孕灾环境因子危险度评估中第 i 个指标的权重值，M_i 为孕灾环境因子危险度评估中第 i 个指标的标度值。

6.3.3.2　易损度评价模型

赤潮易损度评价模型为

$$H_v = \sum_{i=1}^{n} c_i \times N_i$$

式中，H_v 表示易损度，c_i 表示易损度评估中第 i 个指标的权重值，N_i 为易损度评估中第 i 个指标的标度值，由海域使用类型的价值决定。

6.3.4　赤潮灾害风险评估指标体系

确定赤潮灾害风险评估指标体系是赤潮灾害风险评估的重要工作，直接关系到赤潮灾害风险评估的准确度。指标选取的原则主要遵循代表性、简明性、可操作性强的原则，主要考虑能反映赤潮灾害的密切关联指标。根据赤潮灾害风险评估的定义，其评估指标体系也分为赤潮灾害危险度评估指标和承灾体易损度评估指标。指标体系应在深刻剖析某海域赤潮成因的基础上根据具体的海域选取。指标体系的建立多采用层次分析法，如刘聚涛等利用层次分析法与模糊综合评价法对太湖的蓝藻水华进行了灾害程度评价[27]。

量化权重的方法则较多，如层次分析法（AHP）、德尔菲法（Delphi）、变异系数法和熵权法等。其中，文世勇等主张德尔菲法和层次分析法，这两种方法受主观性影响较大[25]。谢宏英等运用熵权法对宁德近岸海域进行了赤潮生态风险评价，熵权法对指标差异敏感性强，但缺乏各指标间的横向比较[3]。变异系数法能够分析单因子内部、横向结构规律，能够削弱层次分析法的内在主观性，但对指标差异敏感性弱。这些方法各自的缺点不可避免地会对赤潮灾害风险评估结果造成影响[1]。因此，可根据指标数据情况选择组合赋权法校正某些方法的偏性，使各种赋权方法的优点融为一体，综合运用和发挥最佳效应。

赤潮灾害危险度评估指标包括致灾因子危险度评估指标和孕灾环境因子危险度评估指标，致灾因子主要是指导致海洋生物死亡、破坏生态系统、引起人体异常反应、恶化水质量等有毒藻种、鱼毒藻种和无毒藻种。孕灾环境因子是指影响赤潮藻类生长、繁殖的外界环境条件。它包括影响海洋环境的营养盐、光照度、气象要素、水动力、海洋物理要素、外来藻种因素，如图 6-1 所示。

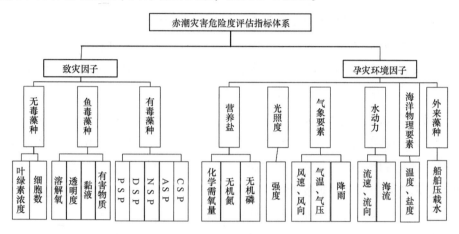

图 6-1　赤潮灾害风险危险度评估指标体系

赤潮灾害承灾体易损度评估指标主要是指环境中容易受到赤潮灾害影响的敏感区，包括各种海域使用类型。承灾体易损度评估指标体系如图 6-2 所示。

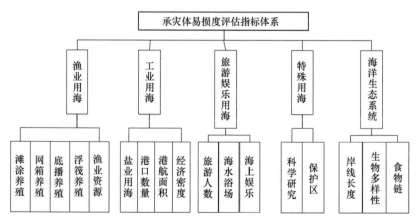

图 6-2　承灾体易损度评估指标体系

根据赤潮灾害危险度评估结果、承灾体易损度评估结果和赤潮灾害风险评估结果，可划分赤潮灾害风险等级。如张晓霞等[28]利用《自然灾害风险分级方法》[29]中提出的自然灾害风险分级矩阵方法，确定赤潮灾害风险等级。Wang 等[22] 和 Wu 等[23]结合 GIS 技术和统计方法，根据赤潮灾害风险评估数据结果之间的几何间隔，将其分为五类。尽管如此，风险矩阵方法是主观的并且不是很可靠，因为专家可以以不同的方式定义漏洞值。

6.4　总结与展望

经过国内不同领域学者对赤潮灾害风险评估的研究，目前赤潮灾害影响因素已由定性描述发展到半定量分析，但在国际上赤潮发生机制尚没有明确的结论，因而使得赤潮灾害的风险评估及预测预报十分困难，各种因素对赤潮发生的相互影响机制需要进一步研究，其风险评估理论需要进一步完善。

从现行的赤潮灾害风险评估体系来看，要真正发挥赤潮灾害风险评估在制定灾害应急方案、海洋水产养殖、滨海旅游业规划等领域的作用，无论是在赤潮形成机制等理论研究方面还是在业务应用方面，都还有些技术性问题需要完善。赤潮灾害危险度是赤潮发生概率的函数表达，现阶段的工作主要集中在单要素与藻种生长特性的定量表达，多要素对藻种生长特性的耦合作用的定量表达尚未建立，指标权重确立方法过于主观，因此，基于多要素耦合作用的赤潮灾害危险度评估将会是今后研究的重点。另外，现阶段承灾体易损度评估只考虑了承灾体潜在的最大经济损失，今后建立各类承灾体易损度曲线定量表达致灾因子强度模型是开展赤潮灾害风险评估的又一重点。由于赤潮生效的过程较短，因此数据的时效性和精度也是实现赤潮灾害危险度评估的关键环节，目前评估数据主要来源于断面走航观测数据、浮标定点观测数据及卫星遥感反演数据。断面走航观测数据受成本限制，周期长，效率低，时效性较差；浮标定点观测数据受仪器精度与维护的制约，空间分布个数和精度难以满足评估需求，因此结合卫星遥感数据与实地调查获取的数据进行综合分析是未来一个重要的发展方向。赤潮实地调查数据作为赤潮灾害评估因子也需要一个更科学的模型。

赤潮灾害风险评估的发展趋势是其研究理论与评估方法不断完善，并将涉及海洋监测、生物学、生态学、经济学等多种学科相融合、交叉，特别是与社会科学紧密相结合。赤潮灾害风险评估总体上是向着内容越来越丰富、评价定量化和模型化、向遥感和 GIS 相结合方法发展。根据海洋赤潮业务监测及管理部门的实际需求，未来赤潮灾害的风险评估将构造比较完善的赤潮灾害损失基础数据（经济、人口、赤潮种类和毒性等），集成良好的数模（公式以及各因子的比重）、GIS 及卫星遥感监测数据、浮标数据、船载快速监测数据和现场的实时监视数据等，建立立体化的赤潮灾害风险评估系统，实现实时或准实时地监测赤潮灾害的环境要素、生物要素和灾情要素的状况与动态变化。该系统应该能实现数据输入输出、数据处理、危险度计算、易损度计算、风险计算、专题产品制作、可视化显示等相关功能，自动快速定量获取评估海域赤潮灾害危险度、易损度及风险空间分布信息。它的优点是可视化、数字化、实时化，这将为未来赤潮灾害防灾减灾及应急管理提供技术服务。为了减少赤潮灾害损失，未来应加大灾害风险管理力度，重点关注灾害评估、风险要素测绘、脆弱性和风险评估，所有这些都具有重要的空间成分。因此，使用地球观测（EO）产品和地理信息系统（GIS）已成为灾害风险管理的综合办法。

参考文献

［1］　文世勇，赵冬至，张丰收，等．赤潮灾害风险评估方法．自然灾害学报，2009，18（1）：106-111.

［2］　于仁成，吕颂辉，齐雨藻，等．中国近海有害藻华研究现状与展望．海洋与湖沼，2020，51（4）：768-788.

［3］　谢宏英，王金辉，马祖友，等．赤潮灾害的研究进展．海洋环境科学，2019，38（3）：482-488.

［4］　周名江，朱明远，张经．中国赤潮的发展趋势和研究进展．生命科学，2001.4，13（2）：54-59.

［5］　苏纪兰．中国赤潮研究．中国科学院院刊，2001，5：339-342.

［6］　刘沛然，黄先玉，柯栋．赤潮成因及预报方法．海洋预报，1999.11，16（4）：46-51.

［7］　张季栋．日本：赤潮研究和防治．海洋开发与管理，96：45-48.

［8］　张有份．海洋赤潮知识100问．北京：海洋出版社，2000：1-20.

［9］　齐雨藻．赤潮．广州：广东科技出版社，1999.

［10］　江天久，佟蒙蒙，齐雨藻．赤潮的分类分级标准及预警色设置．生态学报，2006，（6）：2 035-2 040.

［11］　GB/T 30743-2014.赤潮灾害处理技术指南．2014.

［12］　赵冬至，赵玲，张丰收．我国海域赤潮灾害的类型、分布与变化趋势．海洋环境科学，2003，22（3）：7-11.

［13］　佟蒙蒙．我国赤潮的分型分级与赤潮灾害评估体系．广州：暨南大学，2006.

［14］　赵玲，赵冬至，张昕阳，等．我国有害赤潮的灾害分级与时空分布．海洋环境科学，2003，22（2）：16-19.

［15］　文世勇，赵冬至．赤潮灾害风险评估理论与技术方法进展．第二届中国沿海地区灾害风险分析与管理学术研讨会论文集，2014：29-32.

［16］　Okey T A, Varco G A, Mackinson S, et al. Simulating community effect of sea floor shading by plankton blooms over the West Florida Shelf. Ecological Modelling, 2004, 172 (2/3/4): 339-359.

[17] Capper a, Flewelling L J, Arthur K. Dietary exposure to harmful algal bloom (HAB) toxins in the endangered manatee (Trichechus manatus latirostris) and green sea turtle (Chelonia mydas) in Florida, USA. Harmful Algae, 2013, 28: 1-9.

[18] Branch G M, Bustamante R H, Robinson T B. Impacts of a black tide harmful algal bloom on rocky-shore intertidal communities on the West Coast of South Africa. Harmful Algae, 2013, 24: 54-64.

[19] Delegrange A, Vincent D, Courcot L, et al. Testing the vulnerability of juvenile sea bass (Dicentrarchus labrax) exposed to the harmful algal bloom (HAB) species Pseudo-nitzschia delicatissima. Aquaculture, 2015, 437: 167-174.

[20] Backer L C. Impacts of Florida red tides on coastal communities. Harmful Algae, 2009, 8 (4): 618-622.

[21] Hoagland P, Jin D, Beet A, et al. The human health effects of Florida red tide (FRT) blooms: an expanded analysis. Environment International, 2014, 68: 144-153.

[22] Wang J H, Wu J Y. Occurrence and potential risks of harmful algal blooms in the East China Sea. Science of the Total Environment, 2009, 407 (13): 4 012-4 021.

[23] Wu Z X, Yu Z M, Song X X, et al. The spatial and temporal characteristics of harmful algal blooms in the southwest Bohai sea. Continental Shelf Research, 2013, 59: 10-17.

[24] 柴勋. 基于组件式 GIS 的赤潮灾害风险评估系统的设计与实现—以浙江省海域为例. 上海: 上海海洋大学, 2011.

[25] 文世勇, 赵冬至, 陈艳拢, 等. 基于 AHP 法的赤潮灾害风险评估指标权重研究. 灾害学, 2007, (2): 9-14.

[26] 林国强, 李克强, 王修林. 基于赤潮控制要素识别的近海富营养化压力指数研究. 海洋与湖沼. 2019, 50 (3): 563-578.

[27] 刘聚涛, 杨永生, 姜加虎, 等. 太湖蓝藻水华灾害风险分区评估方法研究. 中国环境科学, 2011, 31 (3): 498-503.

[28] 张晓霞, 许自舟, 程嘉熠, 等. 赤潮灾害风险评估方法研究—以辽宁近岸海域为例. 水产科学, 2015, 34 (11): 708-713.

[29] 李宁, 史培军, 张鹏, 等. MZ/T031-2012 自然灾害风险分级方法. 中华人民共和国民政部, 2012.

第 7 章　赤潮预警预报技术

7.1　赤潮灾害预测方法的介绍

目前，尽管国内外用于赤潮灾害预测的方法很多，但综合起来可以主要分为经验预测法、统计预测法、数值预测法、人工智能预测法以及基于卫星遥感监测的赤潮预警预报方法。

7.1.1　经验预测法

经验预测法就是根据赤潮生消过程中环境因子变化规律进行预测赤潮发生的方法。赤潮作为一种海洋生态异常现象，影响它发生的环境因子很多，其中主要包括以下几方面：①气象条件：如风、降雨、气温、光照等；②海洋学过程：如潮汐、海流、跃层、锋面、水温等；③生态学因子：化学特征因子（如氮、磷、硅等大量营养盐，铁、锰、维生素等微量营养盐）、赤潮生物的生态学特征（趋营养性、趋光性、粒度效应）、浮游动物摄食等。这些因子的变化与赤潮发生之间往往有一定的规律性，往往从这些单因子影响角度考虑预测赤潮的发生，主要有以下预测方法。

（1）水温变动预测法

在我国沿海海域，赤潮发生受水温影响明显，按时间顺序由南到北（南海、东海、黄海、渤海）依次发生。总的来说，我国赤潮几乎全年都有发生，主要集中在5—9月。异常高水温的年份或季节增加了赤潮发生的可能性。赤潮水体的表面温度一般要比周围水体高，差值一般可达到 2~4℃。当表层海水温度日变化率达到一定数值时即可判断赤潮形成，即：$\Delta SST \geq T$，ΔSST 为通过卫星反演得到的表层海水温度日变化率；T 为海表面温度日温差阈值[1]。根据大量实测资料分析得出：海水的温度是赤潮发生的重要环境因子，20~30℃是赤潮发生的适宜温度范围，一周内水温突然升高大于2℃是赤潮发生的先兆[2]。举例来说，南海大鹏湾海域夜光藻赤潮发生适温范围为 15~25℃，而在 21℃ 左右发育最快。此外，赤潮生物孢囊的萌发也需要一定温度条件，秋冬季节，某些赤潮生物从低温海水中消失，沉入海底泥中休眠，一旦水温达到一定温度（如 20~22℃）时赤潮生物孢囊便开始萌发。因此，可通过对不同海区不同赤潮生物孢囊萌发水温测定来预报赤潮[3]。

（2）气象条件预测法

赤潮的发生需要合适的海流作用和天气条件。在天气形势稳定的情况下，阳光充足，地面和海面才会有很明显的增温，有利于赤潮的发生。同时，陆面和海面的温差加大，形成了海陆风，引起向岸流，使营养物质在海岸附近聚集，提供给赤潮发生的物质条件。赤潮发生时不能有大的降水，降水会使海面的溶解营养盐淡化；而也有研究发现一般大的降水过程之后，陆源降雨夹带泥沙和污物一起输入后，海水盐度急剧下降、营养盐大幅度增加，也容易诱发赤潮。例如，1995 年 7 月底 8 月初，黄海北部地区普降大雨，导致 8 月中旬发生褐胞藻赤潮。还有研究通过对南海区近 10 年的赤潮发生个例进行统计分析，统计其生成前期的大气环流形势和水文气象要素，分析出赤潮生成前期的环流模式和筛选出诱发赤潮暴发的重要因子，以此来预报赤潮发生[4]。何恩业等通过西太副高强度和位置变化来预测我国近海锋面气旋的发生状况，进而利用锋面气旋的多发区预测赤潮的高发区和发生频次，认为西太副高偏强、位置异常偏西、偏南年份东海赤潮发生次数会增多，暴发规模会扩大；副高偏弱、位置异常偏北、偏东的年份往往造成中高纬度气旋活动阶段性活跃、降水异常偏多则利于北部海区赤潮频发[5]。因此，较多研究表明，持续高温、强光照、湿度大、气压低、风速小的气象条件下易发生赤潮[6,7]。风场辐合带的风速一般较弱，有利于太阳光入射水中，对赤潮发生有利[8]。春夏季在西南暖湿气流或者西南季风影响下，秋冬季在暖高压或变形冷高压或均压场控制下，海区风浪较小，水体交换缓慢，日照较强，气温水温走高，表层水温稳定，这样的天气形势也有利于赤潮生物的生长繁殖[4]。

（3）潮汐预测法

这种方法适合潮汐作用为主的近海海域。潮汐对赤潮生物聚集和扩散起重要作用，潮水涨落会引起海水交换，把底层丰富的营养盐通过直接或间接的方式输送到表层，大量赤潮生物聚集于表层促使赤潮形成。典型例子为南海大鹏湾盐田海域，该海域夜光藻赤潮多在水体交换缓慢的日潮期间发生，水体交换主要依赖于潮汐、潮流，特别是受潮汐影响较大，赤潮发生时间多数在上午涨潮期间，涨潮水把大量的夜光藻推向沿岸水域，形成沿岸暴发性的赤潮现象，因此对该海域赤潮预报可结合当地气象条件预报和潮汐预报同时进行[3,9]。

（4）生物量预警法

赤潮是某些海洋生物，主要是浮游植物，在一定条件下暴发性繁殖引起海水颜色改变的现象，该现象的整个过程体现在浮游植物生物量的变化上。浮游植物生物量的增长有一个过程，从理论上来看，典型的过程存在"临界状态"。低于该临界状态表现为正常的群落演替，否则表现为群落生物量的指数性增长。如果能够找到反映赤潮发生的临界状态的参数和参数阈值，就有可能实现赤潮发生的预测。许多现场调查实验结果显示，透明度可以作为反映浮游植物生物量的参数[10]。在 $10^6 \sim 10^7$ 数量级范围内，透明度一般大于 1 m。在 $10^8 \sim 10^9$ 数量级范围内，透明度一般小于 1.5 m。在 10^{10} 这一数量级，透明度绝大多数都小于 1 m。日本学者安达六郎依据日本各海区多次赤潮时间的实例统计，提出了形成赤潮时水体中赤潮生物的细胞密度范围（表 7-1）。通过判断赤潮生物是否达到临界密度来确定赤潮生物的预警密度。我国根据实践工作经验进一步推演出：对监测预警海域有记录的赤潮生物种类，按赤潮暴发时平均密度的 75% 为预警密度；而对没有赤潮记录的优势种类，则参考安达六郎提出的密度标准，将其密度的 80% 设定赤潮预警密度[11]。赤潮监测技术规程（HY/T 069-2005）更是详细地给出了判断是否赤潮的生物量、细胞基准密度的参考指标[12]（表 7-2 和表 7-3）。此外，海水中叶绿素 a 含量可反映海区现有浮游植物浓度的高低，它也是海域富营养化的重要参考指标。有研究以叶绿素 a 大于某一基准值时是否连续两天呈指数增长来判定是否会发生赤潮[13]。邹景忠等曾把叶绿素的浓度作为富营养化的阈值[14]。叶绿素 a 含量、遥感反演叶绿素 a 含量变化以及叶绿素荧光高度等手段可被应用于赤潮短期预报方法中[15,16]。此外，还有研究表明，赤潮发生前后，海域中细菌量与水体中营养盐含量等呈正相关性，而在一般情况下，水体中营养盐含量是赤潮发生的水体物质基础，从而可通过对水体中微生物细菌量多少的变化来预测赤潮是否发生[3]。

表 7-1　日本学者归纳出的赤潮生物个体与生物量指标[11]

细胞大小/μm	赤潮生物密度/（个/mL）
<10	$>10^4$
10~29	$>10^3$
30~99	$>3\times10^2$
100~299	$>10^2$
300~1 000	$>3\times10$

表 7-2　我国现行的赤潮生物个体与生物量指标[12]

赤潮生物体长/μm	赤潮生物密度（个/L）
<10	$>10^2$
10~29	$>10^4$

赤潮生物体长/μm	赤潮生物密度/（个/L）
30~99	>2×10³
200~299	>10³
300~1 000	>3×10³

表 7-3 我国现行的赤潮时水体中藻细胞的基准密度[12]

赤潮生物种类		基准密度
中文名称	拉丁学名	（>个/L）
星杆藻	*Asterinella* sp.	5×10⁵
角毛藻	*Chaetoceros* sp.	5×10⁵
古老卡盾藻	*Chattonella antiqua*	10⁵
海洋卡盾藻	*Chattonelta marina*	10⁴
硅鞭藻	*Dictyocha* sp.	5×10⁵
裸甲藻	*Gymnodinium* spp.	5×10⁵
长崎裸甲藻	*Gymnodinium mikimotoi*	5×10⁵
环沟藻	*Gyrodinium* sp.	5×10⁵
赤潮异弯藻	*Heterosigma akashiwo*	5×10⁵
红色中缢虫	*Mesodinium rubrum*	5×10⁵
针杆藻	*Neodelphineis* sp.	5×10⁵
菱形藻	*Nitzschia* sp.	5×10⁵
多甲藻	*Peridinum* sp.	5×10⁵
多沟藻	*Polykriios* sp.	10⁵
原甲藻	*Prorocentrum* sp.	5×10⁵
根管藻	*Rhizosolenia* sp.	5×10⁵
骨条藻	*Skeletonema* sp.	5×10⁵
海链藻	*Thalassiosira* sp.	10⁷

（5）赤潮生物活性预警法

赤潮发生前期，由于赤潮生物强烈的光合–呼吸作用使海水溶解氧浓度增加，并表现出明显的昼夜变化特征。王正方等依据长江口赤潮监测资料建立了溶解氧短期预测模式：DO=（DO_H－DO_L）≥5。其中，DO 是溶解氧的昼夜差；DO_H（mg/L）为昼夜间溶解氧的最大浓度；DO_L（mg/L）是最小浓度，并用此模型预测了长江口水产养殖区的赤潮的发生[17]。

（6）生物多样性指数法

赤潮的发生会导致浮游植物多样性指数降低。用于评价浮游植物群落多样性的 α 多样性指数使用最为广泛，它包含两方面的含义，即物种丰富度（表征群落中所含物种的多寡）和物种均匀度（表征群落中各个种的相对密度）。α 多样性指数包括丰富度指数（如 dGl、dMa、dMe、dMo）、物种多样性指数（如 Simpson 指数、Shannon 指数、Brillouin 指数、McIntosh 指数）、均匀度指数（如 Pielou 指数、Heip 指数、Alatalo 指数、Hurlbert 指数）、用于分析物种优势度的 Berger-Parker 指数及分析物种的多度分布规律的 Fisher α 指数等多种测度方法[18]。生物多样性指数力图把物种多度分布所包含的信息归结为单一统计量，简单直观地反映生境状态。这些指数往往强调了生物多样性的一个或多个方面（例如，丰富度和均匀度），目前并没有一个多样性指数可以完美、统一地表示生物群落多样性的变化。很多应用仍缺乏细致的考究和分析，造成指数应用标准不一，影响了多样性指数的使用效果。对于一般情况下浮游植物群落多样性的研究，物种丰富度、Matrgalef 指数、Fisher α 指数、Shannon 指数、Simpson 指数和 Pielou 指数的综合使用是较合适的，但对 Margalef 指数和 Fisher α 指数的结果要谨慎使用与解释[19]。

综上所述，受制于水质监测起步时间和技术发展程度的制约，早期的赤潮预测预报主要借助于肉眼、气味的表观识别或者人工对监测海域的水样进行采集，水样带回实验室后进行各种理化指标分析，再根据相应的阈值对当前赤潮阶段以及未来时间段内赤潮暴发趋势进行预测。但该种方法不仅费时费力，而且事实上仅能够了解到当下监测海域的赤潮发展现状。虽然通过将各项指标与相应的阈值进行对比，能够对是否进入赤潮暴发阶段有大致预测，但是由于人工监测无法获取长时间连续数据序列，而赤潮发生过程中各项指标的波动幅度又极其大，因此，其预测准确性偏低。经验预测法仅依赖于某个环境因子的异常变化来定性判断赤潮发生，然而赤潮的形成往往是多环境因子造成的，这在一定程度上限制了经验预测法的实用性。

7.1.2 统计预测法

统计预测法能够综合分析引发赤潮的多个环境因子，该方法显示出较强的赤潮预报能力，基于多元统计方法，对大量赤潮生消过程的监测资料进行分析处理，筛选出控制赤潮发生的主要环境因子同时，利用一定的判别模式对赤潮进行预测，主要有主成分分析法、判别分析法、逐步回归分析法、多元回归分析、聚类分析法、演绎结构分析法、时间序列分析法、人工神经网络法等。但是，由于统计分析方法缺乏发生机理的支持容易导致对环境因子的筛选和分析的主观性和盲目性，且这些模型大多假设线性关系，也不太符合赤潮发生机理的复杂性，从而该方法难给出较为稳定合理的赤潮预测结果。以下主要介绍几种常用的赤潮发生统计预测方法。

（1）主成分分析法

通过对大量赤潮监测资料进行主成分分析，依据赤潮发生期样本，赤潮前期样本和正常期样本的主成分值绘图（赤潮图），由于不同类型的样本在图上所属区域不同，从而可以对未知样本进行类型判别，预测赤潮的发生。自从 Qichi 和 Takayama[20]首次应用主成分分析成功地预测了濑户内海广岛湾 1982 年所发生的赤潮后，我国也相继开始用此方法进行赤潮预测。王年斌等通过 2002 年 8 月在大连湾发生的丹麦细柱藻（*Leptocylindrus danicus*）赤潮跟踪监测中，用主成分分析的方法，分析该海域丹麦细柱藻赤潮与环境因子的相关关系[21]。苏荣国等基于赤潮藻三维荧光光谱，使用主成分分析和非负最小二乘法对 11 种我国近海常见的赤潮藻种进行分析，旨在建立赤潮藻在属水平上的实时、快速的荧光识别测定技术[22]。黄奕华等根据 1990 年和 1991 年南海大鹏湾海域资料，采用 6 个赤潮样本、3 个赤潮前期样本和 12 个正常样本，选用包括水温、盐度、溶解氧、叶绿素 a、叶绿素 b、叶绿素 c、活性磷酸盐、亚硝酸盐-氮、硝酸盐-氮、氨-氮、硅、铁和锰 13 个环境因子等进行主成分分析，绘制出赤潮图，对样本进行了分类，进一步验证了应用主成分分析法预测赤潮发生预报的可行性和有效性[23]。

（2）多元统计回归方法

应用逐步相关性分析，找出影响赤潮发生的主要环境因子，并建立赤潮生物量或密度与环境因子之间的回归方程，然后将目前的环境因子带入多元回归方程，依据赤潮生物量或密度的计算结果，并结合经验预报法预测赤潮的发生。目前，该方法主要用来进行影响赤潮发生的环境因子分析。陈宇炜等以太湖梅梁湾 1992—1999 年连续监测资料为基础，运用多元逐步回归统计方法，选择水温等 15 项环境理化因素与藻类叶绿素 a 含量、藻类总生物量和微囊藻生物量进行逐步回归分析，建立了多元逐步回归方程，初步预测预报了梅梁湾的蓝藻水华[24]。曾勇等采用决策树方法和非线性回归方法建立湖泊水华预警模型，预测水华暴发时机以及水华暴发强度，并运用信号灯显示方法，划分出湖泊水华暴发的预警区间[25]。李崇明等根据三峡库区 16 条江段和重庆市 35 座大中型水库的调查资料，利用多元回归统计分析预测的方法对未来三峡水库可能发生藻类水华的区域以及水华发生的频率和程度等进行了预测和界定[26]。赤潮藻类对于光照、温度、水质等环境条件的反应是多种多样的，多元统计回归模型存在着对模型形式的选择问题，若采用线性关系进行简化，往往容易导致在赤潮暴发的限制因素发生变化时的预测效果不佳。王丹等利用北戴河海域赤潮高发期的现场监测数据进行逐步回归统计分析，建立了以浮游植物叶绿素 a 含量为因变量的多元线性回归模型，并通过单因子统计分析发现叶绿素 a 含量跟透明度和溶解氧饱和度呈显著的幂函数关系，而跟硅酸盐浓度则呈显著的指数函数关系，进一步佐证多元线性回归模型的模拟结果[16]。

（3）判别式分析法

根据影响赤潮发生的关键环境因子，建立已知赤潮样本和无赤潮样本的判别方程，然后将目前的环境因子代入方程，依据判别方程预测赤潮的发生。尽管判别分析法已经显示出预测赤潮的可行性，但在选择变量因子上仍然存有一定的盲目性。此外，目前应用较多的线性判别方程不能准确揭示各环境因子对赤潮发生的影响。海水富营养化现象是赤潮发生的物质基础和首要条件，可作为赤潮预警的指标之一。海水富营养化评价可采用单项指标—富营养化的阈值法、营养指数（E）法、营养状态质量指数（NQI）法、有机污染指数法或生物多样性指数来指示判别[12]，以营养指数法为例，以水体中的化学耗氧量、无机氮和无机磷作为评价因子，采用公式：$E = COD \times$ 无机氮 $\times$ 无机磷 $\times 10^6/4\,500$（单位以 mg/L 表示），计算出营养指数。式中，E 是营养状态指数，来对赤潮监控区的营养水平进行判断，如 $E \geq 1$，则判别水体呈富营养化状态，赤潮监控区有可能发生赤潮[12]。薛存金和董庆以 MODIS 卫星遥感影响为主要数据源，开展了海水异常、海洋表面温度、海表叶绿素 a 含量和悬浮泥沙量等海洋物理参数的反演算法研究，设计了基于多海洋参数的赤潮灾害判别规则[27]。

（4）人工神经网络法

人工神经网络（artificial neural network，ANN）是人脑及其活动的一个理论化的数学模型，是一个大规模的非线性自适应系统方法，具有较强的适应能力、学习能力和真正的多输入、多输出的特点，人工神经网络法是对赤潮进行预测的各种统计方法中较为有效的一种非线性拟合方法。近年来，该技术在优势藻种的种群鉴定及赤潮预警方面得到了广泛应用。Lee 等 2003 年建立了基于 BP 神经网络的赤潮预测预警模型[28]。王洪礼等建立了基于模糊神经网络赤潮预测模型，研究各种理化因子与赤潮藻类密度间非线性对应规律并有效地预测赤潮藻类密度[29]。误差反向传播（BP）网络是人工神经网络中的一种多层前馈网络的学习算法，它可以通过神经网络的自学习功能，确定神经元之间的耦合权值，从而使网络整体具有近似函数的功能，非常适用于非线性系统的建模研究，应用 BP 网络可以避开赤潮形成的复杂生态动力学机理而对直接反映浮游植物密度的叶绿素含量进行预测[30]。但是，现有基于神经网络的赤潮预测模型大多采用标准 BP 学习算法，并且多为单项预测模型，存在预测精度低、稳定性差和信息利用率低的问题，且网络结构设计没有统一的标准，人为因素对网络的训练结果带来很大的影响。国内有学者提出了一种赤潮组合预测模型，该模型基于诱导有序加权平均（IOWA）算子与人工神经网络算法，能够有效集结各种环境理化因子的信息，赤潮预测精度比单项神经网络预测模型有较大提高，采用烟台四十里湾赤潮监测数据对该模型进行实验，结果验证了该模型的有效性和实用性[31]。

7.1.3 数值预测法

赤潮是一个非常复杂的生态环境问题，影响因子众多，涉及多领域多学科的交叉研究，不同海域不同季节的发生机制都存在明显差异。海洋生态动力学数值模拟不但可以反映多影响因子在关键过程中的综合作用，而且可以通过对赤潮起始–发展–维持–消亡的动态过程的数值模拟从而对赤潮暴发趋势做出宏观的预测和评估。模式研究一向是海洋生态动力学研究的重要工具，主要包括物理模式和生态模式。物理模式提供物理背景场和动力场；生态模式则主要考虑叶绿素、营养盐和食植浮游动物等基本状态变量。海洋生态动力学模型按照水动力模块考虑的维数可以分为箱式模型（零维模型）、一维模型、二维模型和三维模型。按浮游植物功能群数目不同海洋生态动力学模型分为单功能群模型、多功能群模型和粒度模型。20世纪90年代中期以来，许多学者建立的生态模型不是简单将浮游植物做一整体考虑，而是按照模拟海域的实际群落结构及研究目的分成不同的功能群。目前多功能群模型功能群的划分主要有按利用硅与否[32,33]、按浮游植物营养盐需求差异[34,35]、按浮游植物群落主要组成门类[36]几种划分方法。按照营养盐动力学方程选择的不同，生态动力学模型按复杂程度由低到高分为 MONOD 模型[34,37]、元素组分模型[38,39]和机制模型[40]3 种模型。20 世纪 50 年代，Sverdrup 通过一个模型解释了 Norwegian 海春季浮游植物迅速生长的物理与生物耦合机制，并提出了 Sverdrup 理论，该理论指出：浮游植物只有获得足够的光照，且能从水体中吸收足够的营养盐时，才能形成水华从而导致赤潮[41]。Fennel 通过三维物理–生物耦合模型研究了 Baltic 海西部一个河口生态系统水体稳定性对春季赤潮发生的影响，模拟结果表明，赤潮容易发生于春季表层升温引起的垂向对流混合中止之后[42]。Azumaya 等利用一维与三维的生态模型研究了 Funka 湾水体稳定性以及营养盐浓度对硅藻赤潮的影响[36]，结果表明，海表面温度升高加升水体稳定性对 Funka 湾春季硅藻赤潮的诱发有重要作用。Griffin 等利用建立的生态模型研究了浮游动物摄食在澳大利亚天鹅河口甲藻赤潮发生中的作用，结果表明浮游动物摄食可以减小赤潮的规模[43]。

我国海洋生态系统动力学数值模拟研究起步较晚但起点较高，在赤潮发生的生态动力学模型研究方面，我国学者已经取得了一定的科研进展。乔方利等利用海上生态围隔内诱发的中肋骨条藻赤潮的实验数据首次建立了长江口海域的六分量赤潮生态动力学模型，并模拟了此赤潮发生发展直至衰亡的全过程[44]。李雁宾以 MAS-NUM 浪-潮-流耦合三维水动力学模型为基本框架，建立东海浮游植物竞争生长三维生态动力学模型，并探讨了光照、温度、营养盐输入在东海赤潮生消过程中的作用[45]。王寿松等以夜光藻-硅藻-营养物质三者关系为主线，提出了南海大鹏湾夜光藻赤潮的营养动力学模型[46]。夏综万等建立的大鹏湾夜光藻赤潮生态仿真模型综合考虑了生物动力学和环境动力学因素对赤潮形成的影响，较成功地模拟了大鹏湾夜光藻赤潮生消过程[47]。Liu 和 Chai 利用三维物理-生物地球化学耦合模型（ROMS-CoSiNE）研究了东海物理过程和生物过程，利用模型结果评价了气候变化对于春季水华的影响[48]。韩君建立了一个与黄海环流、混合过程耦合的三维水动力学模型对黄海浮游植物的水华过程进行了模拟，分析黄海浮游植物水华的特征，讨论环境因子的改变对春季浮游植物水华的影响作用，发现浮游植物的年循环规律表现为生物量的"双峰"结构，在不同的季节浮游植物的生物量受不同限制因子的作用[49]。刘天然利用无结构网格的有限体积三维海洋模型（FVCOM）在已知大气强迫下模拟了渤黄海温盐、湍动能场与环流场，通过温盐剖面计算了 PEA 场，发现其 20 J/m^3 等值线可以作为春季南黄海中部赤潮发生的指标，通过模拟实验证明春季风速减小和海表面迅速升温，造成水体稳定性升高，是诱发南黄海中部赤潮暴发的重要因素[50]。数值预测法对生态动力学模型有诸多要求：如模型要综合考虑赤潮发生的生态学和海洋学过程等，物理-生物-化学耦合模型是建立准确和合理的赤潮数值预测法的主要生态动力学模型；模型变量初始值及边界条件的资料来源要一致、客观准确、反映时空连续变化；模型参数要反映地域特点以及模型维数要充分考虑已有资料的可利用性和完整性等。因此，数值预测方法，特别是利用物理-化学-生物耦合的生态动力学模型预测，既是赤潮预测技术的未来发展趋势又是目前研究的难点。

7.1.4　人工智能预测法

由于赤潮成因复杂，与环境因子之间存在模糊的、不确定性的高度非线性关系，传统方法预测效果和精度并不十分理想，在 7.1.2 节里提及的人工神经网络法就具有较强的非线性逼近能力，有可能很好地解决这个问题。伴随计算机技术的飞速发展，人工智能预测方法逐渐体现出独特优势。从 20 世纪 90 年代起，众多学者对神经网络方法在赤潮预测中的应用进行了广泛的研究，之后，随着人工智能理论与方法在解决信息科学中重大问题方面的不断突破和发展，遗传算法、模糊逻辑、统计学习和知识发现等研究领域的迅速崛起，基于这些理论和方法的人工智能预测方法也相继不断涌现成果。

　　人工智能是一个大科学的统称，它所覆盖的研究领域非常广，直接与其基础理论相关的学科包括控制论、信息论、系统论、计算机科学、生理学、数学、生物学等，是一个非常活跃的研究领域。人工智能的主要分支研究包括：神经网络、模糊逻辑、遗传算法、专家系统、知识表示、自然语言处理、机器学习、模式识别、自适应等。人工神经网络、模糊逻辑及专家系统等技术被认为是揭示复杂数据运行模式的有效方法。近年来也被应用于生态系统的预测、识别与建模。这些方法的特点是能够从系统的各种复杂行为中归纳和发现知识，并且可以用来预测和解释该系统的行为。其中，神经网络是一种对人脑结构和功能进行模拟的数学模型，它由大量的处理单元广泛地互相连接而形成的复杂系统，具有分布式存储和处理、自组织自学习的能力，特别适合处理因素众多、机制不明晰和信息缺失的复杂问题。神经网络从诞生至今主要经历了感知器、浅层学习和深度学习 3 个阶段。Jeff Hawkins 等研究发现大脑具有层级结构，处理信息通过逐层提取而并非依靠单一脑层[51]；人工智能之父 Hinton 等提出具有多层次的深度网络结构更易从低层信息提取高层语义特征[52]。但由于深度神经网络参数众多，造成模型运算效率较低，甚至难以收敛于全局最优，陈旭伟等提出一种串联 BP 神经网络结构，不但可以减少模型参数，实现对多个非线性函数的拟合，还可以实现特征信息逐级提取和传递，并在实验中取得了较大成功[53]。然而，数据较少，数据变化较大时候，通过采用常用的 BP 神经网络来进行拟合的效果不是很理想。BP 网络训练结果往往不能收敛到满意的程度，即使改进模型参数，加长训练时间依然达不到预期效果。孙蓉桦和张微经过尝试广义回归网络法（GRNN）后，发现 GRNN 在逼近能力、学习速度等方面具有较大优势，并且在数据缺乏时，效果也较好，网络可以处理不稳定的数据[54]。GRNN 是一种前向型神经网络，它是一种通过改变神经元非线性变换函数的参数以实现非线性映射，并由此而导致连接权值调整的线性化，从而提高学习速度。近些年，基于深度学习智能模型的各种研究，如卷积神经网络（CNN）、循环神经网络（RNN）和深度神经网络（DNN），应用已逐渐成为国内外的研究热点。

7.1.5　基于卫星遥感监测的赤潮预警报方法

　　早在 1974 年，陆地卫星 Landsat（传感器多光谱扫描仪）第 6 波段（10.4 ~ 12.5 μm）的单波段数据进行了湖泊水华的监测。1978 年，美国云雨卫星 Nimbus-7 搭载的第一个水色传感器（海岸带扫描仪）成功运行开始，国内外水色领域专家逐渐开始了全球和区域的赤潮遥感提取和反演算法的技术开发。像 SeaWiFS、MODIS、MERIS 在国外均成功监测过大型赤潮，为海洋赤潮遥感监测与预警提供了丰富的卫星资料来源，具有海域覆盖率、高空间分辨率以及合适光谱波段等优点，但易受云量、太阳反光以及风生混合等干扰产生误差。近些年，可见光红外成像辐射仪（VI-IRS）、静止轨道海洋水色成像仪（GOCI）以及陆地成像仪（Landsat-8 OLI）也被采用，可进一步提高赤潮遥感监测预警的准确度和时效性。到目前为止，已形成多种国内外通用型或针对型的赤潮遥感提取识别技术与遥感反演估算算法。目前，将遥感监测技术与数值模拟技术相结合用于赤潮预警报是目前的主流发展趋势。

遥感监测技术与数值模拟技术相结合有三类：第一类是基于海洋遥感学与海洋环境动力学学科交叉，将两种学科的研究手段结合对同一赤潮事件或者过程开展研究；第二类是将遥感监测数据或者反演估算数据作为赤潮过程数值模拟的初始条件和验证条件，以便提高数值模型的模拟精度；第三类是采用数值模拟的预测结果对遥感监测数据进行补缺，以便提高遥感产品的质量和对赤潮现象的解释能力。

赤潮的出现使水体光学性质发生变化，大量繁殖的浮游生物聚集在海表面，从而使海水逐渐变色，实际上这就是其成为赤潮的视觉原因，在光学上就是水体反射率的变化，为可见光遥感赤潮提供了依据。不同类型的赤潮引起不同的水体变色，可有墨绿色、褐色、红色，在遥感上表现为不同波段的离水辐射率发生不同程度的增强或减弱，在赤潮海水光谱曲线上表现为蓝光（440~460 nm）的吸收和绿光（560~570 nm）及红光（695 nm）处的反射。赤潮发生时海洋水体往往在 695 nm 处表现出强烈的反射，这是由于浮游植物分子吸收光线后再发射荧光即拉曼效应的结果。不同赤潮在海面上的形状也有所不同，有时是条状，有时是块状或多边形状，可用来判断赤潮的走向。赤潮遥感算法是建立在赤潮生态学及其光谱性质基础上，主要由以下几类。

（1）温度法

对于正常海水，其表层温度变化是一个相对缓慢的过程，一年中表层海水温度变异也就 20℃ 左右，逐日温度变化很小，发生赤潮的海区海水温度变异则大大超过日温差，所以，当表层海水温度日变化率达到一定数值时即可判断赤潮形成，即：$SST_{vrs} \geqslant SST_{vt}$ 且 $\Delta SST \geqslant 2℃$[1]。其中，SST_{vrs} 为根据卫星温度产品数据计算得到的前后两幅图像海表面温度变化率，SST_{vt} 为海表面温度变化速率阈值，ΔSST 为若干天内遥感海面温度上升值，几天内（一般 5~7 d）海水表面温度变化达到 2℃ 以上时，该水体很可能发生了赤潮。ΔSST 因海区和赤潮种类不同而有差异，需要根据赤潮研究结果确定，综合分析目前可以利用的赤潮历史研究，认为 $SST_{vt} \approx 1.1~1.2$，$\Delta SST \approx 2℃$。

（2）叶绿素浓度法

利用海水叶绿素 a 含量在赤潮过程中的变化可以反演赤潮的发生，该算法又可分为浓度绝对值法和增加速率法。一般利用叶绿素 a 含量值进行判断，但仔细分析赤潮过程中叶绿素 a 含量的变化规律发现，在赤潮形成过程中，表层海水叶绿素 a 含量呈持续或螺旋状上升，而总的趋势都是较快地上升到赤潮峰值，非赤潮海水的叶绿素 a 含量虽然也会增加，其含量也比无赤潮形成的冬季高，但增加速度缓慢，而且只增加到一个相对较低水平，二者变化方式，即变化速率有明显差别[46,55]。当 $a_{vrs} \geqslant a_{vt}$ 且 $a_{rs} \geqslant a-r$ 即发生赤潮[1]。其中，a_{vrs} 为根据卫星叶绿素 a 数据产品计算的前后两幅图像的叶绿素 a 变化速率；a_{vt} 为海水叶绿素 a 含量变化速率阈值；a_{rs} 为卫星叶绿素 a 含量；$a-r$ 为赤潮时叶绿素 a 的含量。a_{vt} 和 $a-r$ 实际上是赤潮临界值，随海区不同、赤潮藻类不同而有变化，需要根据实际情况决定，按现有赤潮资料，a_{vt} 值一般大于 1.4，$a-r$ 范围在 $10 \sim 100$ mg/m³ 之间，随着对赤潮研究的不断深入和数据不断积累，这两种阈值的具体数值将日益得到充实和完善。

（3）归一化植被指数算法

对于植物，红光波段提供了光合作用需要的电磁波能量，而红外波段反映了植物的健康状况，这两个波段的能量组合构成所谓的植物指数，可以监测植物的光合作用能力，从而监测植物细胞的数量多寡。归一化植被指数（Normalized Difference Vegetation Index，NDVI）的数值从 0 到 1，表示植被从稀疏到茂密，用以表征地表绿色植物的发育程度和健康状况。对于海洋赤潮遥感来说，也可以用归一化植被指数反映赤潮藻类的生长是微弱还是旺盛。该模型由近红外波段与红光波段反射率的差与和的商计算得到，即 NDVI =（NIR-red）/（NIR+red），可以认为 NDVI 也是水体中叶绿素含量的一种反映，它随着水体中藻类细胞密度的增加而逐渐增大。通过比较 NDVI 值和实测的赤潮细胞数，可以估算整个研究区域的赤潮细胞数[56]。NDVI 法可部分消除大气和云的影响，具备一定程度上增强有效生物信息和消除噪声的作用，是现阶段我国赤潮以及大型海藻卫星遥感常用且被业务化应用的监测方法，但该方法对多变的海洋环境、观测气象以及观测几何角度等外在条件比较敏感，容易导致同一藻体 NDVI 值的不稳定性[57]。

（4）固有光学量提取算法

赤潮发生时候由于水体成分及构成随着浮游植物的快速增长而发生明显变化，因此必然会影响水体的固有光学性质。例如，甲藻细胞壁由纤维素组成，细胞有球形或其他形状，体内光合色素相对含量较高，常呈黄绿色、橙黄色或褐色。硅藻细胞壁高度硅质化形成坚硬的壳体，有果胶质和硅质组成，没有纤维素，多为圆形、方形等规则形状，体内光保护色素相对含量较高，常表现为黄绿色或黄褐色。一般来说，由于纯水的后向散射和前向散射相当，后向散射比为已知的定值（1/2），水体颗粒后向散射比可以近似等同于水体总的后向散射比，因此，从水体散射性质入手来实现对赤潮和非赤潮水体的识别以及不同粒径赤潮藻的区分也就同样具有可行性。由于生理、生化特性的差异，赤潮水体与非赤潮水体以及甲藻和硅藻水体之间在固有光学量上存在明显差别。因此，有学者专门根据固有光学量的分析识别来设定赤潮水体的阈值，并通过东海海域 8 次不同赤潮事件，利用遥感数据获得了赤潮固有光学量数据进行分析，分别从吸收、散射以及光谱高度法三方面建立起卫星遥感赤潮识别的算法，并将这三种算法进行组合后，建立了综合赤潮卫星遥感识别算法。该综合算法首先以水体遥感反射率光谱高度法和固有光学量算法色素吸收比重 a_{phy}/a_T（443）法与散射-吸收比值法 b_{bp}/a_T（443）法相结合，实现对赤潮与非赤潮水体的识别，再结合单位对数色素 a_{phy}/a_T（443）与 $\lg_{10} Chl\ a$ 之间的比重法，叶绿素比吸收系数 a_{phy}^*（443）法和后向散射比率 R_b_{bp}（443）法 3 种固有光学量算法共同应用于进一步的藻种门类判别，实现对赤潮水体和藻种门类的最终判定。该综合识别算法结合了不同类型赤潮水体在吸收与散射方面与非赤潮环境水体的差异特性，从原理上以及实测和遥感数据的分析中均有利于对赤潮水体的识别，从而实现固有光学量算法的赤潮判别[58]（图 7-1）。

　　上述国内外开发的遥感探测赤潮灾害的技术和方法实质上是通过探测赤潮相关因子的来实现赤潮信息提取的，这些因子主要有海水表层温度、海水水色。由于这些因子仅是赤潮发生环境的理化范畴因子，是静态的环境要素，只能表征赤潮灾害的发生面积、地点和程度等初级信息。如果想获取赤潮灾害的发生、发展和消亡等深层次信息，实现赤潮卫星遥感预警和预报工作，还必须利用赤潮灾害发生环境中的水文因子，如海面流场、海洋锋面等间接的赤潮相关因子，并将这些因子整合到现有的数值模型中，以实现赤潮灾害的预警和预测。

7.2　常用赤潮预警报技术与案例分析

　　从 20 世纪 90 年代起，赤潮灾害在夏季暴发性旺发问题愈演愈烈，国内外赤潮学者和专家开始致力于赤潮预警保技术的专门研究。

　　美国国家海洋和大气管理局（NOAA）应用的有害藻华预报系统（Harmful Algal Bloom Operational Forecasting System，HAB-OFS）主要依靠卫星遥感工具，数值模型预测，公共健康调查报告以及浮标实时监测数据来预测海洋赤潮或者淡水水华可能发生的水环境，发生的位置以及未来 3~4 d 的空间拓展轨迹和潜在影响范围强度[59]。近些年，该预报系统成功预测了墨西哥湾的米氏凯伦藻赤潮，北美五大湖区的蓝藻水华，缅因湾和新英格兰海岸的亚历山大藻赤潮，切萨皮克湾的剧毒卡尔藻赤潮以及华盛顿沿岸的拟菱形藻赤潮。英国和西班牙也基于卫星遥感技术预测英吉

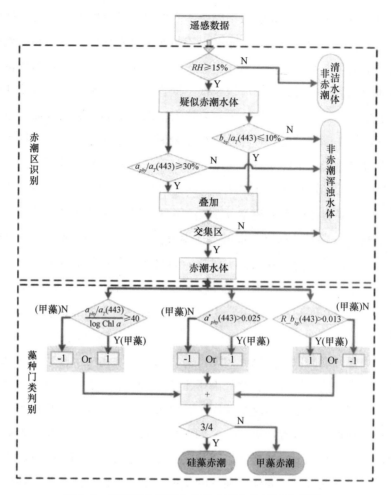

图 7-1　固有光学量综合算法赤潮水体判别流程[58]

利海峡和西班牙西南海域的颗石藻赤潮和腰鞭毛虫赤潮[15]。欧盟国家倡议使用的有害藻华专业预报系统（Harmful Algal Blooms Expert System，HABES）是一种基于欧洲沿海代表性赤潮藻种特征的模糊逻辑数学模型预报系统，其利用模糊逻辑数学关系寻找环境因子和代表性藻种赤潮暴发之间的因果关系，来预测有害藻华发生的可能性[59]。

在中国近海赤潮业务化预警报工作中，主要涉及赤潮灾害的短期预报工作（赤潮发生条件预测和赤潮发生后的漂移扩散预测），以及赤潮灾害（中长期）趋势预测等工作。目前，我国赤潮的短期预报多是根据赤潮多发水域的气象、物理、化学、生物等海洋环境特点，在大量观测和实验的基础上，综合应用多种方法和技术，建立多种赤潮统计预测模型进行预报[4,30]；并结合经验和统计预报方法，在掌握一定现场的历史监测数据和实时监测数据后，通过快速预警方法和统计学预报模型做出赤潮暴发的地点、时间和发生可能性大小的判断, 如针对赤潮发生的水文气象条件的预测[8,60], 以及关键指标临界值预警(赤潮生物密度、叶绿素 a 含量、溶解氧昼夜变化差值、水体透明度以及水中营养盐浓度等关键指标)[2,61]。但是, 由于经验和统计学的方法大都存在不统一的判别标准, 海域差异和赤潮生物种间差异比较明显, 且某些指标的历史监测数据不完整不连续, 而实时数据监测(化学、生物要素)也存在滞后性或者实时获取的难度, 所以, 现阶段在我国业务化预报体系在赤潮预测中主要还是参考其发生的水文气象条件和某些关键指标的预警值。从 2001 年开始, 国家海洋局尝试从水文气象条件方面对赤潮进行预测, 开始向我国近海有关部门发布《赤潮生成条件预测》预报单。"十五"期间发展了赤潮生成的天气形势定量预测法, 开始由经验方式向半定量方向发展;"十一五"期间继续发展了赤潮生成的天气分型定量法, 并对赤潮数值预测法进行了初步研究开发, 从而发展成统计和数值相结合的预报预测方法;"十二五"期间开展研究各物理因子对赤潮生物的影响分析, 通过机理分析为建立统计模型和数值预测模式提供参考, 并逐步开展绿潮和赤潮生态模型研究, 均对提高赤潮预测的准确率具有现实意义, 从"十五"到"十三五"我国科技攻关计划重点项目在赤潮成灾机理、赤潮生态模拟以及趋势预测方面都取得了一系列重大进展, 进一步推动了赤潮灾害预警报以及趋势预测技术的进步与发展。下面将从业务预警报应用的角度, 从赤潮发生条件预测、赤潮生态动力学数值模拟生消过程预测以及赤潮灾害(中长期)趋势预测等几个主要方面来介绍常用的赤潮预警报技术以及部分预报案例分析。

7.2.1　赤潮发生条件预测

赤潮监测比较随机, 无法形成完整链条, 针对赤潮全过程的各种生物、化学要素的时间变化资料则更为缺乏, 所以很难利用传统的统计学方法达到提炼赤潮发生的规律。近年来, 海洋环境质量公报显示近岸海域海水污染严重, 同时我国的沿海赤潮藻类种数繁多, 且分布广泛, 在海上生物、化学条件已经基本具备的情况下, 水文气象条件往往是诱发赤潮的重要因素。况且, 鉴于目前在日常生产中, 沿海渔(农)民仍然主要依据气象预报来组织各项生产活动, 而在所有自然现象预报中, 气象预报最为准确, 且具有数据取得容易、完整性、超前性好、成本低等优点。因此, 转而利用比较完整的气象资料的变化来寻找预报赤潮的发生规律一直切实可行且常用的方法。

赤潮的发生需要合适的海流作用和天气条件。在天气形势稳定的情况下, 阳光充足, 地面和海面才会有很明显的增温, 有利于赤潮发生。同时, 陆面和海面的温差加大, 形成了海陆风, 引起向岸流, 使营养物质在海岸附近聚集, 提供赤潮的物质条件。赤潮发生时不能有大的降水，因为这样会使海面的溶解营养盐淡化。因此赤潮发生适合的气象条件为天气晴好、湿度大、气压低、日照时间长、风力适当、风向适宜[60]。通过对赤潮发生过程中的天气形势与海潮流记录结果表明：潮流、风等对赤潮生物的聚集作用，凡海潮流缓慢，水体交换弱，天气形势稳定，阳光充足，易引发赤潮。水体的相对稳定，有利于营养物质的聚集与繁殖后的浮游生物集中，阳光充足利于提高浮游植物的光合作用速率[62]。

张俊峰等根据1984—2001年南海发生赤潮前期的大气环流形势进行统计分析并分类[4]，从中找出相似的大气环流形势模式，经过统计得出令人非常满意的结果，赤潮生成前期的水文、气象要素因子大都处在相对稳定的大气环流形势之下，而且维持时间4~5 d或以上，因此我们对赤潮生成前期的大气环流形势进行分析、分类，从中找出影响赤潮生成的大气环流形势作为预报模式，建立预报模式，再结合水文气象要素因子预报赤潮，并进行试预报[4]。统计中发现，赤潮生成前期（1周左右）的高空大气环流形势，大部分受500 hPa副热带高压脊后槽前控制，在春秋季节受弱高压区或均压区控制，在冬季海区大部分受500 hPa高压区控制，中高纬度等高线比较平直，无明显的长波槽影响预报海区，在这种天气形势控制下的海区，无冷空气影响，天气晴朗，日照光线充足，下沉气流绝热升温，气温回升快，水温升温且稳定，在夏季则靠近高压区的边缘部分，夏季的槽前西南气流为输送暖湿气流提供条件。而在500 hPa高空图上，没有一次赤潮发生前期（前4~5 d）海区处在深厚的东亚大槽后部，因为深厚的东亚大槽对应海面是强的冷空气活动，因此当海区近期和未来几天受500 hPa东亚大槽槽后控制时，则未来海区水文气象条件不利于赤潮生成；如果在东亚大槽来之前已生成赤潮，则预示着赤潮很快（24 h）消失。在春秋季节，赤潮生成前期的海区大多数为低空850 hPa槽前西南气流，西南风速相对较大（风速82 m/s）。由于槽前的西南气流作用，使得海区上空气温升高，气压相对较低，天气较闷热。在维持较长时间高气温的形势下，表层水温上升并维持一定的时间，这些都是赤潮藻类繁殖的有利条件。在冬季，赤潮海区易受850 hPa变性高压区控制，或受高压后部的暖区控制。在赤潮的生成区前期地面天气形势表现为：春季常有静止锋存在，华南沿海处在西南气流或西南低涡东南侧控制，吹偏西南风，风力在4级以下；秋季，海区受弱高压或均压场控制；冬季赤潮生成区前期大部分受变性高压或暖高压控制，在以上天气形势控制下的海区风浪小、水体交换差、日照强、气温高、水温也随着升高，表层水温的升高和稳定有利于赤潮藻类的繁殖。根据以上分析，南海区典型天气形势主要有西南季风型、西南倒槽型、南岭静止锋型、低空冷高压变性型4类。无论哪一种类型的出现都必须维持在5 d以上，方能有利于赤潮藻类的暴发性繁殖，因此能准确预报出未来1周的天气形势，是做好赤潮发生条件预测的关键。进而，把水文气象要素中的风、浪、水温、盐度等预报因子进行量化，提出了赤潮预报判别流程图。利用该方法在 2003 年南海区发生的 14 次较大范围的赤潮过程中，11 次较准确地做出预测。

任湘湘等根据 2001—2005 年《沿海海洋赤潮专报》中广东省阳江到汕尾沿海（112°—116°E）即珠江口地区发生 30 起赤潮的记录，使用 NCEP 再分析数据[63]，从气象条件诱发赤潮的角度分析得出最易引发珠江口赤潮的几种天气形势：冷空气回暖引发的珠江口赤潮，低压持续控制中国海引发北部海区、东海赤潮及南海小面积赤潮，北部湾有闭合低压盘踞，直接向珠江口输送暖湿空气，引发赤潮，台风暖舌扫过，引发珠江口赤潮，台风登陆后减弱为低压，影响珠江口地区并引发赤潮。在此基础上，运用相关性分析方法，对挑选出的冬春季冷空气回暖型和春夏季低压持续控制型两种诱发赤潮的天气形势进行定量化分析，初步得出了诱发南海（珠江口）赤潮的两类典型场。

何恩业等利用国家"十五" 863 重点项目"赤潮重点监控区监控预警系统"项目组于 2006 年夏季在天津驴驹河赤潮监控区的连续监测资料作为样本数据[30]，建立双隐层 BP 人工神经网络模型进行训练。选取监控区 8 个监测量作为上述人工神经网络模型的输入变量，一共选取了 48 个样本，将叶绿素 a 含量（g/L）作为预测量，选取的 8 个输入变量分别为表层水温（℃）、pH 值、盐度、溶解氧浓度（mg/L）、磷酸盐浓度（μg/L）、亚硝酸盐-氮浓度（g/L）、硝酸盐-氮浓度（g/L）和氨-氮浓度（g/L），建立了天津驴驹河赤潮监控区主要理化因子与叶绿素 a 含量之间的映射关系，模拟结果表明：该模型能够较好地反映各种理化因子与叶绿素 a 含量之间的非线性对应关系，具有较好的赤潮预测能力，这说明利用人工神经网络对目前发生机理尚不明晰的赤潮进行预测是可行的。苏新红等收集了福建海区 2000 年至 2016 年发生的 219 个赤潮案例有效数据，应用 BP 神经网络人工智能模型建立了其与气温、降水、风速、气压和日照 5 个气象因子的非线性关系[64]，并将这些赤潮案例数据与相应的气象指标按闽东、闽中和闽南 3 个海区，分别输入模型进行学习、训练与预测，结果显示：闽东海区 53 个训练样本 45 个预测正确，正确率达 84.91%，3 个模拟预测样本全部正确；闽中海区 69 个训练样本 58 个预测正确，正确率达 84.06%，4 个模拟预测样本全部正确；闽南海区 85 个训练样本的运算预测结果 63 个正确，正确率 74.12%，5 个模拟预测样本全部正确，达到预期结果。

现阶段中国近海赤潮发生条件的预测，尽管目前海洋环境监测部门在近岸海域逐步建立了完善的赤潮灾害立体监测网络并催生高精度、高频度、大覆盖的海量赤潮监测数据，但这些海量数据目前仍然没有得到有效的挖掘和利用，这主要受限于没有完整可行的技术框架与方法体系能够用于指导近岸海域赤潮灾害的预警与决策服务。而从技术应用实现的角度来讲，国家和地方各级海洋预报部门主要仍旧依赖水文气象条件分析与实时海洋监测数据回传分析（浮标在线监测、卫星遥感以及船舶监测）相结合的手段来对外发布赤潮发生条件预测公告。

7.2.2　赤潮生态动力学数值模拟预测

海洋中发生的赤潮不是单纯的生物生态问题，而是在海洋动力环境条件控制下的生物生态问题。动力条件是物理海洋学的最重要内容，它对物质的输运及赤潮的蔓延能起作用这一点还是容易被众多人所接受，但对它能对赤潮的发生起作用，甚至是决定性作用较难被接受。许卫忆等采用动力模式与 N（nutrient）-P（phyto-plankton）-Z（zooplankton）模式的耦合来建立赤潮生消过程的数值模型[65,66]，模拟 1998 年在广东和香港海域发生的裸甲藻赤潮（细胞直径约为 25 μm，质量为 400 ng），模型中定义裸甲藻浓度值 106 个/L 为赤潮发生阈值，还规定超过 10 个网格点（每个网格点包括面积为 460 m×460 m），即面积约为 2.1 km² 以上，赤潮藻浓度达 106 个/L 以上，时间维持 3 h 以上，才认定发生赤潮。该模型动力部分使用 POM 模式，赤潮生态部分使用的 N-P-Z 模式包括了以下因素：N（g/m³）代表赤潮藻的吸收、浮游动物的排泄及死亡后的分解、高级动物的排泄及死亡后的分解；P（g/m³）代表赤潮藻吸收营养盐生长，自然死亡，浮游动物的摄食，死亡沉降；Z（g/m³）代表浮游动物的成长及高级动物的捕食。模拟中未包括浮游动物的模拟（即取 Z=0），这是因为浮游动物对赤潮的发生是负效应，在模拟已发生的赤潮时浮游动物的作用必然已被克服因而将其忽略，但在预测时就不能忽略该效应，针对 1998 年春天发生在香港海域的赤潮的生消全过程、小潮差下发生的赤潮生消全过程、改变流场扩散强度下赤潮生消全过程、改变周边地形下发生的赤潮这 4 种情况下进行的数值模拟来证明动力条件对赤潮的发生、蔓延所起的重要作用，结果表明海洋的动力条件不仅对赤潮的蔓延发挥输运作用，而且对赤潮的形成有影响，在某些条件下它对赤潮的发生将起着决定性作用。数值模拟的结果也表示了发生在实际海域的赤潮的数值预测的可能性，即在掌握实际海域的水动力条件的基础下，如果加强对该海域的水质监测（包括浮游动植物的监测），并通过必要的生化实验进行参数的测定辅助，有希望实现赤潮发生的预警和预测。

2008 年 6 月中下旬以来，青岛海域出现大量浒苔，并迅速蔓延至近岸，对第 29 届奥运会帆船赛事构成严重威胁。国家海洋预报台及时做出应急响应，在短时间内建立了浒苔漂移路径预测系统，向有关部门发布浒苔漂移轨迹预报和海洋环境预报，成功协助前线应急指挥中心完成了浒苔的控制和治理。该系统（图 7-2）分为 5 个部分，分别为遥感图像信息数字化处理模块、中国海海流数值预报模块、西太平洋风场数值预报模块、浒苔漂移路径数值预报模块和预报产品可视化模块，可依靠 AVHRR、SeaWiFS、HY-1 等卫星遥感图片的解析和风场流场的数值预报对未来3 d 浒苔发生的水文气象环境、漂移扩散的空间轨迹以及移动距离和速度进行预报。该模型不考虑浒苔的生态繁殖扩展过程，将浒苔作为受风和流作用下的被动漂移物体，只考虑其在水平方向的物理运动过程，运动方程如下：$\dfrac{dx_i}{dt} = v_a(x_i, t) + R \times v_d(x_i, t)$，$v_a$ 是海流赋给浒苔的速度，海流包括潮流、环流，v_d 是风速，R 是经验系数，$R \times v_d(x_i, t)$ 表达了风对浒苔的拖曳赋给的速度。求解方法采用了一阶求解，公式如下：$x_i^{n+1} \cong x_i^n + \Delta t[v_a(x_i^n, t^n) + R \times v_d(x_i^n, t^n)]$。浒苔漂移轨迹预报模型预报海域范围是 32°—38°N、119°—125°E，模型时间步长为 10 min，边界条件采用无反射条件，即假设浒苔在海面时随表面流和风的作用漂移，到达陆地时就粘在陆地上，不再参与计算[67]。浒苔靠岸的判断方法如下：判断当前时刻位置点和下一时刻位置点两点连成的直线和每一条海岸线段是否相交，如果相交则交点为粒子的登岸点。从检验结果来看，浒苔漂移路径预测系统能较好地模拟出 4 h 内浒苔漂移扩散的距离和方向，但是由于观测资料的缺乏无法对更长时间的预测结果进行检验，浒苔在条件适宜的情况下生长速度很快[67]。但该系统尚未考虑浒苔的生长繁殖过程。近些年，有学者在分析风、流驱动因素作用下绿潮漂移发展规律的基础上，参考前人对浒苔溯源、暴发周期和数值模拟的研究成果，为数值模型提供关键参数设定，首次基于 CFS 海面风场和表层海流预报数据以及 CGOFS 黄海、东海表层海流再分析，构建了可业务化的黄海绿潮迁移输运长期数值预报模型[68]。该模型可以在黄海浒苔灾害事件暴发前，模拟浒苔从源地暴发到最终抵达近岸堆积聚集的全时间链条漂移过程。其对 2017 年后报试验结果与卫星遥感实况对比显示，在绿潮漂移路径、漂移速度、影响海域等方面的后报结果与实际情况都较为吻合，研究成果可应用于海洋赤潮绿潮灾害趋势预测，为地方政府制定科学高效的防灾减灾应急对策提供技术支持。

参照绿潮浒苔的预报系统建设，在赤潮发生后，赤潮漂移扩散数值预报与赤潮生态动力学数值预报技术也在我国的海洋预报部门应运而生。在国家高技术研究发展计划"赤潮预警预报、应急及损害评估技术"（2007AA092003）支持下，国家海洋预报台研制了东海长江口附近海域赤潮漂移与扩散数值预报模型与赤潮生态动力学数值预报模型（图 7-3），并在 2013 年赤潮高发期针对长江口海域示范区开展了赤潮漂移扩散预测和赤潮生态动力学要素分布预测赤潮发生概率预测试预报与后报检验工作（图 7-4）。以 2013 年 6—7 月发生的米氏凯伦藻和亚历山大藻赤潮观测实况和赤潮漂移扩散的轨迹对比，赤潮漂移在 24 h 和 48 h 路径模拟与观测实况非常吻合。由于实况监测数据的不完整，跟赤潮藻类密度相关的叶绿素 a 数据生态浮标和

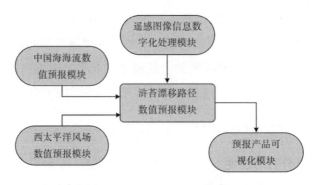

图 7-2　浒苔漂移路径预测系统

大浮标数据可为预报提供数据支持，赤潮生态动力模型中的水动力部分采用 *FVCOM*（非结构有限体积结构近岸海流模型）三维水动力模型，生态动力学状态变量的平流扩散过程所需要的流场信息以及生物、化学转化过程所需要的重要的水温度和盐度信息均由建立的三维水动力模式提供。

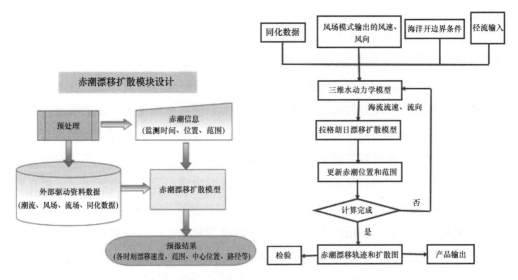

图 7-3　赤潮漂移扩散模块设计与业务预报流程图

7.2.3　赤潮灾害（中长期）趋势预测

赤潮发生条件预测和赤潮生态动力学数值模拟预测的技术研究主要以单过程的短期预报为主，目前还很少有基于气候特征分析做的近海赤潮中长期的年度灾害趋势预测，但是（中长期）趋势预测对政府部门，尤其对海洋防灾减灾部门的决策者和管理者来说，在未来一年的防灾减灾工作部署中属于亟待掌握的预测状况，一直

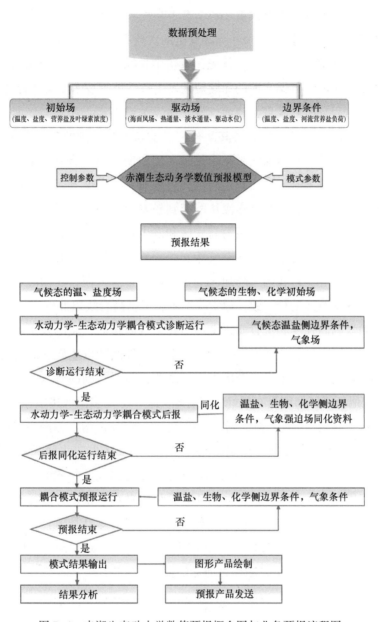

图 7-4　赤潮生态动力学数值预报概念图与业务预报流程图

急需足够重视与加强科学指导。因此，加强赤潮的年度趋势预测研究也是赤潮预警
报技术研究中非常重要的方向和内容。近年来，我国沿岸海域海水污染严重，致灾
藻种门类繁多且分布广泛，海上生物、化学条件已经基本具备，水文气象条件往往
是诱发赤潮的重要因素，利用比较完整的长时间连续积累的气象资料和气候资料的
变化来尝试探讨我国近海赤潮灾害（中长期）趋势预测技术对于研究我国近海赤潮
的发生规律是一条切实可行的途径，相关学者和技术人员已经开展了前期研究工作，

将来可为有效防控赤潮灾害提供重要科学参考与技术支撑。

　　从 1933 年至今，我国近海每年赤潮发生的次数和累计面积都有年度差异，而渤海、黄海、东海和南海亦是如此。首先，效仿中长期气象和气候预测的方法，找出诱发赤潮发生的主因。根据之前的赤潮短期发生条件预测技术以及笔者对近 15 年来东海赤潮暴发过程分析后发现，锋面气旋是诱发关键因子，赤潮与锋面气旋的关系确立了可通过气旋的发生、发展及其路径和强度来预测赤潮的高发区和发生频次，而赤潮高发区位置的变化与西太平洋副热带高压周期性震荡有着一定相关性。当海上生物、化学条件具备时，一次稳定的由气旋入海，经强度不大的冷空气演变为高压控制的天气转折过程，往往是赤潮从酝酿到暴发所需的天气过程。在长期预测中利用锋面气旋的多发区可预测赤潮的高发区和发生频次。西太副高的北侧是沿副高北上的暖湿空气与中纬度南下的冷空气相交绥的地带，锋面气旋活动频繁，往往形成大范围的阴雨天气，是我国大陆地区的重要降水带。因而，我国降水带的南北移动同西太副高的季节活动相一致，通常降雨带位于副高脊线以北约 5~8 个纬度。因此，可通过西太副高强度和位置变化来预测我国近海锋面气旋的发生状况，进而在长期预测中利用锋面气旋的多发来预测赤潮的高发区和发生频次。笔者通过历年海区数据分析发现，中国近海赤潮多发区纬度变化与西太副高脊线位置、副高北缘584 线，以及地面锋区纬度具有很好的拟合相关性，赤潮多发区集中在副高北缘 584线和地面锋区带海域。6 月之前，副高脊线稳定在 20°N 以南，赤潮多发区也多集中在长江口以南的东海海域；6 月后副高北跳，赤潮多发区也向北移至渤、黄海海域；8—9 月副高迅速南撤，赤潮多发区也随之南退。赤潮多发区位置的变化与西太平洋副热带高压年周期性振荡的关系，这就开辟了利用水文气象条件进行赤潮中长期趋势预测的途径。此外，通过我国近海赤潮发生次数与南海夏季风强度指数关系，南海夏季风显著偏弱的年份（2010 年、2017 年）中国近海赤潮偏多，而在南海夏季风显著偏强的年份（2018 年）中国近海赤潮偏少。

7.2.4　小结与展望

　　海洋环境监测与海洋预警报是不可分割的。近年来，随着计算机技术、传感技术、卫星遥感技术、网络传输技术等的迅猛发展，海洋水质监测与赤潮（甚至绿潮）预报系统也在飞速发展中。我国已经建立起由岸站、浮标、船舶、雷达、航空遥感、卫星遥感和志愿者监测等手段组成的三维立体海洋环境监测系统，其监测能力覆盖了全国海域的海洋水文、气象、水质、生物、沉积物和大气等监测项，并选择渤海、东海的赤潮多发海域以及南海的核电站海域作为试点示范区，逐步开展了沿海示范区内的赤潮预警报业务化试运行工作，均取得良好经验。

在赤潮灾害立体监测和预警报方面,国内有专家已提出了基于智能无线传感器网络的监测预警系统,完成了对海洋生态环境监测、数据实时处理、各类海洋气象与灾害的数值预报预测、各类海水指标的监测控制[69]。未来,告别单一要素、单一技术的预测,实现赤潮灾害的全方位立体在线实时监测与多技术融合的预警预测会成为沿海各级部门赤潮预警防控工作的重中之重,必将为我国赤潮灾害防灾减灾工作提供重要技术保障与决策支持。

参考文献

[1]　顾德宇,许德伟,陈海颖.赤潮遥感进展与算法研究.遥感技术与应用,2003,18(6):434-440.

[2]　高晓慧,王娟,孟庆凌.赤潮快速预警研究.海洋开发与管理,2011,28(7):74-77.

[3]　张晓辉,胡建华,周燕,等.赤潮预报和防治方法.河北渔业,2006,(3):46-47+49.

[4]　张俊峰,俞建良,庞海龙,等.利用水文气象因子的变化趋势预测南海区赤潮的发生.海洋预报,2006,23(1):9-19.

[5]　何恩业,王丹,黄莉,等.西太平洋副热带高压的变动对我国赤潮发生的影响分析.海洋预报,2015,32(4):83-89.

[6]　许文军.盐度、饵料密度及温度对夜光藻种群生长的影响[J].海洋水产科技,1994(1):49-53.

[7]　周遵春,马志强,薛克,等.对辽东湾夜光藻赤潮和叉状角藻赤潮成因的初步研究.水产科学,2002,21(2):9-12.

[8]　衣立,张苏平,殷玉齐.2009年黄海绿潮浒苔爆发与漂移的水文气象环境.中国海洋大学学报(自然科学版),2010,40(10):15-23.

[9]　林祖亨,梁舜华.大鹏湾盐田海域夜光藻赤潮形成与潮汐的关系.海洋通报,1993,(2):35-38.

[10]　矫晓阳.透明度作为赤潮预警监测参数的初步研究.海洋环境科学,2001,20(1):27-31.

[11]　安达六郎.赤潮生物匕赤潮实态.水产土木,1973,9(1):31-36.

[12]　国家海洋局.赤潮监测技术规程.中华人民共和国海洋行业标准 HY/T 069-2005,2005-05-18 发布.

[13]　矫晓阳.叶绿素 a 预报原理探索.海洋预报,2004,21(2):56-63.

[14]　邹景忠,董丽萍,秦保平.渤海湾富营养化和赤潮问题的初步探讨.海洋环境科学,1983,2(2):41-54.

[15]　丛丕福,张丰收,曲丽梅.赤潮灾害监测预报研究综述.灾害学,2008,23(2):127-130.

[16] 王丹，何恩业，刘桂梅，等．秦皇岛北戴河赤潮生物与环境因子之间的关系．海洋预报，2013，30（5）：1-7.

[17] 王正方，张庆，吕海燕．温度、盐度、光照强度和 pH 对海洋原甲藻增长的效应．海洋与湖沼，2001，32（1）：15-18.

[18] 孔凡洲，于仁成，徐子钧，等．应用 Excel 软件计算生物多样性指数．海洋科学，2012，36（4）：57-62.

[19] 孙军，刘冬艳．多样性指数在海洋浮游植物研究中的应用．海洋学报，2004，26（1）：62-75.

[20] Qichi A，Takayama H．A red tide map s tudy by th e principal component analysis．Bull．Jap．Soc．Sci．Fish，1981，47（10）：1 275-1 279.

[21] 王年斌，周遵春，马志强，等．大连湾丹麦细柱藻赤潮的主成分分析．水产科学，2004，23（7）：9-11.

[22] 苏荣国，胡序朋，张传松，等．荧光光谱结合主成分分析对赤潮藻的识别测定．环境科学，2007，28（7）：1 529-1 533.

[23] 黄弈华，楚建华，齐雨藻．南海大鹏湾盐田海域骨条藻数量的多元分析．海洋与湖沼，1997，28（2）：121-127.

[24] 陈宇炜，秦伯强，高锡云．太湖梅梁湾藻类及相关环境因子逐步回归统计和蓝藻水华的初步预测．湖泊科学，2001，13（1）：63-71.

[25] 曾勇，杨志峰，刘静玲．城市湖泊水华预警模型研究——以北京"六海"为例．水科学进展，2007，18（1）：79-85.

[26] 李崇明，黄真理，张晟，等．三峡水库藻类"水华"预测．长江流域资源与环境，2007，16（1）：1-6.

[27] 薛存金，董庆．多海洋参数赤潮 MODIS 综合监测．应用科学学报，2010，28（2）：147-151.

[28] Lee J H W，Huang Y，Dickman M，et al．Neural network modeling of coastal algal blooms．Ecological Modeling，2003，159（2/3）：179-201.

[29] 王洪礼，葛根，李悦雷．基于模糊神经网络（FNN）的赤潮预警预测研究．海洋通报，2006，25（4）：36-41.

[30] 何恩业，李海，任湘湘，等．BP 人工神经网络在渤海湾叶绿素预测中的应用．海洋预报，2008，25（2）：1-10.

[31] 张承慧，钱振松，孙文星，等．基于 IOWA 算子的赤潮 LMBP 神经网络组合预测模型．天津大学学报，2011，44（2）：101-106.

[32] Kelly-Gerreyn B A，Anderson T R，Holt J T，et al．Phytoplankton community structure at contrasting sites in the Irish Sea：a modeling investigation．Estuarine，Coastal and Shelf Science，2004，59：363-383.

[33] Schrum C，Alekseeva I，John M S．Development of a coupled physical-biological ecosystem model

ECOSMO Part I: Model description and validation for the North Sea. Journal of Marine Systems, 2006a, 61: 79-99.

[34] Roelke D L, Cifuentes L A, Eldridge P M. Nutrient and phytoplankton dynamics in a sewage-impacted gulf coast estuary: a field test of the PEG-model and equilibrium resource competition theory. Estuary, 1997, 20: 725-742.

[35] Roelke D L. Copepod food-quality threshold as a mechanism influencing phytoplankton succession and accumulation of biomass, and secondary productivity: a modeling study with management implications. Ecological Modelling, 2000, 134: 245-274.

[36] Azumaya T, Isoda Y, Noriki S. Modeling of the spring blooming Funka Bay, Japan. Continental Shelf Research, 2001, 21 (5): 473-494.

[37] Guillaud J F, Menesguen A F. Biogeochemical modelling in the Bay of Seine France : an improvement by introducing phosphorus in nutrient cycles. Journal of Marine Systems, 2000, 25: 369-386.

[38] Chai F, Dugdale R C, Peng T H, et al. One-dimensional ecosystem model of the equatorial Pacific upwelling system. Part I: model development and silicon and nitrogen cycle. Deep-Sea Research II, 2002, 49: 2 713-2 745.

[39] Vichi M, Masina S, Navarra A. A generalized model of pelagic biogeochemistry for the global ocean ecosystem. Part II: Numerical simulations. Journal of Marine Systems, 2007, 64: 110-134.

[40] Fasham M J R, Flynn K J, Pondaven P, et al. Development of a robust marine ecosystem model to predict the role of iron in biogeochemical cycles: A comparison of results for iron-replete and iron-limited areas, and the SOIREE iron-enrichment experiment. Deep Sea Research I, 2006, 53: 333-366.

[41] Sverdrup H U. On conditions for the vernal blooming of phytoplankton. J. Cons. Perm. Int. Explor. Mer. 1953, 18 (3): 287-295.

[42] Fennel K. Convection and the Timing of Phytoplankton Spring Blooms in the Western Baltic Sea. Estuarine, Coastal and Shelf Science, 1999, 49 (1): 113-128.

[43] Griffin S L, Herzfeld M, Hamilton D P. Modelling the impact of zooplankton grazing on phytoplankton biomass during a dinoflagellate bloom in the Swan River Estuary, Western Australia. Ecological Engineering, 2001, 16 (3): 373-394.

[44] 乔方利, 袁业立, 朱明远, 等. 长江口海域赤潮生态动力学模型及赤潮控制因子研究. 海洋与湖沼, 2000, 31 (1): 93-100.

[45] 李雁宾. 长江口及邻近海域季节性赤潮生消过程控制机理研究. 青岛: 中国海洋大学, 2008.

[46] 王寿松, 冯国灿, 段美元, 等. 大鹏湾夜光藻赤潮的营养动力学模型. 热带海洋, 1997, 16 (1): 1-6.

[47]　夏综万，于斌，史键辉，等. 大鹏湾的赤潮生态仿真模型. 海洋与湖沼，1997，28（5）：468-474.

[48]　Liu G, Chai F. Seasonal and interannual variability of primary and export production in the South China Sea: a three-dimensional physical-biogeochemical model study. ICES Journal of Marine Science, 2009, 66 (2): 420-431.

[49]　韩君. 黄海物理环境对浮游植物水华影响的数值研究. 青岛：中国海洋大学，2008.

[50]　刘天然. 南黄海中部春季浮游植物水华过程与物理环境的关系初探. 青岛：中国海洋大学，2010.

[51]　Jeff Hawkins, Taylor J G, Sandra Blakeslee. On Intelligence, Times Books 2004. Artificial Intelligence, 2005, 169 (2): 192-195.

[52]　Hinton G E, Salakhutdinov R R. Reducing the dimensionality of data with neural networks. Science, 2006, 313: 504-507.

[53]　陈旭伟，傅刚，陈环. 基于串联 BP 神经网络多函数拟合的研究设计. 现代电子技术，2013，36（22）：14-16.

[54]　孙蓉桦，张微. GRNN 和遗传算法在赤潮预报中的应用操作. 科技通报，2005，21（4）：485-490.

[55]　黄西能. 盐田水域赤潮的理化环境和浮游植物生态变化特征// 朱明远，李瑞香，王飞编. 中国赤潮研究，SCOR-IOC 赤潮工作组中国委员会第二次论文选. 青岛：青岛出版社，1995.

[56]　潘刚，段舜山，徐宁. 海洋赤潮水色遥感技术研究进展. 生态科学，2007，26（5）：460-465.

[57]　张正龙. 我国黄、东海浒苔和马尾藻的遥感鉴别及绿潮发生过程研究. 上海：华东师范大学，2014.

[58]　雷惠. 基于固有光学量的东海赤潮遥感提取算法研究. 杭州：浙江大学，2011.

[59]　Sougandh B K. A web-based modling approach for tracking algal blooms in Lower Great Lakes. New York: State University of New York at Buffalo, 2008.

[60]　陈淑琴，黄辉. 赤潮发生规律及气象条件. 气象科技，2006，34（4）：478-481.

[61]　王崇，孔海南，王欣泽，等. 有害藻华预警预测技术研究进展. 应用生态学报，2009，20（11）：2 813-2 819.

[62]　刘沛然，黄先玉，何栋. 赤潮成因及预报方法. 海洋预报，1999，16（4）：46-51.

[63]　任湘湘，何恩业，李海，等. 珠江口赤潮生成的天气分型研究. 海洋预报，2007，24（3）：46-58.

[64]　苏新红，金丰军，杨奇志，等. 基于 BP 神经网络模型的福建海域赤潮预报方法研究. 水产学报，2017，41（11）：1 744-1 755.

[65]　许卫忆，朱德弟，张经，等. 实际海域的赤潮生消过程数值模拟. 海洋与湖沼，2001，32（6）：598-604.

［66］　许卫忆，朱德弟，卜献卫，等. 赤潮发生和蔓延的动力机制数值模拟. 海洋学报，2002，24（5）：91-97.

［67］　李燕，李云，刘钦政. 浒苔漂移轨迹预报系统. 海洋预报，2010，27（4）：74-78.

［68］　何恩业，季轩梁，高姗，等. 黄海浒苔漂移输运和生长消亡过程的数值模拟与预测应用. 海洋与湖沼，2021，52（1）：39-50.

［69］　王骥，周文静，沈玉利. 基于无线传感器网络的海洋环境监测系统研究. 计算机工程与设计，2008，29（13）：3 334-3 337.

第8章 赤潮灾害应急管理

　　海洋在带来优越的自然环境和资源条件的同时，也使我国成为世界上受海洋灾害影响最为严重的国家之一。以有害藻华为代表的赤潮灾害和以风暴潮为代表的海洋动力灾害所造成的经济损失仅次于内陆的地震、干旱与洪涝等灾害。近年来，随着防御海洋灾害能力的加强，人员伤亡呈明显下降趋势。但由于沿海人口的增加，沿海地区产业集聚水平的提高，以及海洋经济的快速发展，我国海洋灾害的经济损失反而呈急速增加的趋势。据中国海洋灾害公报1989—2006年的统计，17年中海洋灾害的经济损失大约增长了30倍。蓬勃发展的海洋经济与频繁的海洋灾害及日趋严重的灾情影响，对海洋灾害应急管理工作提出了更为严峻的挑战。

　　灾害应急管理是体现国家或地方政府灾害应对能力和管理水平，维护社会稳定，减少国家财产损失，保障人民群众生命财产安全的重要措施。为有效应对海洋灾害，最大限度地减少海洋灾害带来的损失，近年来，我国不断加强海洋灾害应急管理工作，并在实践中取得了显著的成就，但仍与世界发达国家有一定差距。本章详细叙述了我国赤潮灾害管理和国外赤潮灾害管理情况，分析了我国目前赤潮灾害管理中存在的不足，并提出了相应的优化策略与保障措施。

8.1　我国赤潮灾害管理现状

　　近年来，国家特别加强了防控赤潮灾害的工作，在国务院"分级管理，属地为主"原则的指导下，国家—省—市—县四级赤潮灾害应急管理体制机制逐步健全，法律法规与政策体系不断完善，应急预案体系和监测预警业务体系得到加强，在各种赤潮灾害的管理工作中发挥了重要的作用。

8.1.1　我国赤潮灾害管理体制

　　根据《中华人民共和国突发事件应对法》的规定，我国的应急管理体制具有统一领导、综合协调、分类管理、分级负责、属地管理为主的特点。即在党中央、国务院的统一领导下，各级政府建立应急管理办公室，针对突发事件的类型和等级来协调信息、技术、物资、救援队伍等各方力量，由事发地政府统一组织实施应急工作。目前，我国尚没有独立的赤潮灾害应急管理组织部门，作为自然灾害的一个类别，赤潮灾害管理总体上处于应急灾害管理机制框架内。

（1）国家层面

在国家层面，我国的赤潮灾害应急管理工作由国家海洋行政主管部门（原国家海洋局）领导，初步形成了以赤潮灾害应急管理为代表的赤潮灾害应急管理工作体系。以赤潮灾害为例，国家海洋行政主管部门 2008 年发布的《赤潮灾害应急预案》明确规定：国家海洋行政主管部门负责指导、协调全国重大赤潮灾害应急管理工作，协调相关部委对省市赤潮灾害应急管理工作进行监督指导，研究解决海区和省级赤潮灾害应急工作机构的请示和应急需要。各海区分局也建立了相应的应急工作机构，落实相关责任。海区一级的主要职责为开展本海区的赤潮应急跟踪监测监视和预警报，对省市赤潮应急响应工作提供技术指导、协助，发布本海区赤潮监测预测信息等。

（2）省区市层面

在沿海各省区市层面，赤潮灾害应急管理工作由省政府统一领导，沿海各省（自治区、直辖市）及计划单列市一级（简称省级）海洋厅（局）主要负责开展本省（自治区、直辖市）及计划单列市所辖海域赤潮监测监视及预警报工作，并会同当地相关部门开展赤潮应急响应工作和负责发布本省（自治区、直辖市）及计划单列市赤潮监测预测信息等。

参照《浙江省海洋灾害应急预案》，浙江省海洋灾害的应对体制由指挥机构（省海洋灾害应急指挥部）、办事机构（办公室）和专家咨询机构（专家咨询委员会）组成。其中，省海洋灾害应急指挥部指挥由省政府分管副省长担任，副指挥由省政府分管副秘书长、省海洋与渔业局局长担任，负责特别重大、重大海洋灾害的应急处置，组织领导、统一指挥、全面协调全省海洋灾害的应对工作。省海洋灾害应急指挥部成员由省海洋与渔业局、省军区、省武警总队等单位负责人组成，分别负责相应的预防和处置海洋灾害相关工作。

省海洋灾害应急指挥部下设办公室，负责海洋灾害应急处置的日常工作，省海洋灾害应急指挥部办公室设在省海洋与渔业局，办公室主任由省海洋与渔业局分管领导担任，主要负责海洋灾害应急处置工作的组织、协调、指导和监督，灾情汇集上报，建议启动和终止预案及新闻发布等工作。

省海洋灾害应急指挥部内设灾害应急专家咨询机构——浙江省海洋灾害应急专家咨询委员会（专家咨询委员会），负责研究国内外海洋灾害应急相关领域的发展战略、方针、政策、法规和技术规范，参与制定本省海洋灾害应急体系建设与发展有关政策、法规及各类规划、实施方案，对海洋灾害应急领域重大项目的立项和评审提供意见和建议，以及对海洋灾害突发事件的预防、准备和处置各环节提供技术支撑。

（3）地市级层面

在地市级层面，赤潮灾害应急管理工作由市政府统一领导，分工更为细致明确。在《青岛市海洋赤潮灾害应急预案》中，除设置市海洋赤潮灾害专项应急指挥部、市专项应急指挥部办公室（参与领导与单位与省级相似）和专家组以外，还根据灾害一线的实际工作情况，成立了现场指挥部、综合协调组、监测监视组、应急处置组、市场监控组、医疗救治组、评估调查组、经费保障组和新闻宣传组等工作组。

综合协调组由市海洋与渔业局牵头，负责综合协调、督导检查海洋赤潮灾害应急处置工作；组织市专项应急指挥部会议，编发会议纪要；负责市专项应急指挥部内部公文运转、综合文字；做好处置信息调度、汇总、整理、编辑和简报印发，以及资料收集归档工作；负责与上级的信息沟通和协调联络等工作。

监测监视组由市海洋与渔业局牵头，负责动态监测海洋赤潮灾害的面积、位置及影响范围；预报灾害发生海域的局部气象、海况，监测该海域的环境、赤潮生物和赤潮毒素，及时提出气象和海况参数及预测意见；向市专项应急指挥部办公室和专家组报告监视、监测信息。

应急处置组由市海洋与渔业局牵头，负责在技术单位和专家组的指导下，分别对在重大活动海域、重要渔业海域、海水资源利用区、旅游度假区、海洋保护区、海水浴场等重点海域发生的赤潮灾害，实施相关的减灾处置工作；对在重大活动期间发生的重点海域赤潮灾害，经专家会商确需实施应急消除的，协调组织灾害发生沿海区市政府、有关部门（单位）实施海洋赤潮灾害的消除工作；根据市专项应急指挥部的指令，对发生有毒赤潮的重大活动海域、重要渔业海域、海水资源利用区、海水浴场以及其他直接接触海水的海上运动区或海上娱乐区内及邻近海域，实施封闭管理。

市场监控组由市食品药品监管局牵头，负责监控全市水产品增养殖生产、加工、销售等环节的赤潮毒素。

医疗救治组由市卫生计生委牵头，承担有毒赤潮中毒人员及发生伤病的参与处置人员的医疗救治工作。

评估调查组由市海洋与渔业局牵头，负责分别对海洋赤潮灾害所造成的渔业资源损失、水产养殖损失、滨海旅游损失、人体健康影响、出口水产品损失等社会经济损失情况进行调查、取证和评估；当海洋赤潮灾害发生与突发性环境事件有较明显关联时，组织对海洋赤潮灾害发生的主要原因进行调查、取证、资料收集，并就事故的原因提出分析结论和处理建议。

经费保障组由市财政局牵头，负责安排应急行动所需经费，及时拨付经费并监督使用。

新闻宣传组由市委宣传部牵头，负责把握全市海洋赤潮灾害应急处置工作宣传导向，及时协调、指导媒体做好海洋赤潮灾害信息发布、应急处置工作的宣传报道。

（4）区县级层面

区县级层面的赤潮灾害应急管理工作体制基本沿袭自地市级，在此不再赘述。与地市级体制的差别在于，区县级需充分发挥基层行政组织如乡镇政府、街道办等的作用，强调在得到灾害预警的第一时间及时高效地将信息传递到养殖户、度假村、海水取水企业等处。如在《象山县赤潮灾害应急预案》中明确指出了"有关镇（乡）政府、街道办事处、单位负责所在区域赤潮防治工作，立即通知有关单位、人员做好赤潮防治工作"等相关内容。

8.1.2　我国赤潮灾害管理机制

赤潮灾害应急机制可以按照灾害发生的时间先后划分为 4 个阶段，分别为灾害应急准备阶段、应急预防阶段、应急响应阶段和灾后评估阶段。第一阶段：应急准备阶段，主要是灾害发生前建立应急预案和制定应急法律；第二阶段：应急预防阶段，主要是对赤潮灾害进行监测预报，研发先进的预报技术以及建立灾害信息网络系统；第三阶段：应急响应阶段，是灾害发生后的应急组织和应急处理，应急组织包括各部门的角色分工以及组织结构设计，应急处理包括全员参与及协调控制；第四阶段：灾后评估阶段，是对灾害应急效果进行评估，总结应急经验，进一步总结完善应急对策。

不同的灾害类型其预警启动标准和级别警报发布方式都是不同的。以赤潮为例，按照赤潮灾害发生的影响范围、性质和危害程度，赤潮灾害分为特别重大赤潮灾害、重大赤潮灾害、较大赤潮灾害和一般赤潮灾害四级，赤潮灾害应急响应也相应分为一级应急响应（特别重大）、二级应急响应（重大）、三级应急响应（较大）和四级应急响应（一般）四级。当赤潮发生时，各单位或者个人应及时向同级或当时所能送达信息的海洋行政主管部门报告赤潮发生信息。该海洋行政主管部门可直接委派（所属）海洋环境监测机构或海监队伍赶赴赤潮发生海域，确认赤潮发生信息，也可通知赤潮所在海区或省级海洋部门，由其负责赤潮信息现场确认。赤潮信息一经确认，随后的赤潮应急处置将根据赤潮面积、毒性和造成的影响，分四级予以处置。当赤潮达到四级应急响应条件时，采取以下措施。①获知现场确认信息的海洋行政主管部门在 24 小时内通报海区和省级海洋行政主管部门。根据赤潮发生于近岸以外或近岸等不同海域，分别由海区或省级海洋行政主管部门启动本级赤潮灾害应急预案。②海区或省级海洋行政主管部门应及时开展管辖海域赤潮应急监测及预警报工作,会同有关部门采取应急响应处置措施。及时将赤潮监测预测信息和采取措施情况报告国家海洋行政主管部门及同级人民政府,并通报同级有关部门。当赤潮灾害可能危及其他海域时,赤潮发生海域的省级海洋行政主管部门应及时将赤潮信息通报有关省级海洋行政主管部门。③根据赤潮发生情况和应急需要,海区或省级海洋行政主管部门应及时组织应急专家赴赤潮灾害现场,为赤潮灾害应急监视监测、分析预测和防治提供技术咨询和建议,开展相关应急研究。④灾害结束后,海区或省级海洋行政主管部门应及时组织开展赤潮灾害评估工作,并报上级海洋行政主管部门。当赤潮达到三级应急响应条件时,在采取四级应急响应措施基础上,还应采取以下措施:①在 12 小时之内以传真形式通报国家、海区和省三级海洋行政主管部门;②赤潮信息通报国家海洋局领导小组,并通报同级环保、渔业、旅游、卫生、质检、工商、交通等相关部门,频率不小于 1 次/2 日。当赤潮达到二级应急响应条件时,在采取三级应急响应措施基础上,还应采取以下措施:①在 6 小时之内以传真形式通报国家、海区和省三级海洋行政主管部门;②信息报送频率不少于 1 次/1 日。当赤潮达到一级应急响应条件时,在采取二级应急响应措施基础上,还应采取以下措施:①在 3 小时之内以传真形式通报国家、海区和省三级海洋行政主管部门;②信息报送频率不少于 1 次/1 日;③必要时,国家海洋行政主管部门可组织国务院有关部门成立联合督查组,赴赤潮发生影响地开展联合督查,确保实现对赤潮发展动态的有效监控,最大限度地减低赤潮对养殖业带来的损失,防止受赤潮毒素影响的水产品流入市场,保障人民群众生命安全,稳定民心。赤潮信息实行统一管理,分级发布制度,由国家和省级海洋行政主管部门分别负责全国和各省(自治区、直辖市)及计划单列市赤潮信息发布工作的管理。通过广播、电视、报纸、电信等媒体向社会发布赤潮信息须经以上部门许可。

8.2　我国赤潮灾害管理法律体系

应急管理法律法规的制定是从灾害中保护国民私有财产和生命安全,提高政府应急管理能力所必不可少的措施。第十届全国人民代表大会第二次会议修改宪法,把保护公民的私有财产权和继承权、紧急状态写入宪法中,从而明确地体现了我国政府更有责任从灾害等突发公共事件中保护人民利益和私有财产以及提高政府应急管理能力,并在宪法上给予定位。2005 年通过的国务院发布的《国家突发公共事件总体应急预案》和 2007 年正式实施的《中华人民共和国突发事件应对法》,总结了应急管理实践创新和理论创新成果,进一步明确了政府、公民、社会组织在突发事件应对中的权利、义务和责任，确立了规范各类突发事件共同行为的基本法律制度，为有效实施应急管理提供了更加完备的法律依据和法制保障。这些法律法规也是制定赤潮灾害管理法律体系的基础。

总体上讲，目前我国海洋灾害应急法律体系尚未建立，尚无针对海洋灾害的专门立法。但赤潮灾害管理的相关内容大多隐含在相关海洋环境和渔业法规当中，起到了一定的规范作用，如《防止船舶污染海域管理条例》《中华人民共和国海洋环境保护法》《中华人民共和国海上交通安全法》《中华人民共和国渔业法》《海洋环境预报与海洋灾害预报警报发布管理规定》《海洋预报业务管理规定》《海洋石油勘探开发环境保护管理条例》等法律法规中均有涉及。

《中华人民共和国海洋环境保护法》

第十四条：国家海洋行政主管部门按照国家环境监测、监视规范和标准，管理全国海洋环境的调查、监测、监视，制定具体的实施办法，会同有关部门组织全国海洋环境监测、监视网络，定期评价海洋环境质量，发布海洋巡航监视通报。依照本法规定行使海洋环境监督管理权的部门分别负责各自所辖水域的监测、监视。其他有关部门根据全国海洋环境监测网的分工，分别负责对入海河口、主要排污口的监测。

第二十五条：引进海洋动植物物种，应当进行科学论证，避免对海洋生态系统造成危害。

《海洋环境预报与海洋灾害预报警报发布管理规定》

第四条：公开发布的海洋环境预报种类有：预测、预报、消息、速报、公报等；内容有：海温、盐度、潮汐、潮流、海流、海平面、水质等。公开发布的海洋灾害预报警报种类有：消息、预报、警报、紧急警报；内容有：海浪、风暴潮、海冰、海啸、赤潮、海上溢油扩散及其它海洋污染事件对海洋自然环境影响和变化情况。

《海洋预报业务管理规定》

第二十七条：预计本机构责任预报海域将要出现海洋灾害时，各级海洋预报机构应当立即根据海洋灾害应急预案的要求，制作发布海洋灾害警报。

我国在 1993 年出台的《海洋环境预报与海洋灾害预报警报发布管理规定》是最早提出对赤潮进行预警的法规，在 1999 年发布了《海洋预报业务管理规定》，对海洋预报预警业务做了详细规定，并于 2014 年进行修订。1999 年，我国颁布第一部海洋环境保护的法律《中华人民共和国海洋环境保护法》，而且不断完善，于 2017 年进行了修订。2002 年发布的《海洋赤潮信息管理暂行规定》是第一部管理赤潮灾害而制定的具体法规，其以《中华人民共和国海洋环境保护法》的有关规定为依据，加强对海洋赤潮信息的管理，充分发挥赤潮信息在赤潮防治工作中的作用，规范赤潮信息发布行为，有效预防和减轻赤潮灾害。2008 年，我国出台了《赤潮灾害应急预案》，最大限度地减轻赤潮灾害造成的经济损失和对人民身体健康、生命安全带来的威胁。2015 年《全国海洋预警报会商规定》的发布，加强了从地方到中央的各海洋监测部门的协作。

我国各沿海省份直辖市依据《中华人民共和国海洋环境保护法》的有关规定，出台了相应法规，对赤潮灾害进行管理，主要涉及赤潮灾害的监测监控和预警预报。以辽宁省和山东省为例。

《辽宁省海洋环境保护办法》

相关条款如下：

第七条：省、市海洋与渔业部门根据国家海洋环境监测、监视规范和标准，管理本行政区域内海洋环境调查、监测、监视和海洋环境信息系统，定期评价海洋环境质量，发布海洋环境质量信息。

依照本办法行使海洋环境监督管理权的部门，分别负责各自所辖水域的监测、监视。

有关部门根据各自职责形成的海洋环境监测、监视资料应当纳入全省海洋环境监测网络，实行资源共享。

第八条：沿海县以上政府应当组织有关部门和单位制定、实施防治赤潮灾害应急预案和预防风暴潮、海啸、海冰海洋灾害应急预案。

沿海县以上海洋与渔业部门应当加强赤潮等海洋灾害要素的监测、监视，海洋灾害的预警、预报和信息发布。发生赤潮等海洋灾害时，应当及时向本级政府报告，并在规定时间内逐级上报省海洋与渔业部门。

《山东省海洋环境保护条例》

相关条款如下：

第八条：沿海设区的市以上的海洋与渔业部门应当定期发布海洋环境质量公报或者专项通报。

海洋与渔业等部门应当向环保部门提供编制环境质量公报所必需的海洋环境监测资料；环保等部门应当向海洋与渔业部门提供与海洋环境监督管理有关的资料。

第九条：沿海县级以上人民政府应当组织有关部门制定、实施防治赤潮灾害应急预案，做好防治工作。

沿海县级以上海洋与渔业部门应当加强赤潮监测、监视、预警、预报和信息发布；发生赤潮时，应当及时向同级人民政府报告，并逐级上报省海洋与渔业部门。

单位和个人发现赤潮时，应当及时向当地海洋与渔业部门报告。

河北省、江苏省、浙江省、福建省和广东省等其余各沿海省份发布的海洋环境保护法规，与山东省、辽宁省发布的法规大同小异。地方法规对国家法律法规进行细化，对灾害发生前的监测预报，发生过程中的应急响应、紧急救援，以及发生后的恢复重建、调查评估等做了详细的规定，要求海洋、环保、渔业、工商、卫生等多个职能部门整合资源，信息共享，密切协作，对赤潮灾害的管理更加有力。

基于国家和各沿海省市制定的海洋环境保护相关法规，部分沿海地市也制定了各自的赤潮灾害应急预案，例如《青岛市海洋环境保护规定》《乳山市海洋绿潮（浒苔）应急预案》，为本地市应对赤潮灾害做出了详细具体的指导。

8.3　我国海洋生态灾害管理预案体系

我国自古就有"凡事预则立，不预则废""人无远虑，必有近忧"等警句，由此可见，在灾害的防治过程中，应急预案的作用举足轻重。应急预案是指政府、企事业单位或其他社会组织针对可能发生的突发事件，为降低突发事件破坏性后果的严重程度，保证迅速、有序、有效开展应急与救援行动，而预先制定的行动计划或方案。海洋生态灾害管理预案是海洋生态灾害管理的依据，在防治海洋生态灾害、减轻海洋生态灾害危害性后果中起到重要的作用。

8.3.1　我国应急管理预案体系

我国的应急预案框架体系是在 2003 年"非典"事件后建立起来的。根据党中央、国务院的部署，国务院办公厅于 2003 年 12 月成立了应急预案工作小组。2005年，国务院通过了《国家突发公共事件总体应急预案》，在经党中央和全国人大原则同意后，于当年实施。目前，全国已经制定完成了各级各类突发事件应急预案多达 130 万件，总体上覆盖了我国经常发生突发事件的主要方面，基本上形成了"横向到边、纵向到底"的突发事件应急预案体系。在预案编制过程中，我国充分参考借鉴了美国、日本、俄罗斯等国的有关经验，又充分考虑了我国国情，在预案中加入了一些其他国家所没有的、超前的、创新的内容，具有鲜明的中国特色。

我国的应急预案具有以下几个突出特点：一是部门齐全、种类繁多；二是弥补了应急规划不足，提高了应急能力；三是具有一定超前性，弥补了有关法律的不足，有大量的补充性规定；四是强调预防为主；五是科学发展观作为制定应急预案的基本原则；六是强调属地管理、条块结合的应急管理体制。

8.3.2　海洋灾害管理预案体系

在建立应急预案方面，按照不同的责任主体，预案体系分为国家总体应急预案、专项应急预案、部门应急预案、地方应急预案和企事业单位应急预案五个层次。在《国家突发公共事件总体应急预案》框架下，国家海洋局组织专家编制完成的《赤潮灾害应急预案》，于2005年顺利通过了国务院的审议，并被确定为《国家突发公共事件总体应急预案》的部门预案之一，也是首个被列入国家总体应急预案的海洋生态灾害类型。2009年，根据海洋灾害应急管理需要，国家海洋局又组织了对该预案的修订并再次发布，对海洋灾害的预测预警、信息报告、应急响应、应急处置、恢复重建及调查评估等机制都做出了明确规定，形成了包含事前、事发、事中、事后等各环节的一整套工作运行机制。预案的实施加强了对赤潮灾害的监测、预报、预警和应对工作，降低了突发海洋生态灾害对人民生命财产安全带来的影响和损失。

在此基础上，各地市也相应建立了《赤潮应急预案》《绿潮应急预案》等预案，为各地市应对海洋生态灾害做出了详细具体的指导。其中，特别强调"属地管理"的原则，将海洋灾害应急管理工作落在实处，地方海洋行政主管部门应根据《国家突发公共事件总体应急预案》的要求，结合实际明确应急管理的指挥机构、办事机构及其职责。全国自上而下的预案体系的建立，有利于海洋生态灾害发生之前采取针对性的减灾避灾措施，发生时则有计划地实施救灾抗灾工作，增强了海洋生态灾害管理的预见性和有序性。

8.3.3　海洋生态灾害预案内容

预案包括以下几个部分。

①孕灾环境背景信息，包括由水文、气象、地质、地理、生态等环境背景信息，以及人群、广义人-机系统等人文环境信息。

②预案实施过程中的决策者、组织者与执行者等组织或个人。其中以决策者最为关键，决策者对预案的正确理解与正确决策决定着预案实施成功与否。

③预案所要实现的最终目标，即预案所要达到的最终目的与结果。目标的制定

应该具体问题具体分析，不同时段，不同地点及不同背景的预案目标有很大差异，但出发点是一致的，即减灾效果。

减轻海洋生态灾害的具体措施，是预案的核心，分为以下 3 个阶段。

（1）监测预报阶段

提高近岸海域海洋（中心）站覆盖度，加强基层监测机构能力建设；构建国家海洋环境实时在线监控系统，对重点海湾、主要河流入海口、重点排污口加大监测监控力度；构建赤潮、绿潮等生态灾害 3 小时应急响应圈，提高应急响应的时效；对于近年来逐步显现的外来物种入侵、水母暴发、马尾藻金潮等新型海洋生态灾害，将加大研究力度，逐步铺开相应的监测预警工作。

经过 50 多年的建设和发展，海洋部门逐步建立了岸基、浮标、船舶、飞机，卫星等多种手段构成的、覆盖管辖海域的海洋环境立体监测业务系统，具备了对我国沿海赤潮、绿潮等环境灾害和溢油、危化品泄漏等突发事件的应急监测能力。以赤潮灾害为例，海洋部门在沿海赤潮高发的区域设立了 19 个赤潮监控区，定期对这些区域实施高频次的监测，并通过卫星遥感、船舶走航、陆岸巡视等多途径多手段对全海域进行监测，及时发现赤潮灾害并采取相应措施主动防治。

我国政府对海洋监测给予了高度的重视，在"九五""十五"期间持续加大对海洋监测技术研究的投入力度，确立了国家"十五"攻关项目"海洋环境预测和减灾技术"，旨在加强海洋监测高技术研究。而且将海洋监测技术主题确立为国家计划资源环境领域的 4 个主题之一，加大对海洋监测技术的扶持力度，提高对海洋环境的监测和保护能力，并支持海洋资源开发和海上国际建设。

由于海洋观测技术的进步，遥感技术的应用电信技术的发展，信息数据量激增，传统的方法已远不能满足在海洋环境与灾害信息时空处理的需求。需要建立全国规范化的海洋灾害信息数据库，这个数据库不但具有高效的存储检索功能，而且应有一定的处理分析智能，可以模拟海洋灾害状态的时空分布和变化。使用于海洋灾害预报警报业务和使用于海洋综合管理的海洋灾害数据库。

（2）应急响应阶段

应急响应阶段是灾害发生后的应急组织和应急处理。对于先期处置未能有效控制事态的特别重大突发海洋生态灾害事件，要及时启动相关预案，由国务院相关应急指挥机构或国务院工作组统一指挥或指导有关地区、部门开展处置工作。现场应急指挥机构负责现场的应急处置工作。需要多个国务院相关部门共同参与处置的海洋生态灾害事件，由该类突发业务主管部门牵头，其他部门予以协助。

为了进一步加强赤潮灾害应急管理工作，应当明确应急管理责任，规范应急响应流程。以赤潮灾害为例，自然资源部对《赤潮灾害应急预案》（2021 年）进行了修订，明确规定了赤潮灾害应急响应的分级：一级应急响应、二级应急响应、三级应急响应、四级应急响应。根据赤潮灾情情况，启动响应级别的应急响应程序。

（3）恢复重建与评估阶段

灾后恢复重建与评估阶段是对灾害应急效果进行评估，进一步总结完善应急对策。

①灾害评估

应急行动结束后，海区或省级海洋行政主管部门应同有关部门及时开展灾害损失评估工作，并于海洋生态灾害应急行动后 30 天内将灾害评估报告给国家海洋局行政主管部门和同级人民政府，评估主要内容包括：应急响应情况。包括海洋生态灾害应急监视监测、分析预测和预警报工作情况，赤潮灾害信息管理、发布情况等。水产养殖业损失、旅游业收入减少或人体健康影响等，间接的经济损失包括水产品质量的下降、水产品加工业产量及质量的下降及对海洋生态环境的影响等。

②总结完善应急对策

进一步加强现有海洋监测体系建设，完善和健全海洋环境动态监测网络和赤潮灾害预警系统，建立重大海洋污损事故应急处理体系，提高海洋污染重大事故和灾害应急处理能力。

第9章 赤潮防治技术

9.1 赤潮预防技术

随着海洋资源利用的迅速发展，如何有效防治赤潮成为海洋生态学研究的热点。为降低赤潮带来的不利影响，国内外研究者针对各式各样的赤潮防治手段与方法展开了深入的研究。目前，有关赤潮的防治策略总结为以下两方面。

9.1.1 长期预防，降低赤潮发生的频率

结合赤潮成因分析，目前可通过改善人类活动来降低赤潮发生的频率。从长期预防角度，改良人类活动与海洋环境的关系，可采用如下预防措施。

（1）控制生活和工业废水的超标排放

赤潮发生的主要原因是海水的富营养化，而主要营养物质来源是由于人类生活污水和工业废水的排放。目前，赤潮发生频率比较高的地方，工业经济均比较发达，因此，控制生活污水和工业废水的排放，能有效减少赤潮的发生。

（2）减少农药和化肥的过量施用

赤潮发生的另一个原因是人类活动产生的农药，造成海域浮游植物的死亡。由于赤潮藻是一类生活能力很强的藻类，在后期环境条件，特别是温度和营养合适的时候能快速生长。化肥等的施用给赤潮藻提供了肥料。因此，快速繁殖，引起了赤潮发生。

（3）监管航海出行和海上开采等人类活动

海域赤潮暴发区域都是人类活性比较密集的海域，如航海出行造成了海区水域的污染、空气中二氧化碳浓度的升高、海上开采等活动，都对浮游植物的生物多样性产生了影响，给赤潮藻快速大规模暴发提供了机会。

（4）加强赤潮暴发的预警工作

通过对影响赤潮发生的因素（如营养物质、温度、光照等）以及反映赤潮生物量的指标（如生物种群密度、叶绿素 a 含量等）等进行检测分析，从而达到预测预警赤潮发生的目的[1-3]。

9.1.2　应急治理，减弱赤潮带来的影响

预警赤潮发生并不能做到十分严密，因此赤潮防治工作在"预防为主"的前提下，也要把目光投入到赤潮治理方法上。造成赤潮发生的因素各不相同，造成的影响也有差异。为了最大限度地降低赤潮的危害程度，结合赤潮发生的原因和影响来展开迅速高效的赤潮治理措施也是特别必要的。这就需要把"提前预警"与"科学防治"相结合。

9.2　赤潮治理技术

2016 年，"全球变化下有害藻华研究计划（GlobalHAB）"正式启动。该计划旨在改进对水生生态系统中有害藻华的认识水平和预测能力，更好地开展有害藻华的管理和减灾工作。在"全球有害藻华生态学与海洋学研究计划（GEOHAB）"提出的"生物多样性与生物地理分布""营养盐与富营养化""藻种适应策略""生态系统比较研究""观测、模拟与预测"5 项内容基础上，GlobalHAB 计划又增加了"毒素""淡水有害藻华与蓝细菌藻华""底栖环境中的有害藻华""有害藻华与水产养殖""有害藻华与人类和动物健康""经济""气候变化与有害藻华"7 项内容，将淡水环境中的有害藻华、底栖环境中的有害藻华以及全球气候变化对有害藻华的影响等也作为核心研究方向，并加强了对有害藻华社会经济效应的关注。

9.2.1　物理法

物理法是利用物理原理治理赤潮，常用方法有机械扰动法、黏土法、隔离法、滤膜法、超声波法、气浮法和电解法等[4]。机械扰动法使用动力让水体运动发生改变，如干扰水流（如风浪、船舶行驶等），搅动底质，通过造成赤潮生物的机械损伤，最终影响其生长繁殖，恢复底栖生物生活环境。李冬梅等发现高扰动处理后，新月菱形藻（*Nitzschia closterium*）、具齿原甲藻（*Prorocentrum dentatum*）、针胞藻（*Fibrocapsa japonica*）以及中肋骨条藻的生长均受到一定程度的抑制[5]。黏土法利用黏土矿物的絮凝作用来抑制赤潮生物的繁殖生长。超声波法是利用超声波来伤害赤潮藻的细胞结构、抑制细胞分裂、影响光合作用，并在一定程度上降解藻毒素。梁伟标发现超声波的处理可以显著抑制锥状斯氏藻（*Scrippsiella trochoidea*）的孢囊萌发[6]。物理法对环境影响较小，但对于规模大且密度不高的赤潮的实际操作性不强，考虑其在治理大规模赤潮的应用上有所限制，因此物理方法通常只作为应急方法[7]。

日本科学家代田昭彦提出了利用天然黏土矿物治理赤潮的应急处置方法，并在日本鹿儿岛海域进行了现场示范研究[8]。作为土壤的基本单元，天然黏土絮凝赤潮效率比较低，中国科学院海洋研究所俞志明研究员在此基础上建立了改性黏土方法，具有无二次污染、成本低、使用方便等优点[3]。

9.2.2　化学法

化学法是通过使用一定浓度的化学制剂等来破坏赤潮生物的细胞或者抑制其生长繁殖，最终达到杀灭赤潮生物的效果，主要分为药剂法（无机药剂法、有机药剂法）和絮凝沉淀法。有科研工作者尝试通过硫酸铜等消灭赤潮藻，发现药剂的过量使用也会影响非赤潮生物。当前赤潮治理使用的有机药剂主要包括羟基自由基、季铵盐类、戊二醛、黄酮类等[9]。絮凝沉淀法，即利用物质的胶体特性，使其结合赤潮藻细胞，发生絮凝沉降[10]。化学法抑制赤潮简便，见效快，缺点是成本比较高，药剂浓度会随水体流动而降低，从而失去效用，并且容易对海洋环境造成二次污染，影响其他非赤潮生物等。

9.2.3　生物法

生物法是利用生物存在的资源竞争、化感作用和食物链关系来治理赤潮。生物法安全有效、对环境友好的特点，使其成为治理赤潮灾害最为有效的途径之一（图9-1）。具体表现为利用微生物、浮游动物等赤潮生物的食物链天敌消除赤潮，或人工养殖大型藻类以吸收海水中营养盐，或依靠动植物化感作用防治赤潮藻。引入以赤潮藻为食的浮游动物、滤食性贝类等食物链天敌，也可从源头上控制赤潮生物的生长繁殖。Yokoyama 等研究发现，底栖微藻和一些沿海浮游植物可以作为沉积双壳类底栖生物的食物来源[11]。Takeda 等发现滤食性双壳贻贝截留一定直径的藻细胞作为食物，可以迅速降低藻细胞密度[12]。引入食物链天敌治理赤潮简单易行，见效快，其缺点为存在一定程度的生态隐患，并且需要考虑生物入侵或藻毒素随食物链富集等问题。海洋环境中存在多种多样的微生物，数量庞大，繁殖迅速，具有抑藻的潜力。近些年，一些研究者发现海洋微生物不仅能够抑藻，还能够降解藻毒素，减轻生态系统自我平衡的压力[13]。细菌的代谢产物对赤潮藻也有强烈的抑制作用，它能够直接或间接地阻碍甚至中止藻的生长和繁殖[14]。大型海藻抑制赤潮更具潜力，它可以有效地降低水体中营养盐含量，降低水体富营养化程度。随着研究工作的深入，发现其也可以通过其他途径，如分泌抑制、杀灭有害微藻的化感物质，来抑制赤潮藻的生长繁殖[15]。

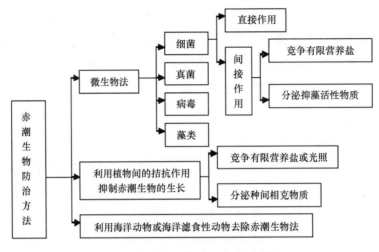

图 9-1　赤潮生物治理方法示意图

9.3　赤潮综合防治措施

9.3.1　赤潮综合防治的标准

早在 40 多年前，美国赤潮多次暴发，先后用 $CuSO_4$ 等化学药剂杀灭海洋赤潮生物，但只有少量药剂有效，而且有效的药剂也存在使用量过大和对非赤潮生物有负面影响等问题。世界各国高度重视，治理赤潮的难点在于海浪运动会改变药剂浓度分布，如何解决在极短的时间内保持药剂浓度在能杀灭赤潮生物的范围内，又不对非赤潮生物有任何伤害，也不存在药剂本身的二次污染，这是亟待解决的关键技术问题。为此，国际上对治理赤潮的方法提出如下 5 项标准：在药剂低浓度条件下杀灭赤潮生物；药剂能自身分解成无害物质，无残留物，同时又能分解赤潮生物分泌的毒素及其遗体产生的 H_2S、NH_3、CH_4 等有害物质；杀灭赤潮生物时间要短，在海浪冲击稀释药剂浓度过程中能迅速杀灭赤潮生物；成本低廉；易操作。目前，国内外不少学者仍进行了大量药剂杀灭法和凝聚方法治理赤潮的研究工作，例如使用 $CuSO_4$ 杀菌赤潮生物和黏土絮凝等方法的效果实验研究。

9.3.2　大型海藻抑藻作用研究

大型海藻的营养价值丰富，具有广阔应用前景。它可用于饮食，制成海藻类功能性食品；也可用于医药，提取降低血压血脂以及改善肿瘤影响等药物；还可用于工业生产，作为提取琼胶、甘露醇等的重要原料[16]。据统计，我国大型海藻资源的生态总价值可达 22.30 亿元。随着生物防治赤潮研究的不断深入，大型海藻对赤潮藻的抑制作用被发现。它们不仅能使海水的富营养化程度降低；还可以分泌化感物质来杀灭赤潮藻，达到修复、净化海洋生态系统的目的；与此同时，一些大型海藻的干粉、提液或海藻提取物也极具治理 HABs 的潜能[17]。

　　大型海藻种类繁多，多生长在近海岸的岩礁上或漂浮于海面。其与赤潮藻同属于海洋生态系统的初级生产者，二者存在着生态位重叠，会产生营养物质及生存空间的竞争。例如：菊花心江蓠 (*Gracilaria lichevoides*) 可以有效地吸收水中氮、磷等营养元素，修复海洋生态系统，起到生态防治赤潮的效果[18]。一些人工养殖的经济藻类，如龙须菜、铜藻 (*Sargassum horneri*) 等，在其生长旺盛的阶段也能够从海水中吸大量的氮、磷元素，降低养殖区域水体富营养化[19]。因此，大量养殖上述海藻并及时捞捕，会获得经济和生态的双重收益。在我国福建、浙江等沿海地区，为了减低海洋区域的富营养化，降低赤潮发生的可能性，提倡栽培大量龙须菜和坛紫菜 (*Porphyra haitanensis*) 等大型海藻[20]。

　　而对于化感作用的研究，较早起步于陆生植物。利用陆生植物分泌的化感物质来抑制微藻多应用于淡水水域，其优势在于抑制作用显著、化感物质种类繁多并且来源广泛等。其后研究者将注意力投入到利用大型海藻来抑制赤潮上。有研究者尝试并成功从一些海藻中获取抑藻物质，目前已发现的化感物质主要分为以下几类：生物碱 (alkaloids)、脂肪酸 (aliphatic acids)、酚酸 (phenolic acids)、硫化物 (sulfide)、萜类 (terpenoids)、糖苷 (glycosidea)、鞣酸 (tannins)、内酯 (lactones)、有机酸 (organic acids) 和糖类 (sugar) 等[21]；其中大部分是次级代谢产物，并通过渗滤、挥发和分泌等多种方式释放到环境中。Wang 等从鼠尾藻 (*Sargassum thunbergii*) 中发现多种不饱和脂肪酸，这类物质可以显著抑制多种赤潮藻的生长。类似的研究也在其他研究中被发现[22]。Alamsjah 等从 37 种海藻中获得不饱和脂肪酸，其对多种赤潮藻都表现出强烈的抑制作用[23]。夏钰妹研究了大型海藻浒苔 (*Ulva prolifera*) 的分泌物亚麻酸对赤潮异弯藻的抑制效应[24]。邵旻玮等发现龙须菜在与两种赤潮藻：赤潮异弯藻和海洋原甲藻 (*Prorocentrum micans*) 共培养的体系中会抑制微藻的生长，并且其水提物也具有杀灭赤潮藻的能力[25]。高红等研究发现新鲜浒苔的有机溶剂提取物也可以有效抑制中肋骨条藻的生长，进一步分离鉴定得到多种抑藻活性物质，如棕榈酸、花生四烯酸等脂肪酸[26]。

　　目前报道过具有良好抑制赤潮藻效果的大型海藻主要有浒苔、羊栖菜 (*Sargassum fusiforme*)、石莼 (*Ulva lactuca*) 等，它们可以通过破坏赤潮藻的细胞结构、减弱藻类光合作用、阻碍藻细胞光合色素合成、影响藻类相关酶活力或使藻细胞发生絮凝沉降来达到抑藻目的[27]。早期的化感效应研究工作主要聚焦于观察抑制现象，随后的研究内容则更多地集中于抑制机理。例如：缘管浒苔（*Entermorpha linza*）甲醇提取物可以显著抑制东海原甲藻的生长[28]。孙颖颖等从龙须菜中检测出 4 种苯丙烷类化合物也具有显著抑制赤潮藻生长的作用[29]。金秋等从孔石莼中分离出多种不饱和脂肪酸，并且发现在相对较高的浓度下，不饱和脂肪酸可以致使赤潮异弯藻、亚历山大藻和海洋原甲藻等死亡[30]。大型海藻中的抑藻化感物质如表 9-1 所示。

表 9-1　大型海藻中的抑藻化感物质

藻名	赤潮微藻	化感物质名称	EC$_{50}$/（µg/mL）	参考文献
龙须菜（*G. lemaneiformis*）	强壮前沟藻（*A. carterae*）	邻苯二丙酸	2.7	[29]
	赤潮异弯藻（*H. akashiwo*）	邻苯二丙酸；gossonorol；7，10-epoxy-arbisabol-11-ol；对羟基苯乙醇	1.5；1.7；3.7；2.2	[29]
	球形棕囊藻（*P. globosa*）	邻苯二丙酸；gossonorol；对羟基苯乙醇	4.1；3.0；12	[29]
	米氏凯伦藻（*K. mikimotoi*）	7，10-epoxy-arbisabol-11-ol	1.5	[29]
	中肋骨条藻（*S. costatum*）	亚油酸；8-hydroxy-4E，6E-octadien-3-one；3β-hydroxy-5α，6α-epoxy-7-megastigmen-9-one	6.5；23.2；33.1	[31]
浒苔（*U. prolifera*）	球形棕囊藻（*P. globosa*）	1-O-octadecanoic acid-3-O-β-D-galactopyranosyl glycerol	14	[32]
	东海原甲藻（*P. donghaiense*）	1-O-octadecanoic acid-3-O-β-D-galactopyranosyl glycerol；1-O-palmitoyl-2-O-oleoyl-3-O-β-D-galactopyranosyl glycerol	2.28；10	[32]
	中肋骨条藻（*S. costatum*）	4，7，10，13，16，19-二十二碳六烯酸；2-十六碳烯酸；棕榈酸；香豆素类物质	/	[26，29]
	赤潮异弯藻（*H. akashiwo*）	α-亚麻酸	/	[24]

藻名	赤潮微藻	化感物质名称	EC$_{50}$/ （μg/mL）	参考 文献
孔石莼 （U. pertusa）	强壮前沟藻（A. carterae）	8-十六碳烯醇；17-羟基十七烷酸	9.5；10.6	[33]
	赤潮异弯藻 （H. akashiwo）	（-）-dihydromenisdaurilide；3，7，11，15-四甲基-2-十六烯醇；异植醇；8-十六碳烯醇	0.24；10.5；1.50；0.13	[33]
	米氏凯伦藻 （K. mikimotoi）	海藻糖；3，7，11，15-四甲基-2-十六烯醇；17-羟基十七烷酸；反式细辛醚；2-氨基-3-巯基丙酸	3.27；0.62；4.15；3.25；1.47	[33]
	球形棕囊藻（P. globosa）	二十二碳甲酯；3，7，11，15-四甲基-2-十六烯醇；8-十六碳烯醇；17-羟基十七烷酸	15.5；3.32；7.5；5.46；	[33]
	东海原甲藻 （P. donghaiense）	17-羟基十七烷酸	2.02	[33]
	短裸甲藻（G. breve）	邻苯二甲酸二丁酯；邻苯二甲酸二异丁酯	1.1；3.9	[34]
裂片石莼 （U. fasciata）	赤潮异弯藻 （H. akashiwo）	4，7，10，13-十六碳四烯酸；6，9，12，15-十八碳四烯酸；α-亚麻酸	1.35；0.83；1.13	[35]
昆布 （E. kurome）	米氏凯伦藻 （K. mikimotoi） 多环旋沟藻 （C. polykrikoides） 古卡盾氏藻（C. antiqua）	褐藻多酚	/	[36]
枝管藻 （C. okamuranus）	赤潮异弯藻 （H. akashiwo）	6Z，9Z，12Z，15Z-十八碳烯酸	/	[37]
羊栖菜 （S. fusiforme）	中肋骨条藻（S. costatum）	/	/	[38]
马尾藻 （S. pathen）	中肋骨条藻（S. costatum）	/	/	[38]
鼠尾藻 （S. thunbergii）	赤潮异弯藻 （H. akashiwo） 亚历山大藻 （A. tamarense）	/	/	[39]

藻名	赤潮微藻	化感物质名称	EC$_{50}$/ （μg/mL）	参考 文献
条浒苔 （U. clathrata）	中肋骨条藻（S. costatum）	/	/	[38]
肠浒苔 （U. intestinalis）	海洋原甲藻（P. micans） 赤潮异弯藻 （H. akashiwo）	15-乙氧基-（6z，9z，12z）-十六碳三烯酸；（6E，9E，12E）-（2-乙酸酯基-β-D-葡萄糖）-十八碳三烯酸酯；棕榈酸	/	[39]
裙带菜 （U. pinnatifida）	中肋骨条藻（S. costatum）	/	/	[38]
小珊瑚藻 （C. pilulifera）	赤潮异弯藻 （H. akashiwo） 亚历山大藻 （A. tamarense）	/	/	[40，41]
	多环旋沟藻 （C. polykrikoides）	5，8，11，14，17 – eicosapentaenoic acid（EPA）；邻苯二甲酸二辛酯；DNoP	/	[42]
	旋链角毛藻 （C. curvisetus） 中肋骨条藻（S. costatum）	5，8，11，14，17 – eicosapentaenoic acid（EPA）	/	[42]
海头红 （P. hamatum）	小球藻（C. fusca）	（1S，2S，4R，5R，1′E）- 2 – bromo–1–bromomethyl–1，4–dichloro–5–（2′–chloroethenyl）–5–methylcyclohexane	/	[43]
墨角藻 （F. vesiculosus）	巴夫金藻（M. lutheri） 前沟藻（A. carteri） 中肋骨条藻（S. costatum）	/	/	[44]
	陆兹单鞭金藻（Monochrysis）	酚类物质	/	

注："/"表示文献中半抑浓度未给出，或者信息不详。

9.3.3　赤潮综合防治的机制

（1）建立针对性强、目标明确的赤潮防范机制

赤潮发生时应进行迅速有效的风险评估，根据赤潮类型和分布区域，制定有区别、更细致的防范机制。对于有毒赤潮要高度重视，加强监测力度，提高监测频率，做好赤潮毒素监测工作。赤潮过后还要在可能影响到的海域进行贝毒监测，防止赤潮毒素危害人体健康。对于有害赤潮，要对其可能危害到的养殖区严密监控，注意养殖产品的生长变化，及时采取相关防范处置措施。对于发生在非敏感区域的无害赤潮，可降低监测频率和力度，关注其发展趋势即可。总之，力争将有限的资金和人力资源用在有毒有害赤潮防治上。

（2）加强赤潮监测、监视和预防控制建立健全赤潮的预报制度

设立赤潮监测网站，及时获取赤潮及与赤潮密切相关的污染信息，对其透明度、溶解氧、总氮、总磷实时监测，定期开展海上巡逻，一旦发现赤潮和赤潮征兆，启动赤潮灾害应急响应系统，采取应急行动，减轻灾害损失。

（3）加强对有毒有害赤潮相关技术研究

要加强有毒有害赤潮对养殖区的影响和毒素残留问题的研究；加强贝类赤潮毒素的监测和染毒贝类的净化处理研究；要加大有毒有害赤潮的风险评估技术研究，评估赤潮可能造成的损失，并提出赤潮防范的具体措施和应对方法。加大赤潮生物鉴定技术和赤潮毒素分析技术培训力度，提高沿海第一线监测人员的业务能力。

（4）防止水体富营养化

加大对入海排水沟渠的整治力度，实施入海口污染物总量控制，从源头上减少富含营养物质的工农业废水排放入海，近年来，沿岸海域赤潮频发，养殖产业规模不断扩大，连接成片，可通过科学选址，使养殖布局更加合理，养殖污水经处理后再排放，同时科学养殖，建立鱼虾贝藻混养生态养殖系统，降低水体营养盐含量，减少水质污染。

（5）生物治理

企业排放的污水在排入海洋之前进行净化处理，建立海洋生态湿地公园，固定污水中的部分氮磷，从而降低赤潮在近海发生的频率。利用细菌、黏细菌、弧菌、假单细胞菌等微生物防治，引入赤潮天敌，栽培大型海藻，在沿海海域赤潮多发区开展江蓠和麒麟菜养殖，通过养殖江蓠和麒麟菜可以吸收海水中的氮、磷等主要营养盐，减少富营养化，避免赤潮的发生。此外，江蓠和麒麟菜可以加速赤潮生物的消亡，避免赤潮消亡后水体出现缺氧状态，减轻赤潮对环境的损害。

9.3.4　采取综合防治的措施

（1）污染物源头控制和富营养化防范

外源性营养物质主要包括含氮、磷的一些营养盐类，它们是导致湖泊富营养化的直接因素。加强海洋环境保护，切实控制沿海废水废物的入海量，特别要控制氮、磷和其他有机物的排放量，避免海区的富营养化，是预防赤潮发生的一项根本措施。具体措施如下。

①全面查清陆地排海污染源，严格控制污染物入海量。加强污水处理水平，控制海洋污染，建立污水排海标准，制定统一污水、废水排放浓度标准，排放污染物要定时监测、申报登记、控制入海污染物总量等，以保证海产品质量，保护群众身体健康[45]。

②实施截污工程或引排污染源。截断向水体排放营养物质的营养源，是控制海洋水体富营养化的关键性措施。实施截污工程，可以从根本上消除水体富营养化的主要人为外源性污染源，提供了改善水质的基本条件[46]。

③制定营养物质排放标准和水质标准。一是国家水污染物排放标准是适用全国的通用、最低标准（不如地方水污染物排放标准严），地方水污染物排放标准是因没有国家水污染物排放标准而制定的地方标准，或者是因国家水污染物排放标准较低而制定的严于国家水污染物排放标准的地方标准，也就是说，对国家已有水污染物排放标准，地方标准只能严于国家标准，而不能宽于国家标准，否则地方标准是无效的。地方水污染物排放标准可以适用整个管辖区域，也可以适用于其指定的一部分区域。二是国家水污染物排放标准与地方水污染物排放标准并存或不一致时，应当执行地方水污染物排放标准，也就是说，地方水污染物排放标准优于国家水污染物排放标准的适用，任何单位和个人不得以已有国家水污染物排放标准为借口而拒绝执行地方水污染物排放标准。具体地讲，有三层含义：a. 以地方水污染物排放标准作为排污单位是否超标准的根据；b. 以地方水污染物排放标准计算收取排污费；c. 处理水污染纠纷时，适用地方水污染物排放标准[47]。

④合成洗涤剂禁磷和限磷。在合成洗涤剂中采取禁磷、限磷，禁磷指在洗衣粉中禁止配入五钠，限磷指有限制地在洗衣粉中配入五钠，配入量一般在 20%～25%以下的措施，尽管目前认为这还不是治理水体富营养化的唯一和最终办法，但却是减少磷排放、降低富营养化水体中总磷含量的最简单直接的措施之一[48]。

（2）采用工程学措施

目前，此类措施主要有生态浮床、水产养殖与农业生产技术改良、底泥疏浚、水体深层曝气、注水冲稀以及在底泥表面敷设塑料等。底泥疏浚对改善那些底泥营养物质含量高的水体是一种有效的手段，但需注意地点和深度。底泥疏浚减少了已经积累在表层底泥中的总氮和总磷量，减少了潜在性内部污染源。

生态浮床技术。利用培育的植物或培养接种的微生物的生命活动，对近海水体中污染物进行转移、转化及降解，从而使水体得到净化的技术。例如，生态浮床技术是一项经济、高效、对环境友好、生物安全性高的生物性措施。人们把特制的轻型生物载体按不同的设计要求，拼接、组合以及搭建成所需要的面积和几何形状，放入水体中，并将经过筛选、驯化的水生或陆生植物（这些植物可以强力吸收水中有机污染物），植入预制好的漂浮载体种植槽内，让植物在类似无土栽培的环境下生长。植物根系自然延伸并悬浮于水体中，吸附、吸收水中的氨、氮、磷等有机污染物质，降低 COD（化学需氧量）；在为水体中的鱼虾、昆虫和微生物提供生存和附着的条件的同时，释放出抑制藻类生长的化合物，人工营造一个动物、微生物良好的生长环境，在植物、动物、昆虫以及微生物的共同作用下使海洋环境得以净化，可以说是当今生态文明建设的又一新利器。

水产养殖与农业生产技术改良。海水养殖业对沿海生态环境产生的影响主要是自身污染使水质产生长期变化。由于人工养殖主要靠投饵，而残饵的长期积累和腐败分解会提高水体的营养盐浓度。尤其是网箱养殖易于导致富营养化的发生和有毒甲藻的大量繁殖。富营养化的加剧引起的赤潮发生，不仅危害海洋环境，而且影响养殖业自身的发展。此外，精养网箱或贝类延绳吊养海区的沉积物较多，而沉积物中高含量有机物往往会产生有害气体，如 HS 对鱼类的毒性就很大，能损伤鱼鳃，提高养殖鱼类的患病率。在一些养虾池中也存在类似问题。为了减缓由海水养殖带来的水体富营养化问题，必须根据自然环境、资源状况、环境容量，对浅海和滩涂进行合理的开发[49]。主要应采取这几方面措施。

①根据水域的环境条件，选择一些对水质有净化作用能力的养殖品种，并合理确定养殖密度。

②进行多品种混养、轮养和立体养殖，充分利用水体的合理开发，避免单向的过度增长，尤其是进行鱼、虾、贝、藻混养。

③提高养殖技术，改进投饵技术、改进饵料成分、使所投饵料更有利于养殖生物的摄食，减少颗粒的残存，提高饵料的利用率，防止或减轻水质和底质的败坏程度。应用湿颗粒饵料防止养殖海区自身污染等方法。

④不能将池塘养殖的污水和废物直接排入海，应采取逐步过滤等办法加以处理，避免养殖废水和废物的排放造成水域污染。

⑤有条件的话要定时进行养殖区废物的人工清除。总之，在发展海水养殖的同时，要注意改变不合理的营养状况，使营养物质的输入和输出达到平衡，使物质的

循环和能量的流动合乎生态规律，养殖区的生态环境进入良性循环，取得经济效益、社会效益和生态环境效益的相统一。值得注意的是，在大范围开发人工增养殖时，必须认真分析和研究水域的环境状况、生产能力和发展潜力。

⑥近海海湾沿岸流域农业生产技术改良。目前，我国近海海域沿岸流域各项污染物主要产生于农业以及城镇社会经济活动，农业中的畜禽养殖和农村生活史各项污染物的主要来源。因此，在近海海域对应流域污染严重的区域应以流域为单位，进行综合规划治理。对于流域周边农田，建立农药化肥清洁生产技术规范，鼓励生产高效、低残留的化肥、农药产品；因地制宜推广成熟的化肥农药使用技术，采用优良的施肥方法和施肥时间等措施减少农药化肥的使用量，建立流域用水总量，用水效率和水功能区限制纳污控制指标体系，开展区域河流整治[50]。

⑦底泥疏浚、水体深层曝气、注水冲稀以及在底泥表面敷设塑料等。底泥疏浚对改善那些底泥营养物质含量高的水体是一种有效的手段，但需注意地点和深度。底泥疏浚减少了已经积累在表层底泥中的总氮和总磷量，减少了潜在性内部污染源。

（3）进行生态修复

生态修复已成为全球生态系统研究前瞻性领域，正日益成为环境保护工作研究的热点。生态修复包括微生物修复和水生生物修复两大内容，只有两者相互结合，才能得到良好的治理效果。

人工栽培海洋藻类控制富营养化。大型海藻是一种可治理海水富营养化的生物，其不仅能够吸收和利用水体营养物质，改善海区水体环境质量，还能产生巨大的生物量，其中有的藻类具有较大的经济价值，如海带、紫菜、龙须菜等大型海藻在中国大量养殖，并作为食物和工业原料，产生了较高的经济价值。大型海藻修复海水养殖区富营养化的研究较多，目前的研究侧重于大型海藻与水生经济动物的混养模式。大型藻类与鱼类、贝类等养殖动物具有生态上的互补性，藻类能吸收动物生活中产生的多余营养盐，并积累生物量。这种养殖模式还具有固定二氧化碳、产生氧气、调节水体 pH 值的作用，从而实现养殖环境生物修复和生态调控的目的。研究表明，在脉冲氮磷输入条件下，菊花江蓠（*G. lichevoides*）的生长速率大大增加，高密度时氮营养盐几乎完全被去除，低密度时氮营养盐去除率达到 50% 以上。

大型海藻能大量吸收富营养化海域水体的营养物质，其体内氮、磷含量远高于低营养海区海藻体内的氮、磷含量，因此，在氮、磷含量高的肥沃海区，如动物养殖区附近大型海藻生长快速，生物量积累较多。研究表明，在同一富营养化海区，可根据不同海藻的生活习性、海水温度，在不同季节，交替栽培坛紫菜、海带、龙须菜等优良海藻品种，并通过将海藻收获上岸，以达到净化水质的目的[51]。

利用红树林植物进行海洋生态修复。红树林生长在热带、亚热带海岸潮间带，在维护海洋生态系统平衡、保护生态环境等方面起着非常重要的作用。据报道，目前全世界的真红树有 20 科约 70 种，我国有真红树 12 科 27 种及 1 个变种。红树林由多种红树植物组成，属于高等植物，有陆地与海洋植物双重生态特性，组成了复杂多样的海洋滩涂生态系统。红树林对海水富营养化、有机污染及重金属等逆境条件具有较高的耐受性。

海洋污染的一个重要原因就是陆源污染物的排放，在热带地区近海和河口栽培红树林，建立截污带，利用其净化作用可减少富营养化水体的污染。红树植物能够在富营养化水体中正常生长，而红树林对氮、磷的净化除了依靠植物对营养的吸收外，还有复杂的生态系统调控作用，因此，它具有较强的吸收氮、磷营养和污染物的能力。秋茄等红树系统对氮、磷的处理效率在海水条件下普遍高于淡水系统的芦苇[52]。章金鸿等用高磷浓度的废水浇灌桐花树，其茎中的磷含量升高显著，表明桐花树能吸收和固定磷营养，降低废水中磷浓度[53]。

高营养盐一般有利于红树植物的生长。陈桂葵和黄玉山用人工配制的污水持续浇灌白骨壤模拟湿地，白骨壤能正常生长，具有较好的耐受性和适应性[54]。采用红树林种植-养殖生态系统能有效降低水体中氮、磷营养盐的浓度，提高水质，这种复合系统具有多样性的物质循环途径，除红树植物对氮、磷的固定作用外，系统调节因子在水体氮、磷吸收和循环中也发挥了重要的作用。如红树林在净化富营养化水体的同时，还能有效降低水体中化学需氧量（COD）和生化需氧（BOD）等生化指标。

（4）近海生物资源保护性开发

海洋是全球生命支持系统的一个基本组成部分。海洋资源环境可持续发展是支撑社会、经济发展的重要基础。海洋生物资源的公共物品性、海洋生态系统的整体性和海洋环境的脆弱性启示我们海洋生物资源虽然是可再生的，但是有限的只有遵循自然发展规律，依据科学发展思路，维护海洋生态系统的良性循环，适度开发利用海洋生物资源，才能实现海洋资源、环境、经济、社会的协调发展，达到人与自然、环境与社会的和谐，并留给后代一个良好的海洋环境[55]。

渔业资源丰度与生态阈限是渔业资源开发利用最重要的影响因素之一。当今世界海洋渔业资源开发利用中存在着许多问题，面临着生物、生态、经济和社会各方面的危机，已经引起社会各界极大关注[56]。海洋捕捞产量下降充分说明，目前捕捞能力已经超过渔业资源的再生能力，前期产量的增长都是以破坏资源为代价的。目前，国际社会普遍认识到，存在于海洋渔业资源开发利用中多方面的危机，已经严重制约着世界海洋渔业资源的可持续利用。由于食物链的作用，如果有一种植物或动物消失，往往就有多种位于其食物链上层的动物也随之消失，同时该消失动物的食物链下层的植物或动物也将因失去对其生长控制的约束而泛滥成灾。过度捕捞、海水污染、生境破坏和海水养殖的副作用是造成海洋生物多样性丧失的主要原因[55]。

　　针对海洋渔业资源开始出现衰退的现象，各种保护渔业资源的法律相继问世。早期，针对某个、某类海洋生态系统生物成分的法律保护，主要围绕海洋渔业资源和一些特殊的海洋生物资源的保护进行立法（表9-2）。这样的涉海法律其体系都很不完备，难以维持海洋生态系统良性循环[57]。

表 9-2　早期国际上围绕渔业资源的立法

年份	国家	法律条约
1867	英国、法国	《英法渔业条约》
1882	英国、比利时、丹麦、法国、德国、荷兰	《北海渔业公约》
1958	英国、比利时、丹麦、法国、德国、荷兰	《公海渔业及生物资源养护公约》
1946	英、法、荷、挪威、丹麦、瑞典等十二国	《关于限制渔网网眼及鱼体长度的公约》
1959	英、法、荷、挪威、丹麦、瑞典等十二国	《大西洋东北部渔业公约》
1969	英、法、荷、挪威、丹麦、瑞典等十二国	《大西洋东南部渔业公约》

　　与此同时，各国之间也签订双边或多边协议共同开发、利用、保护海洋渔业资源。如《中日渔业协定》《中韩渔业协定》《中越北部湾渔业合作协定》等对中国与日本、韩国、越南等周边国家合作开发、利用、保护渔业资源进行了规定。在保护特殊海洋生物资源方面也进行了立法，1966年《养护大西洋金枪鱼国际公约》，1994年《中白令海狭鳕资源养护与管理公约》，1995年执行《联合国海洋法公约》有关养护和管理跨界鱼类种群和高度洄游鱼类种群的规定的协定等。世界各国或联合或单独地对保护海洋生态系统进行立法，将保护陆地生态系统的法律法规、法律制度向海洋延伸，逐步形成了相对系统、完整的涉海法律体系。从管理、利用、保护、修复、治理、研究多个层面，构建科学管理系统，进行综合、系统、整体的保护和管理，保障我国近海生物资源保护性开发利用，实现海洋资源经济可持续发展。重要措施包括，保护海洋环境和生物多样性，保护和恢复海洋渔业资源，建设海洋自然保护区，建立健全涉海法律法规体系，建设国家基础性服务网络，运用高新技术实现海洋生物资源综合开发利用，开展海洋生物资源学研究并开拓和发现海洋生物新资源，提高全民海洋环保意识[55]。

　　（5）加强赤潮毒素的检测，对症下药

　　目前，由于赤潮及赤潮藻毒素对人、畜、水产养殖业等均能造成巨大的危害，使人们对其加强了研究。而对藻类毒素的检测方法的研究就尤其至关重要。现有的毒素检测技术主要包括：①有毒赤潮发生诊断技术：采用电镜、流式细胞仪、分子探针、生物质谱等现代化的新技术，对有毒赤潮藻类的生物学，产毒藻的分类与鉴定，以及微囊藻毒素分离和鉴定等技术；②贝毒及其检测：随着毒素高效液相色谱分析技术的日渐完善，毒素在贝体内累积、分布、转化、排出等动力学的研究受到重视。检测方法包括生物检测和化学检测。随着新技术的发展，藻类及其毒素的研究已进入分子生物学时代，加强赤潮毒素的检测，合理采取防治措施，是我们今后的一个研究方向。

对赤潮还主要是以防为主，适当采取治理措施，对赤潮进行预报也应及时调整，根据具体海区赤潮暴发的特点，总结出可行有效的预报方法。除了技术手段外，需要加强污染源的控制和管理，制定相应的条例，使管理手段与技术相结合；同时我们还应积极借鉴国外赤潮治理的先进经验，结合当地的自然条件和赤潮发展状况，因地制宜，利用多种手段，源头治污与生态修复相结合，努力恢复赤潮水域的生态系统。

9.3.5　典型赤潮防治案例

（1）美国等国家建立了先进的赤潮监测、预报及其管理系统

2004 年 10 月，美国在墨西哥湾和佛罗里达沿海建立了赤潮监测、预报系统，通过卫星追踪、现场取样和生物物理建模相结合提供近岸海域可能发生赤潮的轨线。美国的赤潮预报由 NOAA 的国家海洋中心的海洋产品与服务操作系统（NOS）管理。NOAA 以咨询通报的形式提供在报告前鉴定赤潮的信息以及评价当前赤潮的规模是否有必要进一步取样、监测。咨询通报经政府部门和大学监测程序收集的 NOAA 在各观测站的数据、政府和商业卫星观测的叶绿素浓度的影像信息以及现场数据后，经专家分析、整合以确定赤潮藻在现今和未来的位置和密度，然后以赤潮通报的形式由国家和地方的管理部门发布赤潮预报。系统每天收集一次信息，每周在互联网上发布两次预报。美国颁布的《有害藻华和低溶解氧研究与控制法（1998）》是对其赤潮预报机制高效运行的法律保障，是目前最完善的赤潮预警、监控和科学研究的单行性法律。

（2）日本建立了赤潮防治系统

日本建立了赤潮防治系统，主要包括以下措施。

①主动措施。播撒石绿、抗菌素和黏土；依靠搜集船，通过真空泵收集表层海水的赤潮生物，经过滤、离心和浓缩后的赤潮生物最后被带到陆地。

②被动措施。被动措施包含 4 个方面：第一是逃避赤潮现场，就是将养殖网箱托至安全区域或者将网箱沉到深水层；第二是网箱隔离法，用塑料薄膜将鱼箱和赤

潮水体隔开，然后抽底层水进入养网箱以便充氧；第三是进行赤潮预报，包括计细胞数进行短期预报，测量温度、盐度等因子变动进行长期预报；第四是对养殖环境进行合理利用与保护。

（3）链状裸甲藻的生态入侵的防范

链状裸甲藻（*Gymnodinium catenatum*）属于甲藻纲，裸甲藻目，裸甲藻科，裸甲藻属。链状裸甲藻（*G. catenatum*）细胞中产生的毒素主要为麻痹性贝类毒素（paralytic shellfish poisoning，PSP），是目前唯一能产生麻痹性贝类毒素的裸甲藻，其产生的毒素给海洋环境、渔业及人类健康带来了严重的危害。这类毒素可通过食物链在贝类等生物体内累积放大，当人们误食这些染毒的海产品时，就会发生中毒，甚至死亡。PSP 是目前已知的赤潮生物毒素中，发生中毒事件次数最多和范围最广的，对人类生命健康及海洋水产养殖影响深远。目前，人们对麻痹性贝类毒素已有较深入的了解，PSP 的化学结构如图 9-2 所示[58]。

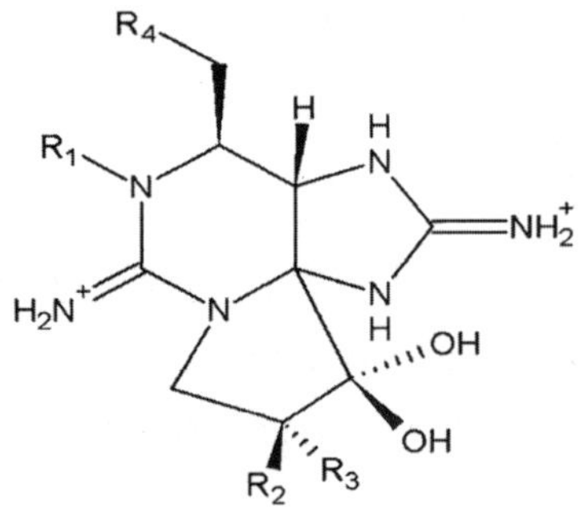

图 9-2　麻痹性贝类毒素的结构[58]

浮游藻类只能随着洋流扩散，扩散范围有限，通过船舶压舱水可以将浮游藻类扩散至数万千米之外的海域。大多数海洋微藻在压舱水中不易存活，但一些藻类休眠孢囊具有较强的生存能力，随压舱水排放到其他海域后，这些休眠孢囊遇到合适的环境条件即可萌发成营养细胞，迅速繁殖并引发赤潮。因此，近年来有害赤潮藻类国际化分布趋势日趋明显，某一地区的特异性物种在短时间内就可发展成为全球性物种。链状裸甲藻（*G. catenatum*）就是其中典型的一种有害赤潮藻。能形成休眠孢囊，可以在船舶压舱水中黑暗、低营养和缺氧条件下长时间生存。链状裸甲藻通过压舱水从阿根廷海域首先侵入西班牙海域，而该藻在 1990 年代末又扩散至北欧海域。链状裸甲藻赤潮是近些年来全球发生较频繁的有毒赤潮种类之一，它产生的麻痹性贝毒素能在软体动物中富集，给养殖业及海洋生态造成极大的危害，同时也危害着人类的健康。

关于链状裸甲藻的防治以生态入侵的防范为主，主要针对压舱水的更换、处理，开展赤潮危害评估，对入侵生物进行控制和监控。

　　压舱水更换是指将近岸海域的压舱水在船舶航行过程中更换为远洋海水。压舱水更换是压舱水处理中最为常见的方法,同时也是国际海事组织（International Maritime Organization, IMO）推荐执行的控制压舱水外来生物入侵的重要手段[59]。由于远洋海洋生物一般难以在近岸海洋环境生存,这样就可以在一定程度上避免将其他港口的近岸海水带入目的港。目前,各国政府对压舱水的管理主要也是压舱水更换,但目前强制要求船只装载压舱水管理系统仅有澳大利亚、英国、加拿大等少数几个国家,而大部分压舱水没有在远洋海域得到更换。压舱水更换一般要求在离岸超过200 mile（1 mile≈1.609 km）或者水深大于2 000 m的远洋中进行（IMO）。但是考虑到船舶的安全性,对于载重超过4万 t 的船舶,在大洋中更换压舱水还存在一定困难[60]。此外,压舱水更换对于距离较短的国际航运来说较为困难,如欧洲亚得里亚海国家和地中海国家之间的航运,由于航程短而无法实施压舱水更换,而且这些航运也无法满足 IMO 所要求的更换水域离岸距离的要求。

　　入侵风险以及危害评估。在对外来生物入侵进行管理和控制之前,需要对入侵的风险、入侵速度以及它们对生态系统、人类健康和经济活动的影响进行评估,对压舱水所带来的生态入侵进行风险分析以及收益平衡评估,以确定采取什么措施以及何时采取措施。一个完整的外来生物入侵风险评价体系需要对入侵生物的环境、社会和经济影响进行分析,把生态入侵的预防、控制和管理作为地区社会经济可持续发展的一部分。目前有关这方面研究和管理还十分欠缺,仅在美国、澳大利亚、新西兰等国开始注意到压舱水所造成的生态入侵需要从生态环境、社会经济角度进行分析评价,通过各部门和专家多方面协调合作才能得到管理和控制[61]。

　　成功入侵生物的控制和监控。外来生物成功入侵后,需要对其进行监测和控制,以防止其进一步扩散。通过监测、跟踪外来生物入侵状况,在入侵初期将入侵生物控制在某一特定海域,从而达到地域性根治的目的[62]。而目前尚未有外来生物在入侵初期得到控制的报道和案例,大部分外来生物一旦成功入侵后,便迅速向邻近海域扩散,其中许多已经成为优势种群,并造成严重的生态破坏和经济损失。我国的有害赤潮藻类的入侵也是如此,如卡盾藻、球形棕囊藻、米氏凯伦藻等有害赤潮藻类,最先在南海海域发现,并发生赤潮,近年来向东海以及黄海、渤海海域扩展,成为我国沿海常见赤潮生物。因此,加强入侵生物的监测和控制,是防止其扩散、减缓其生态灾害的重要手段。

9.3.6　总结

　　赤潮防范是指在赤潮发生前对灾害发生条件的监测、对赤潮发生风险的评价、风险区划和灾害发生前的一系列控制措施。赤潮风险防范过程中应用到多种生态学和灾害学原理，如限制性因子原理、生物入侵理论、生态平衡原理、生态修复理论和灾害链理论，以及海陆统筹原理等。

近海水体环境因子以及致灾因子的监测是赤潮防范工作的首要环节。国家海洋局已建立起由岸站、浮标、船舶、雷达、遥感和志愿者监测等手段组成的三维立体海洋环境监测系统，监测能力覆盖全国管辖海域的海洋水文、气象、水质、生物、沉积物和大气等监测项目。

海洋风险评价定义为：由于人类直接或间接的活动，造成区域内发生海洋环境风险的可能性及可能造成的损失进行定量化的分析与评价，并根据评价结果提出风险防范和防灾减灾措施。根据海洋环境风险的主要类型，可以分为赤潮风险评价、溢油风险评价和危化品风险评价。根据风险评价的概念又可以分成危险性评价和易损性评价。危险性是评价某海域海洋环境危险性大小，用危险度来表示，其结果越高，发生的海洋环境风险强度就越大。易损性是指评价某海域受到海洋环境风险的敏感程度，用易损度来表示，其结果越高，说明该区域越易受到风险的影响。

海洋功能区是指根据海域及相邻陆域的自然资源条件、环境状况和地理区位，并考虑到海洋开发利用现状和经济社会发展的需要，而划定的具有特定主导功能，有利于资源的合理开发利用，能够发挥最佳效益的区域。

海洋功能区划按各类海洋功能区的标准（或称指标标准）把某一海域划分为不同类型的海洋功能区单元的一项开发与管理的基础性工作。海洋功能区划的目的是根据区划区域的自然属性，结合社会需求，确定各功能区域的主导功能和功能顺序，为海洋管理部门对各海区的开发和保护进行管理和宏观指导提供依据，实现海洋资源的可持续开发与保护。

海洋生态风险防控思路主要围绕着以下三个方面：污染物的源头控制和富营养化防范；水产养殖与农业生产技术改良；海洋生态修复。

参考文献

[1] Heisler J, Glibert P M, Burkholder J M, et al. Eutrophication and harmful algal blooms: A scientific consensus. Harmful Algae, 2008, 8 (1): 3-13.

[2] 古中博. 赤潮灾害及其综合防治的生态、经济与管理研究. 青岛：中国海洋大学, 2010.

[3] 俞志明, 陈楠生. 国内外赤潮的发展趋势与研究热点. 海洋与湖沼, 2019, 50 (3): 474-486.

[4] 于仁成, 刘东艳. 我国近海藻华灾害现状、演变趋势与应对策略. 中国科学院院刊, 2016, 31 (10): 1 167-1 174.

[5] 李冬梅, 高永利, 田甜, 等. 水体扰动对多种赤潮藻生长的影响. 热带海洋学报, 2010, 29

（6）：65-70.

[6]　梁伟标. 不同物理及化学处理对锥状斯氏藻孢囊活性的影响. 广州：暨南大学，2017.

[7]　韩锡锡，李琴，曹婧，等. 赤潮治理方法综述. 海洋开发与管理，2018，35（4）：76-80.

[8]　代田昭彦. 赤潮防止策（特集）海洋污染. 产业と环境，1977，6：37-42.

[9]　Sengco M R, Li A, Tugend K, et al. Removal of red-and brown-tide cells using clay flocculation. Laboratory culture experiments with *Gymnodinium breve* and *Aureococcus anophagefferens*. Marine Ecology Progress Series, 2001, 210：41-53.

[10]　陈嘉琳. 亚麻酸对东海原甲藻的克生效应及细胞凋亡机制的研究. 曲阜：曲阜师范大学，2017.

[11]　Yokoyama H, Ishihi Y. Feeding of the bivalve Theora lubrica on benthic microalgae：isotopic evidence. Marine Ecology Progress, 2003, 255：303-309.

[12]　Takeda S, Kurihara Y. Preliminary study of management of red tide water by the filter feeder Mytilusedulis galloprovincialis. Marine Pollution Bulletin, 1994, 28（11）：662-667.

[13]　牛燕. 海洋弧菌 S-9801 次级代谢产物抑藻作用及作用机制研究. 青岛：青岛科技大学，2009.

[14]　王悠，俞志明，宋秀贤，等. 大型海藻与赤潮微藻以及赤潮微藻之间的相互作用研究. 环境科学，2006，27（2）：274-280.

[15]　Xian Q, Chen H, Liu H, et al. Isolation and identification of antialgal compounds from the leaves of Vallisneria spiralis L. by activity-guided fractionation. Environmental Science and Pollution Research, 2006, 13（4）：233-237.

[16]　吕韩，叶观琼，靳明建，等. 浙江和江苏沿海大型海藻养殖的生态服务价值. 水产学报，2018，42（8）：1 254-1 262.

[17]　Nagayama K, Shibata T, Fujimoto K, et al. Algicidal effect of phlorotannins from the brown alga Ecklonia kurome on red tide microalgae. Aquaculture, 2003, 218（1）：601-611.

[18]　魏婷. 菊花心江蓠浅海养殖及部分生物学特性研究. 福州：福建师范大学，2015.

[19]　杨宇峰，费修绠. 大型海藻对富营养化海水养殖区生物修复的研究. 青岛海洋大学学报（自然科学版），2003，33（1）：53-57.

[20]　魏丽媛. 海水养殖区大型附生海藻光合及生物修复作用研究. 福州：福建师范大学，2016.

[21]　Dakshini K. Algal allelopathy. The Botanical Review, 1994, 60（2）：182-196.

[22]　Wang R, Wang Y. Identification of the toxic compounds produced by Sargassum thunbergii to red tide microalgae. Chinese Journal of Oceanology & Limnology, 2012, 30（5）：778-785.

[23]　Alamsjah M A, Hirao S, Ishibashi F, et al. Isolation and structure determination of algicidal compounds from Ulva fasciata. Bioscience Biotechnology and Biochemistry, 2005, 69（11）：2 186-2 192.

[24]　夏钰妹. 大型绿藻浒苔对赤潮藻的抑制作用及其机理研究. 宁波：宁波大学，2012.

［25］ 邵旻玮, 孙雪, 徐年军. 龙须菜对赤潮藻的生长抑制效应及其与环境因子的关系. 海洋学研究, 2011, 2: 100-106.

［26］ 高红, 周飞飞, 唐洪杰, 等. 黄海绿潮浒苔提取物的化感效应及化感物质的分离鉴定. 海洋学报, 2018, 40 (12): 11-20.

［27］ 罗丽娜. 四种大型海藻对赤潮异弯藻抑制作用的光合作用机理. 广州: 暨南大学, 2016.

［28］ 冯朝. 缘管浒苔、蜈蚣藻和鼠尾藻对东海原甲藻克生效应的初步研究. 青岛: 中国海洋大学, 2007.

［29］ 孙颖颖, 周文静, 郭赣林, 等. 龙须菜苯丙烷类抑藻活性物质的分离纯化及其对 6 种赤潮微藻的抑藻活性. 水产学报, 2018, 42 (7): 1 019-1 025.

［30］ 金秋, 金则新, 奚立民. 不同 N、P 营养水平对孔石莼克制赤潮异弯藻效果的影响. 科技通报, 2012, 28 (3): 32-37.

［31］ 卢慧明. 大型海藻龙须菜化学成分及其对中肋骨条藻化感作用研究. 广州: 暨南大学, 2011.

［32］ Sun Y, Dong S, Guo G, et al. Antialgal activity of glycoglycerolipids derived from a green macroalgae Ulva prolifera on six species of red tide microalgae. IOP Conference Series: Materials Science and Engineering, 2019, 484: 12 057.

［33］ Sun Y, Zhou W, Wang H, et al. Antialgal compounds with antialgal activity against the common red tide microalgae from a green algae Ulva pertusa. Ecotoxicology and Environmental Safety, 2018, 157: 61-66.

［34］ 田志佳. 大型海藻化感物质对短裸甲藻的抑制作用. 青岛: 中国海洋大学, 2009.

［35］ Alamsjah M A, Hirao S, Ishibashi F, et al. Isolation and structure determination of algicidal compounds from Ulva fasciata. Bioscience Biotechnology and Biochemistry, 2005, 69 (11): 2 186-2 192.

［36］ Nagayama K, Shibata T, Fujimoto K, et al. Algicidal effect of phlorotannins from the brown alga Ecklonia kurome on red tide microalgae. Aquaculture, 2003, 218 (1): 601-611.

［37］ Kakisawa H, Asari F, Kusumi T, et al. An allelopathic fatty acid from the brown alga Cladosiphon okamuranus. Phytochemistry, 1988, 27 (3): 731-735.

［38］ 别聪聪, 李锋民, 李媛媛, 等. 邻苯二甲酸二丁酯对短裸甲藻活性氧自由基的影响. 环境科学, 2012, 33 (2): 442-447.

［39］ 金浩良. 肠浒苔中抑藻活性物质的分离鉴定及其对赤潮藻的影响. 宁波: 宁波大学, 2011.

［40］ Wang R, Xiao H, Zhang P, et al. Allelopathic effects of Ulva pertusa, Corallina pilulifera and Sargassum thunbergii on the growth of the dinoflagellates Heterosigma akashiwo and Alexandrium tamarense. Journal of Applied Phycology, 2007, 19 (2): 109-121.

［41］ Jeong J H, Jin H J, Sohn C H, et al. Algicidal activity of the seaweed Corallina pilulifera against red tide microalgae. Journal of Applied Phycology, 2000, 12 (1): 37-43.

［42］ Oh M，Lee S，Jin D，et al. Isolation of algicidal compounds from the red alga Corallina pilulifera against red tide microalgae. Journal of Applied Phycology，2010，22：453-458.

［43］ König G M，Wright A D，Linden A. Plocamium hamatum and its monoterpenes：chemical and biological investigations of the tropical marine red alga. Phytochemistry，1999，52（6）：1 047-1 053.

［44］ Craigie J S，Mclachlan J. Algal inhibition by yellow ultraviolet-absorbing substances from Fucus vesiculosus Can. Canadian Journal of Botany，1964，42（3）：287-292.

［45］ 李守俊. 简述我国海洋生态环境的基本现状与相关对策分析. 知识经济，2011，（24）：78-78.

［46］ 王玲玲，沈熠. 水体富营养化的形成机理、危害及其防治对策探讨. 环境研究与监测，2007，（4）：33-35.

［47］ 张智，林艳，梁健. 水体富营养化及其治理措施. 重庆环境科学，2002，24（3）：52-54.

［48］ 刘鸿志，任隆江. 我国湖泊的限、禁磷现状及其对策. 环境保护，1998，（8）：27-28.

［49］ 关道明，战秀文. 我国沿海水域赤潮灾害及其防治对策. 海洋环境科学，2003，22（2）：60-63.

［50］ 周余义，温政实，胡振宇. 海陆统筹渤海湾海洋环境污染治理. 开放导报，2014，（4）：62-64.

［51］ 张毅敏，陈晶，杨阳，等. 我国海洋污染现状、生态修复技术及展望. 科学，2014，66（3）：48-51.

［52］ 叶勇，翁劲，卢昌义，等. 红树林生物多样性恢复. 生态学报，2006，26（4）：1 243-1 250.

［53］ 章金鸿，李玫. 红树林湿地对榨糖废水中 NP 的吸收和净化的可能性. 重庆环境科学，1999，21（6）：39-41.

［54］ 陈桂葵，黄玉山. 人工污水对白骨壤幼苗生理生态特性的影响. 应用生态学报，1999，10（1）：95-98.

［55］ 傅秀梅. 中国近海生物资源保护性开发与可持续利用研究. 青岛：中国海洋大学，2008.

［56］ 郑卫东. 当今全球渔业管理面临的四大危机. 中国渔业经济，2001，（5）：41.

［57］ 蔡守秋，何卫东. 当代海洋环境资源法. 北京：煤炭工业出版社，2001，198.

［58］ 张文. 不同环境因子对有害赤潮生物链状裸甲藻的生长和产毒的影响. 广州：暨南大学，2009.

［59］ David M，Perkovic M. Ballast water sampling as a critical component of biological invasions risk management. Marine Pollution Bulletin，2004，49：313-318.

［60］ Woodward JB，Parsonsm G，Troescha W. Ship operational and safety aspects of ballast water exchange at sea. Marine Technology，1992，31（4）：315-326.

［61］ 王朝晖，陈菊芳，杨宇峰. 船舶压舱水引起的有害赤潮藻类生态入侵及其控制管理. 海洋环境科学，2010，29（6）：920-922+934.

［62］ Bax N，Williamson A，Aguero M，et al. Marine invasive alien species：a threat to global biodiversity. Marine Policy，2003，27（4）：313-323.

后 记

　　本书各章的主要撰写人员：第一章、第二章主要撰写人员为陈洁、刘昕、李冬梅；第三章主要撰写人员为周进；第四章主要撰写人员为佟蒙蒙、张文广；第五章主要撰写人员为陈洁、刘志国、王鹏斌；第六章主要撰写人员为叶观琼、王国善、郭康丽；第七章主要撰写人员为王丹；第八章主要撰写人员为徐年军、王国善、张秋丰。报告由陈洁、郭康丽负责统稿。

　　由衷感谢在本书编写过程中，郭康丽、刘昕对报告材料收集、文稿格式调整方面的大力支持，感谢董佳艺在部分章节图片制作方面给予大力的帮助，感谢于志刚教授和钱宏林教授对专著主要内容的指导，感谢孙军教授、吕颂辉教授、徐韧研究员、米铁柱教授、甄毓教授、鞠莲教授等专家对报告的指导、关心和支持。

　　本书的出版是在广西科技基地和人才专项"中国–东盟国家海洋生物资源保护与利用创新平台建设"（2019AC17008）、北海市科技局重点研究项目"应用电化学发光预警监测北部湾赤潮灾害技术研究"（2019D05）和自然资源部中央预算项目的资助下完成的。在此一并致谢！

　　谨以此书献给一直在背后默默支持我的丈夫张锦昌先生和给我带来快乐和幸福的家人们。

　　由于作者知识水平有限，书中难免存在疏漏和不足，敬请读者批评指正。

陈　洁

2022 年 10 月 20 日